# 水産科学・海洋環境科学実習

北海道大学水産学部練習船教科書編纂委員会 編

KAIBUNDO

◆練習船教科書編纂委員会
委員長　　　髙津哲也
とりまとめ　福田美亮

◆執筆者（五十音順）
磯田　豊（北海道大学大学院 水産科学研究院）
今井一郎（北海道大学大学院 水産科学研究院 名誉教授）
今井圭理（北海道大学 水産学部附属練習船おしょろ丸）
今村　央（北海道大学大学院 水産科学研究院）
上野洋路（北海道大学大学院 水産科学研究院）
大木淳之（北海道大学大学院 水産科学研究院）
大西広二（北海道大学大学院 水産科学研究院）
大和田真紀（北海道大学 水産学部附属練習船おしょろ丸）
小熊健治（北海道大学 水産学部附属練習船おしょろ丸）
河合俊郎（北海道大学大学院 水産科学研究院）
工藤　勲（北海道大学大学院 水産科学研究院）
工藤秀明（北海道大学大学院 水産科学研究院）
久万健志（北海道大学大学院 水産科学研究院 名誉教授）
小林直人（北海道大学 水産学部附属練習船うしお丸）
清水　晋（北海道大学 北方生物圏フィールド科学センター・水産科学研究院）
髙津哲也（北海道大学大学院 水産科学研究院）
田城文人（北海道大学 総合博物館）
中屋光裕（北海道大学大学院 水産科学研究院）
平譯　亨（北海道大学大学院 水産科学研究院）
福田美亮（北海道大学 水産学部）
藤森康澄（北海道大学大学院 水産科学研究院）
星　直樹（北海道大学 水産学部附属練習船おしょろ丸）
前川和義（北海道大学大学院 水産科学研究院）
松石　隆（北海道大学大学院 水産科学研究院）
松野孝平（北海道大学大学院 水産科学研究院）
三谷曜子（北海道大学 北方生物圏フィールド科学センター）
向井　徹（北海道大学大学院 水産科学研究院）
山口　篤（北海道大学大学院 水産科学研究院）
山本　潤（北海道大学 北方生物圏フィールド科学センター）
山村織生（北海道大学大学院 水産科学研究院）
綿貫　豊（北海道大学大学院 水産科学研究院）

# 本書編纂・出版の経緯

## 水産科学・海洋科学に対する関心は年々高まっている

　海洋生物や海洋環境に関するニュースやTV番組，SNS，Web情報が溢れている。たとえば，全身が真っ白なシャチが現れた，今年はリュウグウノツカイがたくさん漂着している，メガマウスがほぼ完全な姿で捕獲された，ダイオウイカの生きた姿を初めて映像として捉えた，トビウオのように水面を滑空するイカの姿を捉えた，北極海の氷の量が減っている，大量のイルカが打ち上げられたなど。またITの発展に伴って，個人でも珍しい自然現象を瞬時に発信できる時代になった。

　なぜ海洋に関するニュースや話題は，多くの人たちを惹きつけるのだろうか？　その理由は，宇宙に比べたら海洋は身近な場所なのに，説明できない不思議な現象に出会う機会が多いからだろう。さらに，海洋生物の絶滅危機や，プラスチック汚染，イルカやクジラの捕獲は許されるのか，地球温暖化問題解決への処方箋はないのかなど，海洋を舞台とした国際的な論争も増えてきている。人類はこれから海洋や地球をどうやって保全していくかという難題が，今まさに，目の前に突きつけられている。これらの諸問題の解決には，すべての個人がよく考え，責任を持って行動する必要があるだろう。環境保全対策には，全員が「理性的で積極的な個人」であるべきだ。人任せでは地球・海洋環境は維持できない。

　「海洋生物とそれを取り巻く環境の総体」，すなわち「海洋生態系」に対する関心の高まりは，日本の高等教育にも影響を及ぼしている。多くの学生が将来の職業として，学校で学んだ専門性を活かした職業に就きたいと考えており，水産科学や海洋系の学校に進学した学生の多くは，水産業にとどまらず，水族館や博物館，水産関連産業への就職，あるいは研究職を希望している。また，水産業を核とした国際協力や，大海原で日焼けしながら海洋調査に携わる，通勤ラッシュとは無縁の仕事に就きたいという学生もいる。

## 水産科学・海洋科学教育を支える練習船

　ところで「練習船」は，海洋で活躍できる学生を，一人前の職業人・専門家に育てる実学の場だ。日本の「練習船」の多くは，船舶の運航に従事する「海技士」資格の取得を目的としている。この資格がないと，船舶を運航できないからだ。一方で，北海道大学水産学部の練習船「おしょろ丸（1598トン）」と「うしお丸（179トン）」は，海技士資格は取得できないが，海洋生態系の研究に特化した練習船だ。おしょろ丸には最大60名の学生が乗船でき，水産科学や海洋環境科学に関するさまざまな実習が，ほぼ周年にわたって実施されている。また学部4年生が取り組む卒業研究や，大学院生が取り組む修士論文・博士論文のデータを取得するための実習が，日本近海から遠洋域，さらには外国の沿岸まで展開されている。また，おしょろ丸は文部科学省より「教育関係共同利用拠点」に認定されているため，北海道大学以外の学生，海洋とは無縁の学部の学生であっても，おしょろ丸の実習に参加できるチャンスが用意されている。一方，うしお丸は北大水産学部3，4年生と大学院生の海洋調査実習を分担しており，最大でも14名の学生しか乗船できないが，小型で小回りが利くため，おしょろ丸では入り込めないような浅い沿岸域まで接岸して実習ができる。ま

た，毎月同じ場所で繰り返し調査するのに適している。

## 水産科学・海洋科学教育に特化した教科書が必要

　これまでは，水産科学・海洋科学を志す学生は，高学年になるほど細分化された講義を受け，実験・演習・実習を体験し，専門に特化した教科書や専門書，講義資料やノートで理解を深めてきた。また大学の場合，学部4年生で研究室に所属して，その研究室独特の調査手法を，先生や大学院生から直接教えてもらってきた。しかし海洋調査にかかわる職に就くと，海洋に関する幅広い知識と調査方法が必要だと実感する。水産科学・海洋科学は学際的学問分野であり，高等学校で習う生物学・物理学・化学・地学という「枠」を超えて理解できる能力が求められる。昔は，隣の研究室が実施している野外調査は理解できなくてもよかったが，現在では基本的な調査・実験方法は卒業時までに幅広く習得していないと，自信を持って仕事に打ち込めない。にもかかわらず現時点では，練習船での実習経験と理論を結びつけ，水産科学・海洋科学をもっと広く・深く理解するための教科書がない。それが本書の編纂を目指したきっかけである。

　本書の主な読者は，大学学部2年生・高専4年生・高校専攻科生から，大学院修士課程1年生程度を想定している。そして本書の目的は

1. 全国の練習船で行われている実習の意義を理解し，その先にある調査研究の目的を知る
2. 水産科学・海洋科学研究の現場を知って，練習船・調査船での生活をイメージする
3. 卒業論文や修士課程論文への取り組みを始めるにあたり，自分の専門分野ではないが，並行して調査することで有効だと考えられる他分野の調査手法を取り入れる（研究手法カタログとなること）
4. 各種の機器類や調査方法の特性を理解し，最大限に活用し，同時にその限界を知る（研究機器類の概説的カタログとなること）

ことである。もちろん，専門家が読んでも，本書は最新の手法や機器類を知るよい機会にもなるだろう。とくに調査の実際や，実施するにあたり考慮すべき点などを，写真や図などを交えて重点的に説明した。また，本書の著者は主に北海道大学に所属しているが，決して北海道大学の練習船でしか用いることができない教科書ではない。他大学や高等専門学校，高等学校の実習でも十分活用できるように配慮した。ぜひともさまざまな練習船，調査船，臨海実験所などで活用していただきたい。

　本書のすべてを修得できれば，海洋調査のオールラウンダーとして「海洋調査士」を名乗ることができるだろう。また，本書をきっかけとして科学的調査に精通し，特殊操船技術を有する調査船の船長を目指すのもよいだろう。

## 本書の体裁と謝辞

　それぞれの著者の分野におけるスタンダードな記述法を尊重した結果，本書全体を通じた体裁や文体には，一部で一貫性がない。分量もさまざまで，練習問題を解いて理解を深めてもらう章もある。しかし，読みにくい漢字には振り仮名を付け，一部の用語には解説のコラムを別途設け，水産

科学・海洋科学を専門としない学生でも理解できるよう心がけた。

　最後に，執筆の労をとっていただいた著者各位に対して，深甚なるお礼を申し上げる。また，図表などの転載を快く許可していただいた関係機関各位に対して，心からお礼を申し上げる。なお，本書の出版には，平成28年度～令和2年度文部科学省機能強化経費（共通政策課題分）「水産科学・海洋環境科学教育推進のための練習船プログラムの普及と中核的拠点の展開」による支援を受けた。

　令和元年7月吉日

北海道大学水産学部 練習船教科書編纂委員会 委員長　髙津哲也

## 本書を引用する場合の記載例

　本書を引用する場合の記載例を以下に示す．ただし学術論文の場合は，それぞれの学術雑誌が投稿規程で指定する引用方法に従ってほしい．

本書全体を引用する場合：
- （和文）：北海道大学水産学部練習船教科書編纂委員会．「水産科学・海洋環境科学実習」海文堂出版，東京．2019．
- （英文）：Training ship textbook editing Committee, Faculty of Fisheries, Hokkaido University. *Practice of Fisheries and Marine Environmental Sciences*. Kaibundo, Tokyo. 2019 (in Japanese).

本書の一部を引用する場合（一例）：
- （和文）：河合俊郎，今村央，田城文人．噴火湾沖で採集される深海性魚類．「水産科学・海洋環境科学実習」（北海道大学水産学部練習船教科書編纂委員会編）海文堂出版，東京．2019；1–12．
- （英文）：Kawai T, Imamura H, Tashiro F. Deep-sea fishes off Funka Bay. In: Training ship textbook editing Committee, Faculty of Fisheries, Hokkaido University (ed). *Practice of Fisheries and Marine Environmental Sciences*. Kaibundo, Tokyo. 2019; 1–12 (in Japanese).

# 目　次

第 1 章　魚類・ベントス・頭足類（イカ）

  1.1　噴火湾沖で採集される深海性魚類 ............................................................ *1*
      河合俊郎
      今村　央
      田城文人

  1.2　魚類（サケ・マス） ............................................................................. *13*
      工藤秀明

  1.3　魚類・ベントス測定 ............................................................................ *24*
      中屋光裕
      髙津哲也

  1.4　頭足類（イカ） ................................................................................. *39*
      山本　潤

  1.5　マイクロネクトンの採集 ..................................................................... *44*
      山村織生

第 2 章　鳥類・哺乳類および海中の目視

  2.1　鳥類の目視 ...................................................................................... *49*
      綿貫　豊

  2.2　鯨類の目視 ...................................................................................... *58*
      松石　隆

  2.3　北海道周辺で見られる主要な海棲哺乳類 .................................................. *64*
      三谷曜子

  2.4　ROV（遠隔無人探査機，水中テレビロボット） ........................................ *75*
      山本　潤

第 3 章　プランクトン・微生物関係

  3.1　採集方法 .......................................................................................... *77*
  3.2　観察方法 .......................................................................................... *83*
      山口　篤
      今井一郎
      平譯　亨
      松野孝平

第 4 章　漁具

  4.1　トロール漁具 ................................................................................... *89*

4.2 刺網漁具 .................................................................. *93*
藤森康澄

4.3 延縄釣具類 ................................................................ *97*
清水　晋

## 第 5 章　音響機器

5.1 音響機器の原理 ........................................................... *105*
5.2 音の性質 ................................................................. *106*
5.3 ソナー方程式 ............................................................. *113*
5.4 計量魚群探知機（計量魚探機） ............................................. *115*
5.5 計量魚群探知機で得られる音響情報 ......................................... *116*
5.6 広帯域計量魚群探知機 ..................................................... *119*
5.7 ソナー ................................................................... *122*
5.8 調査方法と解析方法 ....................................................... *124*
向井　徹
福田美亮

## 第 6 章　船体運動・船体工学・機関

6.1 船とは ................................................................... *131*
6.2 船体の要目 ............................................................... *131*
6.3 船の操縦の原理 ........................................................... *132*
6.4 船体動揺と復原性 ......................................................... *134*
6.5 機関 ..................................................................... *136*
前川和義

## 第 7 章　操船運航（位置の測定とその計算方法）

7.1 地球座標系 ............................................................... *139*
7.2 地図の投影法と海図 ....................................................... *141*
7.3 海上における位置決定方法 ................................................. *146*
7.4 地球座標上の移動 ......................................................... *151*
大西広二

7.5 船橋機器 ................................................................. *156*
星　直樹

## 第 8 章　物理海洋関係

8.1 CTD 採水システム ......................................................... *169*
今井圭理
小熊健治

## 目次

- 8.2 ADCP（超音波ドップラー流速計） ........................... *173*
  - 磯田　豊
  - 小林直人

- 8.3 XBT（投下式水温計）・XCTD（投下式水温塩分計） ........... *175*
  - 磯田　豊
  - 星　直樹

- 8.4 アルゴフロート ........................................... *176*

- 8.5 乱流計 ................................................. *177*
  - 上野洋路

- 8.6 気象・海象 ............................................. *179*
  - 大西広二

### 第 9 章　化学海洋関係

- 9.1 水の流れと化学物質の移動 ................................ *195*
- 9.2 炭酸成分と酸素 ......................................... *197*
- 9.3 栄養塩 ................................................. *200*
- 9.4 栄養塩利用と植物プランクトン群集 ......................... *202*
- 9.5 海洋パラメタの鉛直分布を決める要因 ....................... *204*
- 9.6 海洋基礎生産と物質循環，地球環境 ......................... *207*
- 9.7 実習例 ................................................. *208*
  - 大木淳之
  - 工藤　勲
  - 平譯　亨
  - 今井圭理
  - 小熊健治
  - 久万健志（コラム）

### 第 10 章　船内生活，衛生管理

- 10.1 乗船上の注意 ........................................... *221*
- 10.2 救命設備・安全のしおり ................................. *230*
- 10.3 衛生管理 ............................................... *234*
- 10.4 TA（実習指導補助員）の学生指導に際しての注意事項 ......... *234*
  - 星　直樹
  - 大和田真紀
  - 福田美亮

索引 ......................................................... *237*

# 第1章 魚類・ベントス・頭足類（イカ）

## 1.1 噴火湾沖で採集される深海性魚類
河合俊郎・今村央・田城文人

### はじめに

　魚類は世界で3万4000種以上が知られ，4300種以上が日本から報告されている（河合，2018）。北海道には約660種の魚類が生息し，そのうちの約630種が海産種である（尼岡ほか，2011；木村ほか，2018）。おしょろ丸の底曳きトロール実習は北海道噴火湾沖の約600～900mの深海域で実施され，近年の実習で採集された約50種（表1.1）には揚網中などに採集される遊泳性の中深層性魚類も含まれる。1回の操業で採集される魚類は20種程度である。これらの魚類のうち，代表的な種の識別形質などを解説する。

　分類体系と学名は中坊（2013）に従った。カラー写真は北海道大学総合博物館（HUMZ）に保管されているものを使用した。本海域から採集される魚類の写真や解説は北川ほか（2008），尼岡ほか（2011）などにも掲載されている。

表1.1　近年の噴火湾沖の底曳きトロール実習で採集された魚類*

| 目 | 科 | 種 | 学名 |
|---|---|---|---|
| ツノザメ目 | カラスザメ科 | カスミザメ | *Centroscyllium ritteri* |
| ガンギエイ目 | ガンギエイ科 | オナガカスベ | *Rhinoraja longicauda* |
| | | リボンカスベ | *Bathyraja diplotaenia* |
| | | チャレンジャーカスベ | *Bathyraja isotrachys* |
| | | ドブカスベ | *Bathyraja smirnovi* |
| | | ソコガンギエイ | *Bathyraja bergi* |
| | | マツバラエイ | *Bathyraja matsubarai* |
| ソコギス目 | ソコギス科 | クロソコギス | *Notacanthus chemnitzii* |
| ウナギ目 | ホラアナゴ科 | イラコアナゴ | *Synaphobranchus kaupii* |
| | | ユキホラアナゴ | *Ilyophis nigeli* |
| | | コンゴウアナゴ | *Simenchelys parasitica* |
| | シギウナギ科 | シギウナギ | *Nemichthys scolopaceus* |
| ニギス目 | ソコイワシ科 | ソコイワシ | *Lipolagus ochotensis* |
| | | トガリイチモンジイワシ | *Leuroglossus schmidti* |
| | | クロソコイワシ | *Pseudobathylagus milleri* |
| ワニトカゲギス目 | ヨコエソ科 | ヨコエソ | *Sigmops gracilis* |
| | ホウライエソ科 | ホウライエソ | *Chauliodus sloani* |
| | | ヒガシホウライエソ | *Chauliodus macouni* |
| | ホテイエソ科 | ホテイエソ | *Photonectes albipennis* |
| | | ハダカホテイエソ | *Tactostoma macropus* |
| ヒメ目 | デメエソ科 | ツマリデメエソ | *Benthalbella dentata* |
| | ミズウオ科 | ミズウオ | *Alepisaurus ferox* |
| | ハダカエソ科 | ヤセハダカエソ | *Lestidiops sphyraenopsis* |

表 1.1 （続き）

| 目 | 科 | 種 | 学名 |
|---|---|---|---|
| ハダカイワシ目 | ハダカイワシ科 | ハダカイワシ | *Diaphus watasei* |
| | | マメハダカ | *Lampanyctus jordani* |
| | | セッキハダカ | *Stenobrachius nannochir* |
| | | ナガハダカ | *Symbolophorus californiensis* |
| | | ミカドハダカ | *Nannobrachium regale* |
| | | オオクチイワシ | *Notoscopelus japonicus* |
| タラ目 | ソコダラ科 | カラフトソコダラ | *Coryphaenoides cinereus* |
| | | ムネダラ | *Coryphaenoides pectoralis* |
| | | イバラヒゲ | *Coryphaenoides acrolepis* |
| | チゴダラ科 | カナダダラ | *Antimora microlepis* |
| | | カラスダラ | *Halargyreus johnsonii* |
| | | イトヒキダラ | *Laemonema longipes* |
| アンコウ目 | ラクダアンコウ科 | トゲラクダアンコウ | *Oneirodes thompsoni* |
| キンメダイ目 | オニキンメ科 | オニキンメ | *Anoplogaster cornuta* |
| スズキ目 | メバル科 | オオサガ | *Sebastes iracundus* |
| | キチジ科 | キチジ | *Sebastolobus macrochir* |
| | イボダイ科 | クロメダイ | *Icichthys lockingtoni* |
| | ウラナイカジカ科 | コブシカジカ | *Malacocottus zonurus* |
| | | ガンコ | *Dasycottus setiger* |
| | | アカドンコ | *Ebinania vermiculata* |
| | | ニュウドウカジカ | *Psychrolutes phrictus* |
| | ダンゴウオ科 | ホテイウオ | *Aptocyclus ventricosus* |
| | クサウオ科 | ヒラインキウオ | *Paraliparis grandis* |
| | | ヒレグロコンニャクウオ | *Careproctus marginatus* |
| | | シロヒゲコンニャクウオ | *Rhinoliparis barbulifer* |
| | ゲンゲ科 | シロゲンゲ | *Bothrocara zestum* |
| | | カンテンゲンゲ | *Bothrocara tanakae* |
| | タウエガジ科 | ネズミギンポ | *Lumpenella longirostris* |
| カレイ目 | カレイ科 | アブラガレイ | *Atheresthes evermanni* |
| | | サメガレイ | *Clidoderma asperrimum* |

＊これらの魚類以外の種が採集される場合もある。

代表種の諸特徴を以下に示す。

## 1.1.1 ホラアナゴ科 Synaphobranchidae

ホラアナゴ科魚類は体がよく伸長する，下顎が上顎より前に突出しない，尾鰭が小さく，背鰭と臀鰭と連続するなどの特徴を有する．本科魚類としてイラコアナゴ，ユキホラアナゴとコンゴウアナゴの3種が採集される．このうち，最も漁獲量が多いのはイラコアナゴであるが，他の2種は多くない．

(1) イラコアナゴ *Synaphobranchus kaupii*
特徴：吻はとがる．口は大きい．背鰭起部は肛門付近に位置する．体は黒褐色．全長 1 m になる．
　　　蒲焼きにすると美味．
分布：日本では北海道から日向灘までの太平洋，東シナ海．世界ではインド–西太平洋，ハワイ諸
　　　島，オーストラリア南岸，南アフリカ，グリーンランド・アイルランド，大西洋（地中海を

除く）。

（標本番号 HUMZ 219212）

(2) ユキホラアナゴ *Ilyophis nigeli*
特徴：吻はとがる。口は大きい。背鰭起部は頭部の後方に位置する。体は生鮮時には一様に乳白色から灰白色だが，時間経過とともに褐色か暗褐色に変化する。全長 50 cm 近くになる。
分布：択捉島から千葉県までのオホーツク海南部と太平洋。

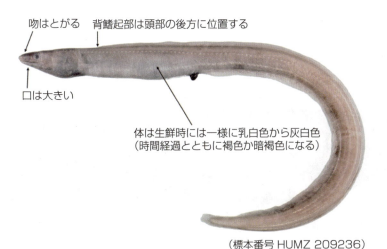

（標本番号 HUMZ 209236）

(3) コンゴウアナゴ *Simenchelys parasitica*
特徴：吻は丸い。口は小さい。体は灰白色から褐色。全長 60 cm になる。
分布：日本では北海道から土佐湾までの太平洋，沖縄舟状海盆。世界ではインド−太平洋と大西洋の温帯域（北緯 10 度〜南緯 20 度の熱帯赤道海域およびインド洋北部と地中海を除く）。

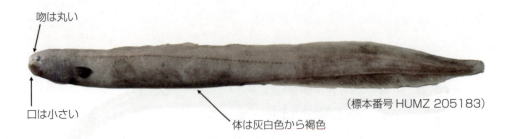

（標本番号 HUMZ 205183）

吻は丸い
口は小さい
体は灰白色から褐色

## 1.1.2　ハダカイワシ科 Myctophidae

　ハダカイワシ科魚類は主に体の腹側寄りに 1 縦列の発光器が並ぶことによって特徴づけられる。本科魚類は発光器の位置が重要な分類形質となる。本科魚類ではマメハダカが多く採集され，ミカドハダカやナガハダカなどが混じる。

(1)　マメハダカ *Lampanyctus jordani*
特徴：胸鰭は長い。胸鰭上発光器は 2 個。腹鰭上発光器は側線に近い。第 2 と第 3 前部臀鰭発光器は高位。標準体長 15 cm 程度になる。
分布：日本では北海道から土佐湾までのオホーツク海と太平洋，小笠原諸島。世界では北太平洋（北緯 35 度以北），天皇海山，アラスカ湾からカリフォルニア南部。

胸鰭上発光器は 2 個
腹鰭上発光器は側線に近い
第 2 と第 3 前部臀鰭発光器は高位
胸鰭は長い
（標本番号 HUMZ 224590）

(2)　ミカドハダカ *Nannobrachium regale*
特徴：胸鰭は短い。腹鰭上発光器は側線よりかなり下方。最後の尾鰭前発光器は側線上。標準体長 20 cm 程度になる。
分布：日本では北海道から駿河湾までの太平洋とオホーツク海。世界ではオホーツク海北部，ベーリング海，千島列島・カムチャツカ半島からアリューシャン列島・カリフォルニアまでの北太平洋，天皇海山。

(標本番号 HUMZ 228056)

## 1.1.3 ソコダラ科 Macrouridae

ソコダラ科魚類は背鰭が2基で，尾部が極めて細く，尾鰭が不明瞭である。本科魚類としてカラフトソコダラ，ムネダラとイバラヒゲの3種が主に採集される。カラフトソコダラとムネダラは大量に漁獲されることがある。

(1) カラフトソコダラ *Coryphaenoides cinereus*

特徴：吻は短い。眼は大きい。第1背鰭は高い。第2背鰭起部は臀鰭起部のほぼ直上。体は乳白色。全長 50 cm 程度になる。

分布：日本では北海道から駿河湾までのオホーツク海と太平洋。世界ではオホーツク海，ベーリング海，千島列島北部・カムチャツカ半島からアリューシャン列島・オレゴン州。

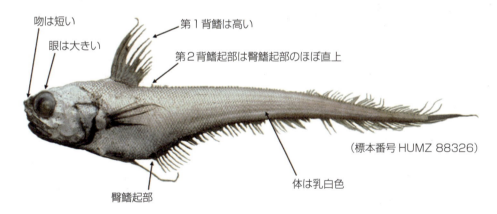

(標本番号 HUMZ 88326)

(2) ムネダラ *Coryphaenoides pectoralis*

特徴：吻は長い。眼は小さい。第1背鰭は低い。第2背鰭起部は臀鰭起部より前方。体は乳白色。全長 1.5 m になる。

分布：日本では北海道から相模湾までのオホーツク海と太平洋。世界ではオホーツク海，ベーリング海，千島列島・カムチャツカ半島からアリューシャン列島・カリフォルニア半島北部。

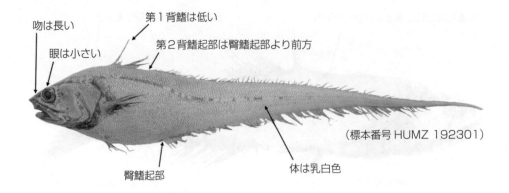

(3) イバラヒゲ *Coryphaenoides acrolepis*

特徴：吻の先端と両側角に骨質の瘤状物がある。第2背鰭起部は臀鰭起部より前方。体の鱗は肥厚して硬い。体は黒褐色。全長75cmになる。

分布：日本では北海道から土佐湾までのオホーツク海と太平洋。世界ではオホーツク海，ベーリング海，千島列島・カムチャツカ半島からアリューシャン列島・カリフォルニア半島。

## 1.1.4 チゴダラ科 Moridae

　チゴダラ科魚類は背鰭が2基で，尾鰭が明瞭である。本科魚類としてカナダダラ，カラスダラとイトヒキダラの3種が採集される。イトヒキダラは時として大量に漁獲される。

(1) カナダダラ *Antimora microlepis*

特徴：吻は著しく突出し，先端がとがる。下顎は上顎より前に突出しない。第1背鰭は糸状に伸長する。第2背鰭起部は臀鰭起部より前方。標準体長50cmになる。

分布：日本では北海道から相模湾までの太平洋。世界ではオホーツク海，ベーリング海，千島列島・カムチャツカ半島からアリューシャン列島・カリフォルニア湾，ハワイ諸島。

第 1 章　魚類・ベントス・頭足類（イカ）　　7

(2) カラスダラ *Halargyreus johnsonii*

特徴：吻は丸い。下顎は上顎より前に突出し，ひげがない。第 1 背鰭は糸状に伸長しない。第 2 背鰭起部は臀鰭起部より前方。標準体長 50 cm になる。

分布：日本では北海道から土佐湾までの太平洋。世界ではカムチャツカ半島，アラスカ湾からカリフォルニア湾，天皇海山，ニューカレドニア，オーストラリア南岸，南太平洋（南緯 30 度以南），グリーンランド，北大西洋（北緯 40 度以北），南大西洋（南緯 45 度以南）。

(3) イトヒキダラ *Laemonema longipes*

特徴：吻は丸い。下顎は上顎より前に突出し，ひげがない。第 1 背鰭は糸状に伸長しない。腹鰭が著しく長く伸長する。標準体長 50 cm になる。

分布：日本では北海道から駿河湾までのオホーツク海と太平洋。世界ではオホーツク海，ベーリング海，千島列島からカムチャツカ半島。

(標本番号 HUMZ 88035)

### 1.1.5 メバル科 Sebastidae

　メバル科は従来のフサカサゴ科から独立した科である。本科魚類は胸鰭に明瞭な欠刻がないこと，眼の下方に棘がないこと（稀に1棘），背鰭軟条数は11以上（稀に10）などによって特徴づけられる。本科魚類としてはオオサガが採集される。

(1) オオサガ *Sebastes iracundus*
特徴：頭部の棘は顕著ではない。眼の下方に棘はない。体は赤色。背鰭に黒色斑はない。標準体長
　　　60 cm に達する。資源量の激減のため，採集されないことも多い。
分布：日本では北海道から千葉県までのオホーツク海と太平洋。世界では千島列島と天皇海山。

(標本番号 HUMZ 68632)

### 1.1.6 キチジ科 Sebastolobidae

　キチジ科は従来のフサカサゴ科から独立した科で，胸鰭に明瞭な欠刻があること，眼の下方に棘があることなどによって特徴づけられる。本科魚類としてはキチジが採集される。

（1）キチジ *Sebastolobus macrochir*

特徴：頭部の棘や背鰭棘は非常に強い。眼の下方に棘を有する。体は赤色。背鰭に大きな1個の黒色斑がある。標準体長30 cmになる。

分布：日本では北海道から三重県までのオホーツク海と太平洋，新潟県と島根県の日本海。世界では朝鮮半島，ピーター大帝湾，オホーツク海，ベーリング海，千島列島・カムチャツカ半島からアリューシャン列島。

（標本番号 HUMZ 214507）

## 1.1.7 ウラナイカジカ科 Psychrolutidae

ウラナイカジカ科魚類は体がぶよぶよして軟らかいこと，臀鰭に棘がないことなどが特徴で，コブシカジカ，ガンコ，アカドンコとニュウドウカジカの4種が採集される。いずれも漁獲量は多くない。

（1）コブシカジカ *Malacocottus zonurus*

特徴：頭部は丸い。後頭部に1対の瘤状の突起がある。背鰭棘条部と軟条部は分離して2基。標準体長20 cmになる。

分布：日本では北海道から鹿島灘までのオホーツク海と太平洋，島根県と若狭湾の日本海。世界では日本海，オホーツク海，千島列島からワシントン州。

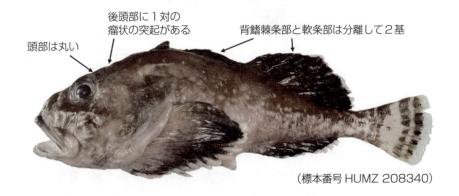

（標本番号 HUMZ 208340）

(2) ガンコ *Dasycottus setiger*

特徴：頭部は縦扁する。頭部背面に多数の顕著な棘を有する。背鰭棘条部と軟条部は分離して2基。標準体長30 cmになる。

分布：日本では北海道から千葉県と島根県までのオホーツク海，太平洋と日本海。世界では日本海，オホーツク海，千島列島からワシントン州。

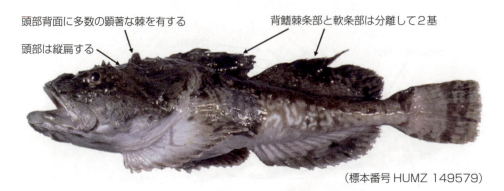

(標本番号 HUMZ 149579)

(3) アカドンコ *Ebinania vermiculata*

特徴：頭部は丸く，顕著な棘がない。頭部の側面と腹面に多くの小皮弁を有する。背鰭棘条部と軟条部は分離せず1基。体は生鮮時には赤紫色を帯びた褐色で，死後には虫食い状の斑紋が出る。標準体長30 cmになる。

分布：北海道から熊野灘までの太平洋。

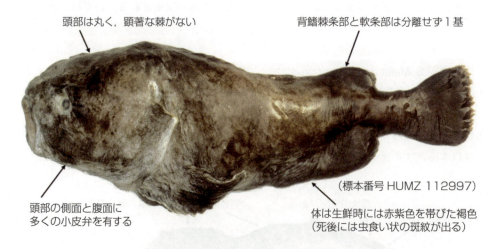

(標本番号 HUMZ 112997)

(4) ニュウドウカジカ *Psychrolutes phrictus*

特徴：頭部は大きくて丸く，顕著な棘がない。頭部に小皮弁が散在する。背鰭棘条部と軟条部は分離せず1基。体は灰褐色から黒色まで変異に富む。標準体長60 cmになる。

分布：日本では北海道から茨城県までのオホーツク海と太平洋，東シナ海。世界ではオホーツク海，ベーリング海からカリフォルニア州。

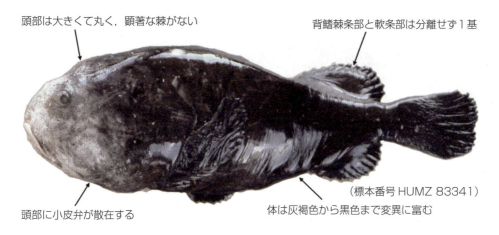

（標本番号 HUMZ 83341）

## 1.1.8　ゲンゲ科 Zoarcidae

　ゲンゲ科魚類は背鰭が1基で基底が長いこと，体が柔らかいことなどで特徴づけられる。本科魚類としてシロゲンゲとカンテンゲンゲの2種が採集される。両種は混獲されることが多く，形態もよく似ているが，両眼間隔によって容易に識別できる。シロゲンゲは大量に漁獲されることがある。

(1) シロゲンゲ *Bothrocara zestum*
特徴：吻はやや丸い。両眼間隔は広い。胸部に鱗がある。全長60 cmに達する。
分布：日本では北海道から相模湾までのオホーツク海と太平洋。世界ではオホーツク海，ベーリング海，アラスカ湾。

（標本番号 HUMZ 142437）

(2) カンテンゲンゲ *Bothrocara tanakae*
特徴：吻はとがる。両眼間隔は狭い。胸部に鱗はほとんどない。全長50 cmになる。
分布：北海道から千葉県までのオホーツク海と太平洋，秋田県と新潟県の日本海。

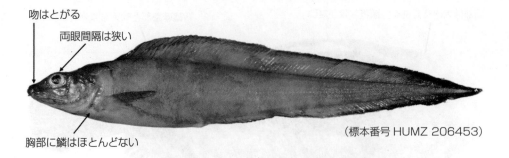

吻はとがる
両眼間隔は狭い
胸部に鱗はほとんどない
（標本番号 HUMZ 206453）

《コラム 1-1》北海道大学総合博物館に所蔵される魚類標本

　北海道大学函館キャンパス内にある北海道大学総合博物館水産科学館には23万点を超える魚類標本が保管されている。それらの標本は世界中の淡水域と浅海域～深海域から採集されてきたもので，年間約2000点が新たに登録されている。そのなかには214種，1330点の種の基準となるタイプ標本が含まれていて（2018年11月14日時点），毎年約10点増加している。これらの魚類標本群は世界有数の魚類コレクションとして知られている。北海道大学総合博物館の魚類学術標本にはHUMZから始まる標本番号が付けられている。HUMZとは北海道大学総合博物館の魚類学術標本の国際的に認知された略号である。

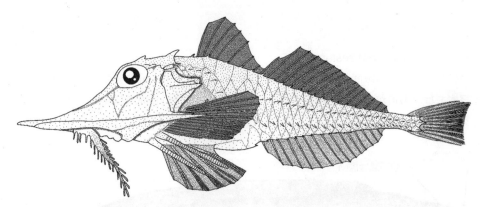

2013年に新種として記載されたヒゲキホウボウダマシ *Satyrichthys milleri* Kawai, 2013 のホロタイプ（HUMZ 193886）

《参考文献》

- 尼岡邦夫・仲谷一宏・矢部衞（2011）北海道の全魚類図鑑．北海道新聞社，札幌．
- Kawai, T. (2013) Revision of the peristediid genus *Satyrichthys* (Actinopterygii: Teleostei) with the description of a new species, *S. milleri* sp. nov. Zootaxa **3635** (4): 419–438.
- 河合俊郎（2018）魚類の多様性．魚類学の百科事典（日本魚類学会編），丸善出版，東京，pp.8–9．
- 北川大二・今村央・後藤友明・石戸芳男・藤原邦浩・上田祐司（2008）東北フィールド魚類図鑑　沿岸魚から深海魚まで．東海大学出版会，秦野．
- 木村克也・河合俊郎・今村央（2018）北海道南部から採集された北海道初記録の4種の魚類．日本生物地理学会誌 **72**: 209–218.
- 中坊徹次（編）（2013）日本産魚類検索．全種の同定．第三版．東海大学出版会，秦野．

## 1.2 魚類（サケ・マス）
工藤秀明

　北海道大学水産学部附属練習船の北洋域での生物採集調査実習（以前は漁労実習）において，サケ・マス（用語解説1）（以下，サケ類）は魚類のなかでも別格である。北太平洋生態系の重要魚種であることもさることながら，流し網，延縄，トロール，手釣りといった各種漁法で採集され，船上を跳ねて舞う銀鱗の大きな魚体を見ると誰もが心踊り興奮する（図1.1）。本節では，沖合域で採集されるサケ類を理解するための基礎知識を北海道大学水産学部附属練習船おしょろ丸による調査の実例を交えて解説する。

図1.1　おしょろ丸船上で採集されたサケ類と学生の笑顔
左：1991年第38次航海（北洋航海），右：2018年第54次航海（東経155度線）

### 1.2.1　サケ類の種類

　北太平洋を回遊するサケ類は太平洋サケ（*Oncorhynchus* 属（用語解説2），サケ属）と呼ばれる仲間であり，以下の7種が海洋で見られる（用語解説3）。学名後の下線部は北海道大学水産学部附属練習船の北洋航海などで主に見られる海域を表す。

- カラフトマス *Oncorhynchus gorbuscha*　　155°E線，ベーリング，アラスカ湾
  英名：pink salmon, humpback salmon
  地方名：マス，セッパリマス（用語解説4），青マス，ホンマス，オホーツクサーモン
- シロザケ（サケ（用語解説5））*Oncorhynchus keta*　　155°E線，ベーリング，アラスカ湾
  英名：chum salmon, dog salmon
  地方名：秋サケ，秋アジ，メヂカ，ケイジ，トキシラズ（コラム1-2参照）
- ベニザケ *Oncorhynchus nerka*　　アラスカ湾，ベーリング
  英名：sockeye salmon, red salmon, kokanee（陸封型）
  地方名：ベニマス，ベニ（湖沼性残留型：ヒメマス（用語解説6），チップ）
- マスノスケ *Oncorhynchus tshawytscha*　　ベーリング，アラスカ湾

英名：Chinook salmon, king salmon, spring salmon
地方名：スケ，オオスケ，キングサーモン
- ギンザケ *Oncorhynchus kisutch*　<u>アラスカ湾</u>

  英名：coho salmon, silver salmon, blueback

  地方名：ギンマス，ギン
- サクラマス *Oncorhynchus masou*

  英名：masu salmon, cherry salmon

  地方名：ホンマス，イタマス，クチグロ（河川残留型：ヤマメ，ヤマベ）
- スチールヘッド・トラウト（降海型ニジマス）*Oncorhynchus mykiss*　<u>155°E線，アラスカ湾</u>

  英名：steelhead trout, rainbow trout

  地方名：テツ，テツガシラ

※サケ類の分類の詳細は矢部（2009）参照

## 1.2.2　サケ類の生活史

　河川と海洋を往き来する「通し回遊魚」（用語解説7）のなかでもサケ類は，河川（淡水）で産卵・ふ化し，索餌して成長するために海洋へ回遊する"遡河（さっか，そか）回遊魚（anadromous fish）"である（図1.2）。川底に産卵される沈性卵は，魚類のなかでは比較的大型で，ふ化した仔魚も大きな卵黄嚢を有する。卵黄を吸収し浮上した稚魚の移動パターンは魚種により異なり（帰山，2018），カラフトマスとシロザケでは浮上後まもなく降海する。海洋生活期の定位や航法などの航海術については謎が多いが，母川回帰時の最終段階である母川識別には降海時に覚えた母川のニオイを頼りに母川を識別する「嗅覚刷込説」（用語解説8）がよく知られている（上田，2016）。スチールヘッド・トラウトを除き産卵後の親魚は，雌雄ともに，まもなく産卵場付近でその一生を終える（**一回繁殖型**）。

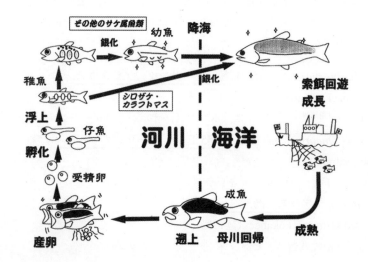

図1.2
サケ類の生活史の模式図。この図は筆者が大学院生時代（1991年）に初めておしょろ丸の北洋航海に乗船した際に，船内発表会で使ったもの。船は「おしょろ丸」のつもり。

## 1.2.3 北太平洋におけるサケ類の分布

進化的な種とされるカラフトマスとシロザケは，降海時期も早く，海洋分布域も広い（図 1.3）。とくにカラフトマスは母川回帰時に「迷い込み」も多く，生息域拡大に強く関与していると考えられる。一方，原始的とされるサクラマスは東アジア周辺海域に局在し，母川回帰性も強い。

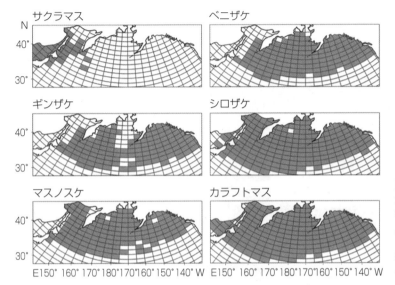

図 1.3
北太平洋におけるサケ類の分布。海域を緯度 2 度 × 経度 5 度のグリッドで仕切り，各種ごとの分布を灰色で表示。（帰山雅秀著『最新のサケ学』(2002) を改変）

---

**《コラム 1-2》メヂカ，トキシラズ，ケイジ**

これらは主に沿岸域で捕れるシロザケの別名であり，程度には差があるものの成熟度が低いことから身に脂が乗り，美味しいということで珍重されている。おしょろ丸乗船中には，トキシラズクラス以上の脂の乗ったシロザケが採集されることが多い。

**メヂカ（目近）**：主に本州日本海側の河川に遡上する成熟途上個体で，宗谷岬を経由する前の根室からオホーツク海沿岸で秋季に漁獲される。産卵までに時間があるため通常の秋サケに比べ脂が乗っている。成熟が進むと，とくに雄は第二次性徴として眼と眼の間にあたる吻部（鼻先）が伸長して屈曲する「鼻曲がり」となり，眼と眼の間が遠くなる。一方，成熟し切っていないメヂカは「眼と眼の間が近い」ので名前の由来となっている。

**トキシラズ（時知不）**：4〜7月に三陸沖から北海道の太平洋およびオホーツク海沿岸で漁獲される成熟途上個体。産卵期のシロザケ（秋サケ）と違う時期に捕れることから「時知不（トキシラズ）」と呼ばれる。一般にはロシアのアムール川などにその年の秋に遡上するシロザケであり，産卵までに時間があるため秋サケに比べ脂が乗っている。同時期に行われるロシアの排他的経済水域内での北洋サケ・マス流し網で漁獲されるものも「トキシラズ」「北洋トキ」と呼ばれる。

**ケイジ（鮭児）**：9〜12月にオホーツク海から太平洋の沿岸域で漁獲される未成熟個体。翌年以降に産卵する個体であるため，生殖腺は発達しておらず，越冬前ということもあり脂がたいへん乗って霜降り状になることもある。1尾数万円で取り引きされる。

## 1.2.4 外洋域でのサケ類の種判別

実習航海中に沖合域で目にするサケ類は主に，盛んに餌を食べて成長している索餌回遊中の「未成熟魚」と，成長から成熟へとギアチェンジし，母川回帰の開始前後または途上の「成熟途上魚」である。これらの体表は銀白色の鱗に覆われ，一見，すべて同じ種類のサケに見え，性成熟時の婚姻色の出た外見の違いを想像するのは難しい。船上では，図 1.4 で示した識別点で種を判別している。なお，幼魚や若魚などの小型個体では，これらの特徴が見られないものもあり，鰓耙数(用語解説 9)の計数など精密な作業が必要となる。

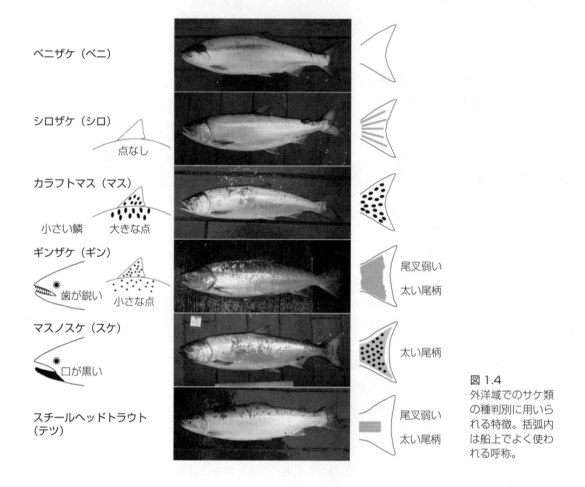

図 1.4 外洋域でのサケ類の種判別に用いられる特徴。括弧内は船上でよく使われる呼称。

## 1.2.5 実習航海でのサケ類の分析項目

(1) 必須項目
- 魚体測定：尾叉長(用語解説 10)（1 mm 単位）および体重（1 g 単位）
- 雌雄判別（生殖腺目視）
- 生殖腺重量（1 g 単位）
- 採鱗（年齢査定用）

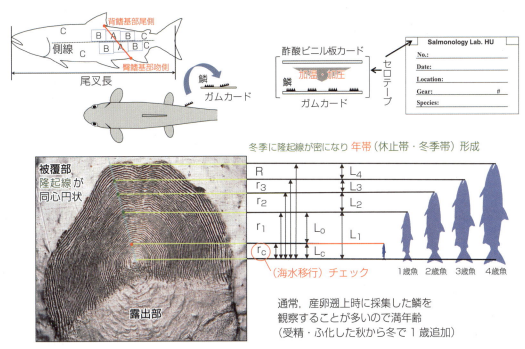

図 1.5 採鱗部位と鱗相分析による尾叉長逆算法

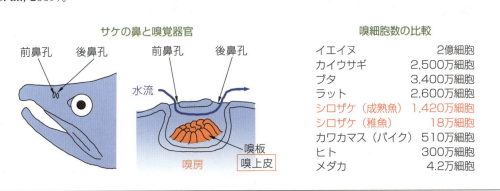

《コラム 1-3》サケの鼻って？

　母川刷込で川のニオイを感知するためには嗅覚器官が重要なことは知られているが，実際にサケの鼻がどうなっているかの情報は少なかった。北大水産の附属練習船で採集した沖合域の未成熟魚を含めた各発育段階のシロザケを解析することにより，ニオイのセンサ細胞である嗅細胞(きゅうさいぼう)の数が明らかにされ，魚類のなかでも鼻が発達していることが明らかになった（Kudo et al., 2009）。

(2) 特殊項目

　胃内容物（固定または冷凍），耳石（扁平石，耳石標識（用語解説11）の有無），DNA 分析（背鰭後端や肝臓を冷凍，ミトコンドリア DNA やマイクロサテライト DNA などによる集団遺伝学的分析），筋肉組織（冷凍，安定同位体比分析（用語解説12）など），脂肪測定（ファットメーター），血液（血清

分離，ホルモン測定など），遺伝子発現分析用各種組織（RNA 保護保存液で冷凍），各種顕微鏡観察用組織（固定）。

## 1.2.6　シロザケとカラフトマス

　以下に，現在の北洋海域でのおしょろ丸実習中に目にすることの多いシロザケとカラフトマスについて解説する。

### （1）シロザケ（サケ）

　日本で最もポピュラーなサケ類。卵（直径約 7～8 mm）は「イクラ」（ロシア語で魚卵の意味）として食される。サケ類のなかではスリムな体型。背部や鰭に黒点はない。北太平洋と北極海の一部に分布（図 1.3 参照）。遡上河川は，アジア側では朝鮮半島東部からシベリアのレナ川，北米ではカリフォルニア州サクラメント川からカナダマッケンジー川まで。国内では，利根川以北と山口県以北に遡上するが，東北地方と北海道が多い。産卵期は 9 月～翌 2 月（盛期は北海道で 10 月）。受精からふ化まで約 2 か月。ふ化した仔魚は約 2 か月で卵黄を吸収して浮上。浮上した多くの稚魚は河口の汽水域まで降河し，その後，沿岸域に移行する。日本起源のシロザケは，およそ 3～5 年の海洋生活（詳しくは図 1.7 参照）で主に動物プランクトンを摂餌しながら成長し，その後，産卵のために日本の河川に帰る。性成熟に伴い「鼻曲がり」や婚姻色（黒化，雲状斑）などの第二次性徴が見られる。沿岸域の定置網で漁獲される個体は，第二次性徴の発現度合いで，「銀毛」「A～D ブナ」「ホッチャレ」とランク付される。尾叉長は最大で 80 cm を超えるが，満 4 歳の成熟魚は多くが 60～75 cm，体重 2.5～5 kg。近年，回帰親魚の小型化・高齢化現象が認められる。

図 1.6　シロザケ沖合域個体（左）と産卵遡上個体（雄）（右）の外部形態の違い

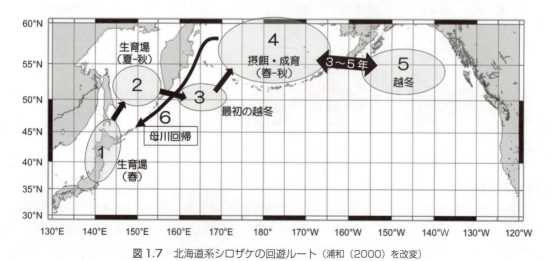

図 1.7　北海道系シロザケの回遊ルート（浦和（2000）を改変）

1992年以降，公海でのさけ・ます流し網漁業（母船式表層流し網漁などの「沖捕り」）が禁止され，北洋では日本および一部のロシアの排他的経済水域（200海里）内のみで細々と操業。沿岸では，秋に主として定置網漁で漁獲される。我が国では人工ふ化放流事業が積極的に行われ，北海道だけで年間約10億尾（日本全体で20億尾弱）が放流されており，2011年には日本全体で約4300万尾が来遊している。回帰率はおよそ4～5％。ふ化事業に使われる河川遡上親魚は，比較的下流域において捕獲装置（ウライ）や引き網で捕獲され，「トラックに乗せられ」上流のふ化場などの蓄養池へ運ばれる。自然が多く残されているとされる北海道においても，シロザケ親魚が上流の産卵場まで遡上できる河川は少ない。近年，不漁が続いており，稚魚の放流基準（放流時期，体サイズ，沿岸の水温）の見直しなどの対応が検討されている。また，この不漁は地球温暖化の影響との意見もある。

(2) カラフトマス

北太平洋において最も分布域が広く資源量も多いサケ類。卵（直径約6.4 mm）は「マス子」として食される。背部，尾鰭，脂鰭には大きめの黒点を有する。北緯36度以北の太平洋，ベーリング海，オホーツク海，日本海および北極海の一部に分布。遡上河川は，アジア側および北米ともにシロザケ同様であるが，日本国内ではオホーツク海と根室海峡に注ぐ河川に多い。北海道では8～10月に遡上し，産卵は9～10月で，シロザケの遡上に先行する。翌4～5月に浮上した稚魚は，すぐに降河する。海洋生活は約1年で，尾叉長約45～60 cm，体重は1～2.5 kgとシロザゲより小型で，河川に遡上する。産卵期の雄は背部前方が盛り上がり「背張り鱒（セッパリマス）」と呼ばれる（コラム1-4参照）。婚姻色はややピンクから赤紫がかった茶色に変わる。母川回帰性は他のサケ類より低いといわれ，比較的下流域で産卵する。

図1.8　カラフトマス沖合域個体（左）と産卵遡上個体（雄）（右）の外部形態の違い

その分布および資源量から1980年代までは盛んに「沖穫り」で漁獲，その多くが塩蔵品やサケ缶として加工されていた。現在は，北海道に回帰してくる魚を夏から秋にかけて沿岸の定置網により漁獲。人工ふ化放流事業はシロザケに比べて少ないながら，年間1億から1億4千万尾放流。本種は，ほぼすべてが満2年で成熟・回帰してくるため，西暦の奇数年と偶数年で，不漁年と豊漁年を繰り返す（2004年以降，逆順になっていたが，2015年以降，再び偶数年が豊漁となってきている）。2018年春以降，日本からの放流個体には，すべて耳石温度標識が付けられており，2019年5月のおしょろ丸による北太平洋西部海域（東経155度線）での調査で採集された個体や，今後，晩夏から秋に北海道に回帰する個体の標識状況に興味が持たれる。

《コラム 1-4》「セッパリ」の中身は？

　成熟したカラフトマス雄の二次性徴である盛り上がった背中「セッパリ」は，生態学的な意味がある。産卵場での雌をめぐる雄同士の争いで，①他の雄から噛まれにくい，②セックスアピール，③他の雄をブロックするなどの利点がある。一方，①水中抵抗が大きい，②浅瀬で座礁しやすい，③ヒグマなどに狙われやすいといった欠点もある。これまで「セッパリ」のなかには「軟骨」が詰まっていると考えられていたが，おしょろ丸で採集された未熟な個体と道東に回帰した成熟個体を解析した北大水産の研究により，セッパリの中身は主に「水分が多く，コラーゲンを含む結合組織」で構成され，血中男性ホルモン濃度が高い雄ほど大きなセッパリを持つことが明らかとなった（工藤，2013；Susuki *et al.*, 2014, 2017）。

上段はカラフトマス背部の矢状断面と前顎断面。下段左は透明骨格二重標本。セッパリ中央には不完全神経間棘という硬骨が並び，その周囲に結合組織。下段右はセッパリ内部組織の透過型電子顕微鏡画像。コラーゲン線維と線維芽細胞が確認できる。

《参考文献》

- 市村政樹・柳本卓・小林敬典・正岡哲治・帰山雅秀（2011）北海道東部根室海峡周辺で採集された「サケマス」の DNA 分析による交雑判別．日本水産学会誌 77: 834–844.
- 上田宏（2016）サケの記憶．東海大学出版部，平塚.
- 浦和茂彦（2000）日本系サケの回遊経路と今後の研究課題．さけ・ます資源管理センターニュース 5: 3–9.
- 帰山雅秀（2002）最新のサケ学．成山堂書店，東京.
- 帰山雅秀（2018）サケ学への誘い．北海道大学出版会，札幌.
- 工藤秀明（2013）サケの第二次性徴　背中の盛り上がりの中身は？　サケ学大全．（帰山雅秀・永田光博・中川大介編），北海道大学出版会，札幌，pp.103–108.
- Kudo H, Shinto M, Sakurai Y, and Kaeriyama M (2009) Morphometry of olfactory lamellae and olfactory receptor neurons during the life history of chum salmon (*Oncorhynchus keta*). *Chemical Senses* 34: 617–624.
- Nakabo T, Nakayama K, Muto N, and Miyazawa M (2011) *Oncorhynchus kawamurae* "Kunimasu", a

deepwater trout, discovered in Lake Saiko, 70 years after extinctions in the original habitat, Lake Tazawa, Japan. *Ichthyological Research* **58**: 180–183.
- Susuki K, Ichimura M, Koshino Y, Kaeriyama M, Takagi Y, Adachi S, and Kudo H (2014) Dorsal hump morphology in pink salmon (*Oncorhynchus gorbuscha*). *Journal of Morphology*, **275**: 514–527.
- Susuki K, Ban M, Ichimura M, and Kudo H (2014) Comparative anatomy of the dorsal hump in mature Pacific salmon. *Journal of Morphology*, **278**: 948–959.
- 富永修・高井則之編（2008）安定同位体スコープで覗く海洋生物の生態．恒星社厚生閣，東京．
- Wisby WJ, and Hasler AD (1954) Effect of olfactory occlusion on migrating silver salmon (*Oncorhynchus kisutch*). *Journal of Fisheries Research Board of Canada*, **11**: 472–478.
- 矢部衞（2009）第1章 サケの仲間の分類学，サケ学入門．（阿部周一編），北海道大学出版会，札幌，pp.3–15.

## ◆用語解説◆

1. サケとマスの違いは？：前述の太平洋サケのなかではサケとマスの厳密な区別はない．古くはシロザケ（サケ）だけが"サケ"であり，それ以外は"マス"であった．現在，ベニザケ，ギンザケと呼ばれているものも以前はベニマス，ギンマスと呼ばれていた．道東地方では，「サケマス」と呼ばれるシロザケとカラフトマスの交配個体がしばしば回帰することが知られている（市村ら，2011）．

2. オンコリンカス（*Oncorhynchus*）属：ギリシャ語の"onkos"（突出した）＋"rhynchos"（吻）に由来する．種小名はサクラマスとニジマスを除き極東ロシアの地方名が由来．

3. サーモン：スーパーや回転寿司で見られる「サーモン」はノルウェーやチリで養殖されたニジマスの海面養殖魚か，属レベルで異なるタイセイヨウサケ *Salmo salar* の養殖魚．あの「脂の乗り」は給餌による人為的なもの．近年では，国内でのサーモン養殖が注目されてきており，「ご当地サーモン」なるものが増加中である．

4. セッパリ：「セッパリ」という用語は，2007年以降，日本魚類学会が，差別的語の1つ（背中の曲がった病状）として魚類の標準和名への使用を差し控えている．しかしながら現在，一般に差別的語として「セッパリ」が用いられることはなく，サケの盛り上がった背部を指す呼称として広く認識されていることから，本稿ではそのまま「セッパリ」を用いている．英名の"humpback"もほぼ同様の意味であるが，海外では問題視されていないようである．また，鯨類では，標準和名が「セッパリイルカ」（*Cephalorhynchus hectori*）という種も存在する．

5. サケ：シロザケの日本魚類学会が定める標準和名は「サケ」であるが，本稿では他のサケ類との混乱を避けるためシロザケを用いている．

6. クニマス（国鱒）：秋田県田沢湖の固有種（*Oncorhynchus kawamurae*）で，酸性水の流入により1940年に絶滅したとされていたが，2010年に山梨県の西湖で再発見された（Nakabo *et al.*, 2011）．この再発見には，タレントでイラストレーターでもある「さかなクン」氏も一役買ったことで知られる．ヒメマスに非常によく似ており，わずかな形態学的差異や，産卵場所が湖の深いところであることなどが識別のポイントとなっている．ヒメマスとの交配の可能性も含め，独立した種として扱うことに慎重論を唱える研究者も多い．

7. 通し回遊：通し回遊にはサケ類に代表される産卵のために川を遡る「遡河（さっか，そか）回遊」と，ウナギに代表される産卵のために川を降りる「降河回遊」，そしてその中間タイプの「両側回遊」がある．「遡河」と「降河」は双方とも餌の豊富な場所で成長する回遊を行っているが，な

ぜサケは海でウナギは川で成長するのか？　これは，もともとサケは北方系，ウナギは南方系の魚であり，北方域では海，南方域では川のほうが高い生産力を有することに由来している。

8. 嗅覚刷込説：1950 年代の米国の Hasler らによるギンザケを用いた嗅覚遮断放流実験などの結果（Wisby and Hasler, 1954）から，遡河性サケ類の母川回帰は，幼稚魚期に自分が生まれ育った川（母川）のニオイを刷り込み（インプリンティング），海洋で成長後，産卵のために刷り込まれたニオイの記憶を頼りに母川を識別し，回帰するという説。現在でも母川回帰の最終段階には嗅覚が重要であることは広く受け入れられている。当時は，「河川に特有な植生や土壌の差異による固有の化学組成」を記憶すると唱えられていたが，最近は河川水のアミノ酸組成がその候補として示されている。

9. 鰓耙数：鰓蓋（鰓弁）の基部には鰓弓と呼ばれる骨があり，その内側に「櫛」のような小さな構造として多数突出して 1 列並んでいるのが鰓耙である。これは口から飲み込んだものを濾しとる，または選別する機能を有し，動物プランクトンをよく食べる種では細かくその数が多いが，ギンザケなどの魚食性の強い種では太く少ない。

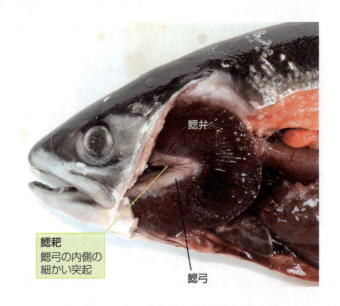

10. 尾叉長（fork length）：サケ類では，体長を示すのに全長 total length ではなく，上顎または下顎の吻先から尾の切れ込み（尾叉）までの尾叉長（赤の両矢印で示す部分）を計測する（とくに遡上個体では尾に損傷がある個体が多いことから）。

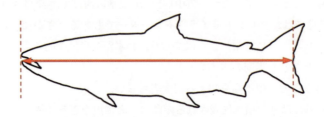

11. 耳石標識：炭酸カルシウムを主成分とする硬組織である耳石には，木の年輪のような輪紋が形成される．近年，シロザケを中心にふ化放流魚には，受精卵のときに，放流河川や放流年を特定できるバーコード様の人為的な輪紋を，温度ストレス（一般に低温）をかけることにより形成させる「耳石温度標識」を実施している．採集した個体の耳石研磨標本の顕微鏡観察により，バーコード様輪紋を見いだすとデータベース（北太平洋溯河性魚類委員会（NPAFC）耳石標識データベース http://www.npafc.org/new/science_otolith.html）との照合により放流河川や放流年が判明する．その他にも，蛍光物質アリザリンコンプレクソン（ALC）液に発眼卵を浸漬し，蛍光を示す輪紋を形成させ，標識する方法もある．実際，おしょろ丸による北太平洋西部（東経155度線）での流し網調査で採集されたカラフトマスに，北海道東部から放流されたALC標識魚が発見されている．

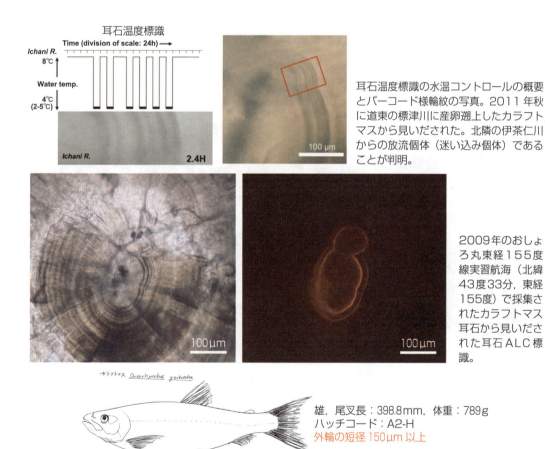

耳石温度標識の水温コントロールの概要とバーコード様輪紋の写真。2011年秋に道東の標津川に産卵遡上したカラフトマスから見いだされた。北隣の伊茶仁川からの放流個体（迷い込み個体）であることが判明。

2009年のおしょろ丸東経155度線実習航海（北緯43度33分，東経155度）で採集されたカラフトマス耳石から見いだされた耳石ALC標識。

雄，尾叉長：398.8mm，体重：789g
ハッチコード：A2-H
外輪の短径150μm以上

2008年に網走川からの放流個体

12. 安定同位体比分析：安定同位体とは，同じ元素でも原子の質量数が異なるが放射線を出さないもの．炭素と窒素の多くはそれぞれ $^{12}C$ と $^{14}N$ であるが，自然界にもごく少数，$^{13}C$ や $^{15}N$ といったやや重いものが存在し，捕食を介して蓄積される．$^{13}C$ や $^{15}N$ の微少な割合の変化（$\delta^{13}C$ や $\delta^{15}N$）を分析することにより，食物網のなかの物質輸送を解析するための指標となる（富永・高井，2008）．この分析の利点は，胃内容物分析のような採集時直前の摂餌状態を

用いないで，もう少し長期的な安定した摂餌履歴を知ることができることに加えて，餌となっている生物や他の魚類，サケ類を捕食する生物と同一の解析方法で栄養段階を評価することが可能な点である。

## 1.3　魚類・ベントス測定
中屋光裕・髙津哲也

### 1.3.1　目的

漁業資源は自ら再生産を繰り返すことで個体群を維持しており，ヒトはその一部を頂戴している。漁業対象種の資源量は，自然的要因だけでなく人為的な要因が関係しており，個体群を維持するには，資源の動向を予測した適正な管理が求められる（たとえば漁獲量の調整など）。本節では，着底トロールや流し網（第 4 章参照）で漁獲される魚類と，着底トロールなど底曳網で漁獲される頭足類（イカ・タコ類）以外のベントス（大型の甲殻類，貝類）の測定方法を知り，漁獲物の資源状況を把握する方法を学ぶ。

図 1.9　左：着底トロール（開網），中央：着底トロール（漁獲物），右：流し網（船尾から投網）

※「ベントス」は水底に生息する生物の総称。体サイズによって 3 つに区分される。

- メイオベントス：成体の大部分が 0.5 mm 目合のふるいを通過する小型多細胞生物。
- マクロベントス：成体と幼体の大半が 0.5 mm もしくは 1 mm 目合のふるい上に残るベントス。体重でおおよそ 1 g 未満の生物に限定することもある。
- メガロベントス：大型および低密度で，採泥器を用いた採集では密度の推定が困難なベントス。本節で扱う，着底トロールによる採集標本や 3 mm 以上の目合のそりネットで採集された標本はこれにあたる。

図 1.10　そりネット

## 1.3.2　材料と方法

### (1) 用具

解剖はさみ，マキリ（漁業用包丁），ピンセット，測定板，ノギス，天秤はかり，バット・トレイ，手術用手袋，軍手，耐水紙野帳（ユポ紙），鉛筆，標本保存用容器（標本ビン），マイクロプレート（耳石保存用），ビニール袋，ビニールテープ，油性マジック，ホルマリン，エタノールなどの保存用溶液，カメラなど。

### (2) 装備・服装

ライフジャケット，ヘルメット，長靴，カッパ上下，ゴム手袋。

### (3) 作業手順

① 流し網，着底トロールで漁獲された生物標本は採集日時および操業地点の緯度・経度を記録し，生物種ごとに個体数と総重量を計数・計測する。
　※記帳担当者は測定データ記録時に必ず大きな声で復唱する。測定台帳には，測定者および記帳者の氏名も記入する。これは，後に測定データについて疑問が生じた場合に尋ねることができるようにするためである。

② 種ごとに選別された漁獲物から標本を任意に抽出し，体サイズを測定する。
　※魚類・甲殻類や貝類などのベントス，それぞれに独特な測定方法がある。ここでは標準的な方法を記述する。

③ 魚類については，体サイズを測定した個体を順番に並べ，開腹して肝臓，胃，生殖腺を摘出し，観察・測定を行う。これらは，必要に応じて適宜個体識別ができるようにラベルをつけた標本ビンに入れ，ホルマリン，エタノールなど標本保存用溶液で固定する。耳石（内耳に形成される硬骨で，炭酸カルシウムが主成分）は後頭部をマキリで切開して採取し，個体識別ができるように容器（微生物培養用のマイクロプレートなど）に入れて保存する。

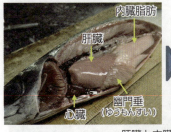

図 1.11　開腹の手順

図 1.12　耳石取り出しの手順

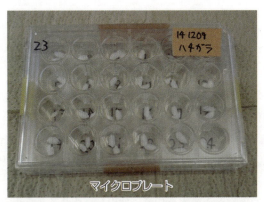

図 1.13　マイクロプレートによる耳石の保存

④ 測定データを用いて採集された個体群の「生活期」を把握する。生活期とは，索餌期（回復期），産卵期，越冬期などの区分のことである。代表的な指標を以下に記す。

- 肥満度（Condition factor：$CF$，Fulton's condition factor $K$ と表記されることもある）

　栄養状態の指標として用いられる。長さの 3 乗が重さにほぼ比例する性質を利用している。

$$CF = 1000 \times (体重\ [g]\ /\ 体長\ [cm]^3)$$

体長の単位が cm であることに注意すること。もし $CF$ の値が大体 1 から 10 の範囲から外れるようであれば，係数の 1000 は 100 や 10000 とすることがある。だからレポートの材料・方法には必ず上記の式と使った係数の値，単位を明記すること。

- 生殖腺重量指数（Gonado somatic index：$GSI$）

  魚類の成熟度の指標であり，生殖周期の推定にも用いられる。体重あたりに占める生殖腺の重量割合を指す。

$$GSI = 100 \times (生殖腺重量 [g] / 体重 [g])$$

- 肝臓重量指数（Hepato somatic index：$HSI$）

  栄養状態や生理状態の指標として用いられる。体重あたりに占める肝臓の重量割合を指す。

$$HSI = 100 \times (肝臓重量 [g] / 体重 [g])$$

この $HSI$ は産卵後の摂餌が活発な時期（回復期）に増加する。その後，生殖腺が発達する時期には肝臓が蓄積した栄養分を生殖腺に送るために $HSI$ は低下し，$GSI$ は増加する。ただし，産卵期に向かって $GSI$ と $HSI$ がともに増加する魚種もある。

- 胃内容物重量指数（Stomach content index：$SCI$）

  摂餌強度を表す指標として用いられる。体重あたりに占める胃内容物重量の割合を指す。

$$SCI = 100 \times (胃内容物重量 [g] / 体重 [g])$$

一日のうち，いつ摂餌しているかを推定するのに用いられる。異なる季節のほぼ同時刻に採集された個体の $SCI$ を比較して，摂餌が活発な時期を推定するのに用いられる。

## 1.3.3 魚類

(1) 外部形態測定

代表的な測定部位を以下に記す。

- 全長（Total Length：TL）：体の最前端から尾部の後端まで（尾鰭が開いている場合は尾鰭を上下から軽くすぼめた端まで）
- 標準体長（Standard Length：SL）：吻端から尾鰭の付け根まで（尾鰭を折り曲げた際にできる縦のしわのところまで。折り曲げると下尾骨の先端部の体表にしわができる性質を利用する）
- 頭長（Head Length：HL）：上顎最前端から鰓蓋の後端まで
- 体高（Body Depth：BD）：体の最大の高さ（腹鰭付け根から体の背縁まで）

※測定上の注意点：種によって特異な測定部位がある（例：マイワシ，サンマ，カジキ類）。

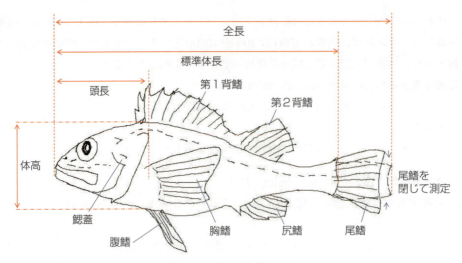

図 1.14　代表的な測定部位

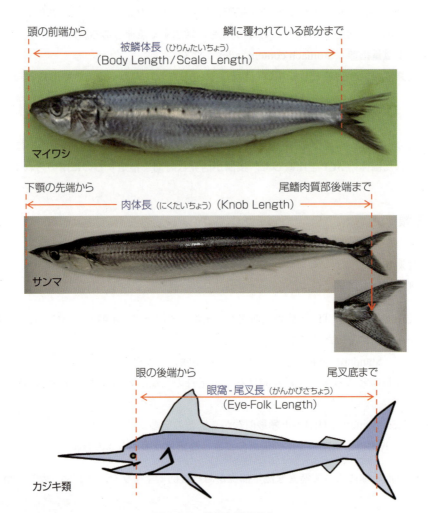

図 1.15　特異な測定部位

## (2) 性の判別

外部形態から判別するのは難しいことが多い。開腹して生殖腺を観察する。種によって卵巣内の卵の成熟様式が異なる（詳しくは高野（1989））。ここでは目視による成熟段階の例を示す。

- **成熟度**（5段階に区分）

  メス（雌, ♀）

  1-0：生殖腺は未成熟（透明）。わずかに卵巣の形だとわかる（わからない場合は性別不明とする）。
  2-0：やや発達（やや赤み），はっきりと卵巣の形だとわかる。
  3-0：血管あり。
  4-0：卵粒が確認できる。押すと卵粒が体外へ出る場合もある。
  5-0：産卵後（卵巣がしぼんでいる）。黒ずんでいることが多く，残留卵が見られる場合がある。

  オス（雄, ♂）

  1-0：生殖腺は未成熟（透明）。わずかに精巣の形だとわかる（わからない場合は性別不明とする）。
  2-0：やや発達（やや白み），はっきりと精巣の形だとわかる。
  3-0：血管あり白濁。
  4-0：押すと精子がにじみ出る。
  5-0：放精後（精巣がしぼんでいる）。精子はにじみ出ない。

※ サンマの例

生殖腺は腹腔（内臓が収まっているスペース）の背面（つまり奥側）に位置する。

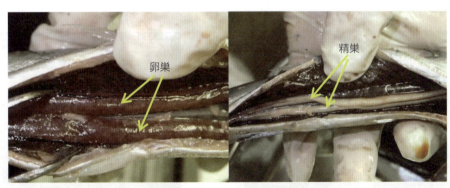

図1.16　サンマの生殖腺の位置

サンマの場合，生殖腺は肉眼観察による成熟段階区分は用いないで，生殖腺重量指数（$GSI$）を成熟の指標として用いるが，ここでは成熟過程のイメージをつかむため，図1.17に写真を示す。

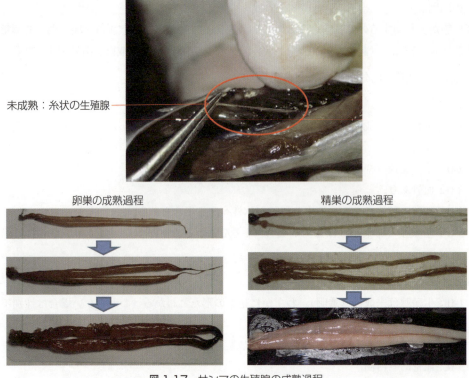

図 1.17 サンマの生殖腺の成熟過程

(3) 年齢査定

生まれてから成長し続ける骨，鱗，耳石などの硬組織に刻まれた，木の年輪状の輪紋を数える。多くの魚種で耳石が用いられる。

図 1.18 イトヒキダラ（写真は 1.1.4 (3) より）の耳石

《コラム 1-5》年齢査定の重要性と，解析するときの注意

　年齢査定によって個体ごとに年齢を知ることができるようになったおかげで，成長量の推定や，資源量の推定ができるようになった。たとえば年齢と体長の間の関係式，すなわち成長式がわかる。もし捕まえた魚をそのまま放流して，1年後に改めて漁獲すれば，その間にどれくらい大きくなるかが予測できる。それを体重に換算すれば，資源量がどれくらい増加するか予測できる。したがって，年齢を調べることは非常に重要である。

　魚類の耳石の輪紋は，図1.18のように，半透明な「透明帯」と白い「不透明帯」が交互に形成される。これは，生理状態の季節変化を反映しているのではないかと考えられている。冬に透明帯ができる魚種が多いが，稀に逆の場合もある。多くの魚類でこの輪紋ができることが確認されているが，なかには輪紋が判然としない魚種もあり，同じ魚種であっても採集された場所や個体群（系群）によって識別しやすい・しにくいの違いがある。だから，耳石から年齢を「厳密に」調べるためには，種や個体群ごとに1年に1本輪紋が形成されることを，事前によく確かめる必要がある（この確認のことを研究者はバリデーションと呼んでいる）。

　1年に1本，輪紋が形成されても，つねに「輪紋数＝年齢」とは限らない。たとえばふ化（生まれた日）のピークが6月1日，透明帯の形成のピークが翌年2月1日だとすると，4月1日に採集した透明帯を1本持つ個体は，まだ0歳（恐らくふ化後10か月，「0+」と表記する）だが，6月1日を越えた日に採集した場合には1歳（「1+」と表記）としなければならない。

　また，最初に形成される透明帯よりも内側に，やや細い透明帯ができている場合があり，その透明帯は年輪ではなく，浮遊生活から底生生活への移行を示す「着底輪」などの，生活様式の変化が生じた記録として，細い透明帯となって現れる場合がある。したがって，耳石による年齢査定は，体長組成のヒストグラムなどを描いて，同じコホート（年齢群）のほとんどが同数の輪紋数を持っていることなどを，事前に十分確認することが大事である。また，一時的な病気や餌不足などによって，「擬似輪」と呼ばれる中途半端に細い透明帯が形成されている場合もあるので，透明帯の幅広さや，高齢になるほどしだいに輪紋幅が狭くなる性質（図1.5参照）をよく考えながら，輪紋数を数える必要がある。

　最近では，透明帯・不透明帯の他に，耳石の内部に見えるしわ状の構造や，輪紋の成長方向の変化を観察することで，年齢査定が可能になった魚種もある（Katayama *et al.*, 2010）。

## (4) その他，胃内容物の観察

　通常，観察は胃をホルマリンやエタノールなど標本保存用溶液で固定して持ち帰り，研究室で行う。船上で行う場合は，簡易的に充満度や消化度を判定する。

- 充満度は4段階に区分
    0：空胃，1：やや充満，2：中位充満，3：充満，4：胃袋反転吐出
- 消化度は3段階に区分
    1：食いたて，2：半消化，3：消化
    この消化度は，胃から出現した餌ごとに区分することもある。

## 1.3.4 甲殻類：エビ類

### (1) 外部形態測定
代表的なものを以下に記す。測定にはノギスを用いる。

- 甲長（頭胸甲長）(Carapace length：CL)：眼窩後端（眼の後ろの窪んだところ）から頭胸甲背面中央の後端まで。背側からノギスをあてる。背面正中線に対して，やや斜めに測定することになる。
- 体長（Standard length：SL)：眼窩後端から尾節の後端まで（尾肢を含まない）。
- 全長（Total length：TL)：額角の先端から尾節の後端まで。体長と全長を測定するときは，エビを平面に押し付けて体を伸ばし，背面から直線距離を測る。

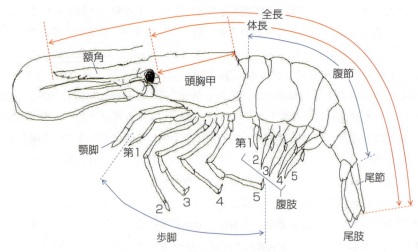

図 1.19　エビ類の代表的な測定部位

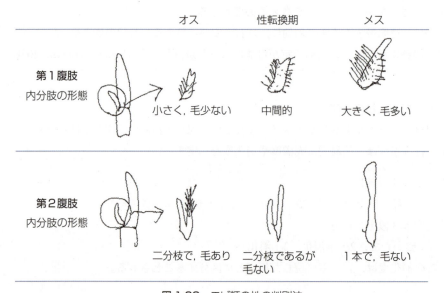

図 1.20　エビ類の性の判別法

## (2) 性の判別

第1腹肢と第2腹肢の内分枝の形状で判別する。成長に伴いオスからメスへ性転換する種は，オスとメスの中間の形状を有する個体がいるから注意。メスは卵の付着の有無や卵の状態も記録する。

生殖腺は頭胸甲の背面側にある。卵巣の成熟度は色や大きさで判断する。未熟な段階では白色または透明であり，成熟が進むと種特有の色彩が濃くなる。詳しくは中明（1991）。

## (3) 年齢査定

これまで，魚類のように生まれてから成長し続ける骨，鱗，耳石などの硬組織がなく，正確な判別方法は確立していなかったが，近年，エビ，カニ類など十脚甲殻類の眼の付け根部分（眼柄）や餌のすり潰しに使用する部分（胃臼）に形成される輪紋を観察することで年齢査定が可能であるという報告が見られる（Kilada *et al.*, 2012）。他にも体内老化物質の含有量で年齢を知る方法なども考案されている（遠藤，1991）。ただし，これらの方法はまだ普及には至っていない。いまのところ，定期的に調査を行い，採集物の体サイズ組成の変化から成長速度を推定することが多い。また甲殻類の場合，脱皮のたびに若干形態が変化するため，その形態に基づく「齢（instar）」を年齢の代わりに用いることも多い。

### 1.3.5　甲殻類：カニ類

#### (1) 外部形態測定

代表的な部位を以下に記す。測定にはノギスを用いる。

- 甲幅（Carapace width：CW）：棘を含まない甲羅の最大幅。
- 甲長（Carapace length：CL）：額角を含まない甲羅の最大長。
- 眼窩甲長（Suborbital carapace length：SCL）：右眼窩中央から甲羅中央の後縁まで。

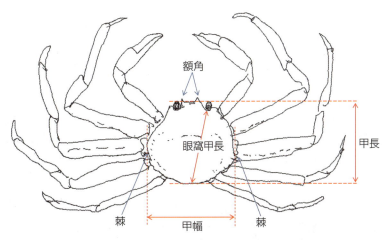

図 1.21　カニ類の代表的な測定部位

## (2) 性の判別

腹節の形態で判別する。

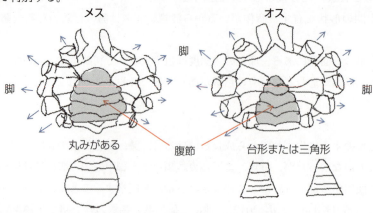

図1.22 カニ類の性の判別法（腹面図）

## (3) 成熟度

生殖腺（卵巣）は甲羅のすぐ下にあり，色で判別する。未熟な段階では白色または透明であり，成熟が進むとオレンジ系の色彩が濃くなる。詳しくは Beninger *et al.* (1988)。

## (4) 年齢査定

エビ類同様，正確な年齢査定法はまだ確立されていないが，森川ら（2017）は，オウギガニの胃咀嚼器の断面を用いた年齢査定を試みている。

### 1.3.6 貝類：二枚貝

#### (1) 外部形態測定

代表的な部位を以下に記す。測定にはノギスを用いる。

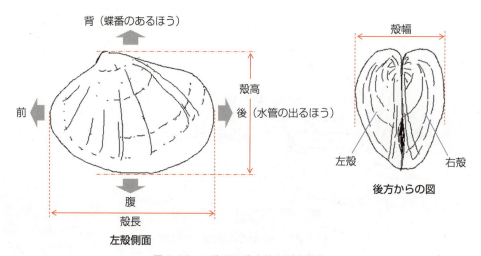

図1.23 二枚貝の代表的な測定部位

- 殻長（Shell length：SL）：殻の前後方向における最大長。
- 殻高（Shell depth：SD）：殻の背側（蝶番があるほう）から腹側における最大長。
- 殻幅（Shell width：SW）：右殻と左殻を合わせたときの最大幅。

(2) 性の判別

一般に外部形態からは困難であり，軟体部にある生殖腺を観察することで判別。黄白色ならオス，紅色ならばメス。詳しくは大滝ら（1986）。

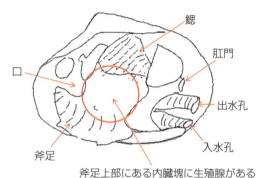

図 1.24　二枚貝の内面図

(3) 年齢査定

殻表面に形成される成長線が 1 年に 1 本形成されることが確認されている場合，年齢形質として使用できる。成長線が年齢であるかどうか，種ごとに事前に確かめる必要がある（Sugiura & Kikuya, 2017）。

(4) その他

栄養状態を知る指標：

$$肥満度 = 100 \times \frac{軟体部湿重量 [g]}{殻長 [cm] \times 殻高 [cm] \times 殻幅 [cm]}$$

《コラム 1-6》身入りの良い二枚貝の選びかた

北海道の東部に位置する厚岸湖にはかつてカキ礁（カキが密集・堆積して浅瀬を形成）が多く見られたが，環境変化などにより崩壊した。現在，カキ礁跡に養殖カキの殻や山砂を投じてアサリ漁場として利用されている。湖内におけるアサリの再生産はおおむねうまくいっているが，場所により成長差が見られる。成長の良い個体は殻長の割に殻高は低く，成長の悪い個体は殻高が高く，ラグビーボールのような形をしている。身入りの良し悪しについて，季節の影響は免れないが，殻高/殻長の比率が低い個体は相対的に良いことが多い。二枚貝を食べる際には，このような点にも注目してほしい。

## 1.3.7 結果と考察

　測定データを解析し，個体群の特徴を把握する．体長，体重，肝臓重量など体の栄養状態と成熟の関係，また年齢査定が可能な場合は，年齢構成や年齢と成長・成熟の関係などについて考察する．
〔例〕採集地点により成熟度は異なるか？ 肥満度が高いことと成熟度はどのような関係があるか？

---

《コラム 1-7》装備は万全ですか？

　安全・快適に調査を行うためには，それなりの装備が必要である．ここでは，服装について記す．

**ライフジャケット，ヘルメット** → ひも・あごひもはしっかり締める．

**手袋** → 棘のある生物や歯の鋭い生物も漁獲されるため，厚手のゴム手袋 が良い．

**カッパ** → ズボンのすそは長靴の外に 出しておく．もし，ズボンのすそを長靴に入れていると，作業中，飛沫がカッパの表面をつたって長靴に入る．さらに作業後，カッパの汚れを洗い流すときに……

**長靴** → デッキは滑りやすいので，底のミゾ が十分であるものをはく（スパイクは不可）．丈の長い長靴のほうが水は浸入しにくい．

ライフジャケットは寒冷期または汚れが予想される場合カッパの下に着る

## トロール野帳の例

| 漁 獲 回 次 | | 網 の 種 類 | |
|---|---|---|---|
| 年　月　日 | | 曳 網 速 度 | kt |
| Sta.　　No. | | 曳 網 方 向 | ° |
| 天　　　候 | | ワ ー プ 長 | m |
| 潮　　　流 | ° -　　kts. | 曳 網 水 深 | m |

| | 時　刻 | 水　深 | Lat. | Long. |
|---|---|---|---|---|
| 投 網 開 始 | - | m | N | E |
| 曳 網 開 始 | - | m | N | E |
| 揚 網 開 始 | - | m | N | E |
| 離 脱（離 底） | - | m | N | E |
| 終　　了 | - | m | N | E |

| 種　　名 | 個 体 数 | 重　量 | 備　考 |
|---|---|---|---|
| | | | |
| | | | |
| | | | |
| | | | |
| | | | |
| | | | |
| | | | |
| | | | |
| | | | |
| | | | |
| | | | |
| | | | |
| | | | |
| | | | |
| | | | |
| | | | |
| | | | |
| | | | |
| | | | |
| | | | |
| | | | |
| | | | |
| | | | |
| | | | |
| | | | |
| | | | |
| | | | |
| | | | |
| | | | |

底層水温　　　°C

## 測定台帳の例

魚種: _____  船名: _____  漁具: _____

場所: ___ N ___ E, W  水深: _____  水温: ___ °C

漁獲年月日: _____  測定年月日: _____  No. ___

| No. | 全長<br>TL (mm) | 標準体長<br>SL (mm) | 体重<br>BW (g) | 内臓除去<br>GBW (g) | 性<br>Sex | 生殖腺重量<br>GW (g) | 肝臓重量<br>LW (g) | 胃内容物重量<br>SCW (g) | 胃内容物<br>S. Contents | 年齢<br>Age | 備考 |
|---|---|---|---|---|---|---|---|---|---|---|---|
| 1 | | | | | ♀ ♂ | | | | | | |
| 2 | | | | | ♀ ♂ | | | | | | |
| 3 | | | | | ♀ ♂ | | | | | | |
| 4 | | | | | ♀ ♂ | | | | | | |
| 5 | | | | | ♀ ♂ | | | | | | |
| 6 | | | | | ♀ ♂ | | | | | | |
| 7 | | | | | ♀ ♂ | | | | | | |
| 8 | | | | | ♀ ♂ | | | | | | |
| 9 | | | | | ♀ ♂ | | | | | | |
| 0 | | | | | ♀ ♂ | | | | | | |
| 1 | | | | | ♀ ♂ | | | | | | |
| 2 | | | | | ♀ ♂ | | | | | | |
| 3 | | | | | ♀ ♂ | | | | | | |
| 4 | | | | | ♀ ♂ | | | | | | |
| 5 | | | | | ♀ ♂ | | | | | | |
| 6 | | | | | ♀ ♂ | | | | | | |
| 7 | | | | | ♀ ♂ | | | | | | |
| 8 | | | | | ♀ ♂ | | | | | | |
| 9 | | | | | ♀ ♂ | | | | | | |
| 0 | | | | | ♀ ♂ | | | | | | |
| 1 | | | | | ♀ ♂ | | | | | | |
| 2 | | | | | ♀ ♂ | | | | | | |
| 3 | | | | | ♀ ♂ | | | | | | |
| 4 | | | | | ♀ ♂ | | | | | | |
| 5 | | | | | ♀ ♂ | | | | | | |
| 6 | | | | | ♀ ♂ | | | | | | |
| 7 | | | | | ♀ ♂ | | | | | | |
| 8 | | | | | ♀ ♂ | | | | | | |
| 9 | | | | | ♀ ♂ | | | | | | |
| 0 | | | | | ♀ ♂ | | | | | | |

測定者: _____

記帳者: _____

《参考文献》

- Beninger PG, Elner RW, Foyle TP, and Odense PH (1988) Functional anatomy of the male reproductive system and the female spermatheca in the snow crab *Chionoecetes opilio* (O. Fabricius) (Decapoda: Majidae) and a hypothesis for fertilization. *Journal of Crustacean Biology* **8**: 322-332.
- 遠藤宜成(1991)甲殻類の年齢を決める―老化色素リポフスチンの利用.化学と生物 **29**: 237-239.
- 北海道立水産試験場研究職員(1997)北水試　魚介類測定・海洋観測マニュアル,(丸山秀佳 編),北海道立中央水産試験場,余市.
- Katayama S, Yamamoto M, and Gorie S (2010) Age compositions of flatfish stocks as determined by a new otolithometric method, its application in the estimation of growth, spawning potential and fisheries management. *Journal of Sea Research* **64**: 451-456.
- Kilada R, Sainte-Marie B, Rochette R, Davis N, Vanier C, and Campana S (2012) Direct determination of age in shrimps, crabs, and lobsters. *Canadian Journal of Fisheries and Aquatic Sciences* **69**: 1728-1733.
- 森川英祐・渡邉隆司・浜崎活幸(2017)オウギガニの胃咀嚼器断面観察による年齢査定の試み.*Cancer* **26**: 53-58.
- 中明幸広(1991)武蔵堆周辺海域におけるホッコクアカエビの生殖周期と成長.北海道立水産試験場研究報告 **37**: 5-16.
- 大滝勝久・天神僚・鈴木信・加藤靖(1986)福島県種苗研調査研究資料 **3**: 1-4.
- Sugiura D and Kikuya N (2017) Validation of the age estimation method using the shell section of the Manila clam *Ruditapes philippinarum* in Mutsu Bay, northern Japan. *Aquaculture Science* **65**: 193-202.
- 高野和則(1989)卵巣の構造と配偶子形成,水族繁殖学(隆島史夫,羽生功 編),緑書房,東京,pp.1-34.

## 1.4　頭足類(イカ)
山本潤

イカ・タコの仲間は,軟体動物門に属し,頭足類(綱)と呼ばれるグループに属する.これまでさまざまな海域と漁法によって水産学部練習船で採集された頭足類は10種類以上に及ぶ(表1.2).

表1.2　練習船で採集された頭足類(一部)

| 種名 | 学名 | 分布域* |
| --- | --- | --- |
| スルメイカ | *Todarodes pacificus* | 西部亜寒帯北太平洋(170°Eくらいまで),黄海,東シナ海 |
| アカイカ | *Ommastrephes bartramii* | 世界の温帯域 |
| トビイカ | *Sthenoteuthis oualaniensis* | インド洋,太平洋の熱帯〜亜熱帯 |
| スジイカ | *Eucleoteuthis luminosa* | 世界の温帯域 |
| ヤリイカ | *Heterololigo bleekeri* | 日本全国から東シナ海,黄海 |
| ケンサキイカ | *Photololigo edulis* | 日本西部-東南アジア-オーストラリア北部 |
| コウイカ | *Sepia esculenta* | 日本中部-中国大陸沿岸-オーストラリア北部 |
| ソデイカ | *Thysanoteuthis rhombus* | 全世界の温熱帯域 |
| ツメイカ | *Onychoteuthis borealijaponica* | 混合水域以北の北太平洋 |
| タコイカ | *Gonatopsis borealis* | 亜寒帯北太平洋,オホーツク海 |
| ドスイカ | *Berryteuthis magister* | 三陸沖-北太平洋一帯の水深300m以深 |
| ホタルイカ | *Watasenia scintillans* | オホーツク海以南の日本周辺 |

＊奥谷喬司(2015)新編世界イカ類図鑑を参照

これらの採集された頭足類のうち,実習ではスルメイカの採集量が最も多い.ここでは,取り扱いの多いスルメイカ(以下,イカ)について,その概要と手釣りおよび測定の方法について述べる.

## 1.4.1 スルメイカの生活史

スルメイカは発生期の違いから，秋生まれ群，冬生まれ群，夏生まれ群に分けられ，そのうち秋生まれ群と冬生まれ群が大きな資源量を有し漁業の対象となっている。スルメイカの寿命は 1 年で，秋生まれ群は 10～11 月頃に日本海南西部から東シナ海北部で発生し，幼生は対馬暖流に輸送されて日本海を北上する。一方，冬生まれ群は九州南西岸から東シナ海北部で 12～3 月頃に発生し，幼生は主に黒潮によって太平洋側を北上する。両群ともに北海道周辺まで索餌，成長しながら北上する（表 1.3）。その後，日本海を南下して産卵後に斃死する。函館周辺では索餌回遊途中の両群のスルメイカが獲れる。

表 1.3 秋生まれ群，冬生まれ群の外套背長 (cm) の目安

| 月齢 | 秋生まれ群[*1] | 冬生まれ群[*2] |
|---|---|---|
| 4 | 5 | 8 |
| 5 | 11 | 13 |
| 6 | 14 | 18 |
| 7 | 19 | 22 |
| 8 | 22 | 26 |
| 9 | 24 | 28 |

[*1] 久保田ほか (2019) を参考
[*2] 菅原ほか (2013) を参考

## 1.4.2 手釣りによるイカの採集

### (1) 実習の目的

手釣りによる採集器具の構成，取り扱い，さらに採集法について学び，採集したイカの測定法，さらに成熟度組成などを調べ，採集海域におけるスルメイカの分布特性を調べる。

### (2) 実習の方法

a. 釣り具の仕立て

手釣りによるイカの釣り具は，擬餌針，釣糸（ナイロンテグス），オモリ，集魚灯（乾電池と電球入り），ミチイトとこれを巻き取る糸巻きで構成される（図 1.25）。擬餌針は，キラキラとよく反射する加工がされている。針は "カエシ" のない 2 段（もしくは 1 段）となっている。集魚灯は，締める（右にひねる）となかのライトが点灯し，同時に集魚灯内の O リングが効いて集魚灯内への浸水を防いでいる（使用する際はしっかりと締める）。釣り具の準備ができたら，さあライフジャケット，ヘルメット，手袋をしてデッキに出よう。

b. 釣りかた

> イカ釣りを始める前に必ずデッキに海水を流して濡らしておこう。
> （濡らしておくと，イカが墨を吐いても容易に落とせる）

糸巻きから疑似餌を繰り出しながら海中へと伸ばすとき，擬餌針とナイロンテグスが絡みやすく，さらに針がブラブラしているため針が手に刺さることがあるので注意が必要である。絡めることなくミチイトを適当な深度まで伸ばすことができれば，いよいよ釣りの開始だ。しかし，ミチイトをそのままにしていてもイカはほとんど釣れない。イカに擬餌針を "餌" と間違えさせて捕獲させる必要がある。そのためミチイトを上下させ，擬餌針を上下運動させる。この針を動かす動作を "しゃくる" または "しゃくりを入れる" という。しばらくしゃくっても釣れない場合は，ミチイトを伸ばしたり巻いたりして，針の深度を変えてみる。ミチイトは 25 m 毎に色が変わるので，周りで釣れた人から深度の情報をもらい，その深さでしゃくれば釣れる可能性が高くなる。そのよう

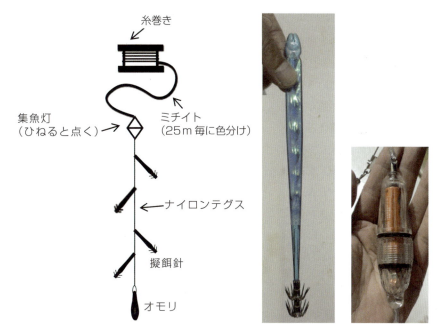

図 1.25 イカの釣り具の構成（左），擬餌針（中央），集魚灯（右）

に長さを調節してしゃくり続けると，イカが擬餌針を捕まえ（るはずである），ミチイトが"グッ"と重くなる。このとき，ミチイトを緩めると針に返しがないのでイカが外れて逃げてしまう。そのため，素早くミチイトを手繰って船上に回収する（ミチイトは糸巻きに収納せず，絡まないように足元に落としていくと，イカを回収した後に素早くミチイトを伸ばすことができる）。前述のように，針とナイロンテグスは絡みやすく，さらにイカが針にかかっているので針を手に刺す危険性が増す。細心の注意が必要である。

#### （3）釣獲されたイカの生物測定

釣獲されたスルメイカを測定する。以下の項目が測定できれば，イカの成熟度，体サイズなどを考慮した分布特性を明らかにすることができる。

##### a. 外套背長（mm）

外套膜の背面（漏斗がついていない面）の外套膜の長さを"外套背長"といい，イカの体サイズの指標として使われている（図1.26）。背面側の外套膜内には"軟甲"と呼ばれる硬組織があり，体のなかでも伸縮率が小さい部位である。

##### b. 体重（全体重量，g）

船上はつねに動揺しているので，バネ秤を使わずに天秤や棒秤もしくは船上測定用のハカリ（マリンスケール）を用いて，イカの体全体の重さを測定する。

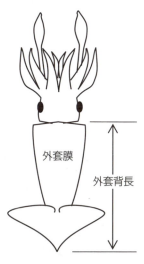

図 1.26 外套背長の測定部位

c. 交接の確認

イカは，雄が雌に精子を渡す手段として精莢と呼ばれるカプセルに精子を詰めて雌に渡す"交接"という行動をとる。スルメイカの場合，雄から渡された精子を口球の周りに蓄える。交接をした雌の口の周りにはトックリ状の白いプツプツ（精ちゅう囊）を観察することができる（図1.27）。したがって，この精ちゅう囊が確認できれば交接済みの雌ということになる。雌のなかには，未交接の個体も多くいるので，交接の有無のみで性別を判断することはできない。

図 1.27 交接済みの雌の口周辺。多数のトックリ状をした精ちゅう囊（矢印）が見える。

d. 性別と成熟度判定

イカは雌雄による外部形態の差異が少ないが，雄には交接を行う特別な腕"交接腕"がある（漏斗の直下の右側の腕）。この腕の先端は，吸盤ではなくヒダ状となっており，雌雄の判別に使うことができるが慣れが必要である。雌雄の判別は，外套膜を開き生殖腺の観察を行うのが確実である。イカの生殖腺は，雌雄ともに外套膜の後半に位置し，性成熟によって大きく見えかたが異なる。以下の成熟度判定基準を使って調べ，その成熟度を判定する。

- 雄の成熟度

  雄の生殖器官は内臓を覆う袋（内臓囊）の左側に精巣，付属腺（輸精管，貯精囊）などがある。成熟度別の特徴を以下に記す。

  熟度1：精巣は細くて小さく，透明。卵巣と違い"ツルリ"とした感触である。
  熟度2：精巣は白化するが，付属腺は透明。
  熟度3：精巣は白化し，付属腺も白化するが，精莢が形成されていない。
  熟度4：精巣・付属腺は白化する。精莢は形成されているが，まだ貯精囊に存在する。
  熟度5：完熟状態であり，精莢が容易に出る状態。外套が薄い皮イカは5Kとする。
  熟度6：スペント。身体は痩せており，皮膚がぼろぼろ，精巣と付属腺が退縮している。

- 雌の成熟度

  雌は卵巣，輸卵管などを有し，卵巣以外は一対ずつある。成熟度別の特徴は以下のとおり。

  熟度1：卵巣は細くて小さく，透明。精巣と違ってもやもやした感触。纏卵腺は線状で，わずかに見える。
  熟度2：卵巣はやや太り，若干飴色となる。纏卵腺は肉眼で識別できるが，まだ透明。
  熟度3：卵巣は太り飴色，纏卵腺は白化する。輸卵管腺は透明で小型。
  熟度4：包卵腺は白く大型，輸卵管腺は白化し，輸卵管には完熟卵がないか，わずかに存在

する。

熟度5：完熟状態で輸卵管中に完熟卵が存在するが，産卵直前ほど充満していない。

熟度6：産卵直前（輸卵管は満杯）。外套が極端に薄い場合は，皮イカとし6Kとする。

熟度7：産卵後で身体はぼろぼろ，肝臓は極端に細く，纏卵腺の先端部はやや透明，輸卵管中に完熟卵がわずかに残る。卵巣状態は，細い場合は7S，太い場合は7Fとする。

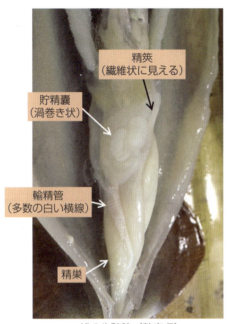 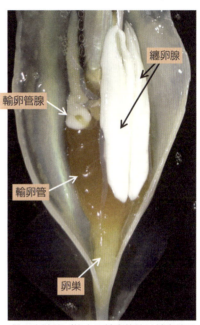

雄の生殖腺（熟度5）　　　　雌の生殖腺（片方の輸卵管腺は纏卵腺の下に隠れている。熟度6）

図 1.28　イカの生殖腺

e. 生殖腺重量

卵巣もしくは精巣を摘出し，その重さ（g）を測定する。

f. 纏卵腺長さ（雌）

纏卵腺は成熟が進むと大型になり，成熟の指標となる。左右どちらか形が確実なほうを1 mm単位で測定する。

g. 外套膜重量

測定の最後には，外套膜（頭部，腕部，内臓を除去）のみの重量を測定し記入する。

《参考文献》

- 奥谷喬司（2015）新編世界イカ図鑑．全国いか加工業協同組合（http://www.zen-ika.com/zukan/）
- 久保田洋，宮原寿恵，松倉隆一（2019）平成30（2018）年度スルメイカ秋季発生系群の資源評価，平成30年度我が国周辺水域の漁業資源評価（魚種別系群別資源評価・TAC種）第1分冊．水産庁・水産研究教育機構，pp.698–745.

- 菅原美和子，山下紀生，坂口健司，佐藤充，澤村正幸，安江尚孝，森賢，福若雅章（2013）太平洋を回遊するスルメイカ冬季発生系群の成長に及ぼす孵化時期と性差の影響．日本水産学会誌 **79**: 823–831.

## スルメイカ測定野帳（例）

記帳者：

| 採集日時 | | | | 漁獲水深 | |
|---|---|---|---|---|---|
| 採集海域 | | N, E ( ) | | 水温(°C) | |

| 番号 | 外套長 (mm) | 体重量 (g) | 交接 (有無) | 雌雄 | 成熟度 | 纏卵腺長 (mm) | 生殖腺重量 (g) | 外套膜重量 (g) | メモ |
|---|---|---|---|---|---|---|---|---|---|
| 1 | | | 有・無 | M・F | | | | | |
| 2 | | | 有・無 | M・F | | | | | |
| 3 | | | 有・無 | M・F | | | | | |
| 中略 | | | | | | | | | |
| 30 | | | 有・無 | M・F | | | | | |

# 1.5 マイクロネクトンの採集
山村織生

## 1.5.1 マイクロネクトンとは？

　外洋中深層には，体長数 cm～20 cm 程度の魚類，エビ類，イカ類などから成る一大生物群が存在し，これをマイクロネクトン（micronekton）と総称する．マイクロネクトンは体サイズと遊泳能力の面で浮遊生物（プランクトン plankton）と遊泳生物（ネクトン nekton）の中間に位置し，「漂泳生物」と称される場合もある．オキアミ類（euphausiids）は一般的に動物プランクトンに含まれるが，最大サイズのナンキョクオキアミ *Euphausia superba* では全長 5 cm を超えるうえ，他種においても成体は一定の遊泳能力を有し，ノルパックネット（NORPAC net）などの小口径プランクトンネットでの定量的採集は不可能である．

## 1.5.2 採集器具の要件

　マイクロネクトンを調査研究対象とする場合，その採集にどのような器具を使えばよいのだろうか？「大は小を兼ねる」という諺が示すように，オッタートロール網に代表されるネクトンの採集を目的とした大型漁具でもマイクロネクトンが混獲されることがある．しかし，コッドエンド（漁獲物を溜める袋）のなかで他の漁獲物に揉まれ続けて船上に揚収された試料には，脆弱な鱗や皮膚のみならず筋肉までが刮げ落ちて，種の同定も不可能な個体が散見される．そのため研究試料の採集には専用の器具が必要である．

　マイクロネクトンの密度推定を行うためには，曳網中の開口面積が一定に保たれることが求めら

れる。1990年代までの研究で活躍したIKMT（Isaacs-Kidd Midwater Trawl）（Devereux et al., 1953）は，上端の鉄鋼梁と下端のデプレッサーの間に矩形の開口を有する網が吊り下げられている（図1.29）。網の規模の割に空中重量は軽く，船上での取り回しは比較的容易であったが，曳網中の開口面積が一定しないことが最大の欠点であり，今日ではほとんど使われなくなっている。

採集対象の体サイズに応じた目合（mesh size）の選択も重要である。従来，マイクロネクトン採集器具の多くは3〜5 mm目合の網地を用いてきたが，これらの目合では体長20 mmを下回る仔稚魚やオニハダカ属（Cyclothone）魚類の成魚を定量的に採集するのは不可能である。さらに仔魚の体長が10 mmを下回る場合，1 mm目合の網地も通り抜けてしまうため，これらを捕捉するには500 μmないし333 μmの網地を使わなくてはならない。しかし，細かい目合は濾水効

図1.29　IKMTネット

率が悪く，ブルーミング期などには目詰まりしやすく高速曳網できないというトレードオフが生じる。

マイクロネクトンは漂泳生物と呼ばれるものの，体長8 cmを超すハダカイワシ科魚類などでは相当の遊泳能力を持つ。そのため，採集に際してある程度の船速をもって曳網することが望ましい。しかし，高速曳網（4ノット以上）を行うと，オッタートロール網での採集物と同様に，コッドエンド中での擾乱により標本の状態が著しく劣化してしまうことが多い。そのため，MOHT（Oozeki et al., 2004）のような高速曳網が可能な採集器具でも船速は3.5ノット以下に抑えておくのがよい。また，矩形トロールによる定量採集を行う場合には，ネットを適切な傾角に保持することも重要である。たとえば，MOCNESS（Wiebe et al., 1985）は45°，MOHTでは8°の傾角を前提に設計されており，各観測での濾水量を推定（後述）する場合，これらの傾角が維持されたと仮定して計算する。なお，MOCNESSには傾角度計が装備されており船上局でリアルタイムの把握が可能なので，観測者が操船者と連携を図ることにより適切な傾角が維持できる。他の器具で傾角を知るためには，傾角度計をネットに装着し観測後に読み出したデータから，船速，ワイヤ長と傾角の経験的な関係を蓄積しておく必要がある。同様に，MOCNESSではネット濾水量を観測中に逐次受信可能だが，他の矩形ネットでは濾水計を取り付け，観測開始前にリセットし，観測終了毎にカウント値を読み取る必要がある。

### 1.5.3　各種矩形ネット

(1) フレームトロール

FMTの略称で知られ，幼魚の採集を目的に開発された（Itaya et al., 2001）。異なる目合の網地（3 mmと9 mm）が用意されており，採集対象に応じて使い分ける。方形の鋼製フレームの下部に錘，上部に浮子を装着した比較的単純な形状をしており（図1.30），船上での取り回しも比較的簡

便である．ただし，錘を装着したフレームは重いので，投揚網時には安全靴の着用が必須であり，手足を挟まれないよう細心の注意が必要である．なお，FMT を含む MOCNESS 以外の矩形ネットは曳網水深をリアルタイムで把握する機能を持たないため，漁業調査船の多くでトロール網のモニターに使用されているスキャンマー深度センサー（SCANMER 社）をフレームに装着する場合が多い．スキャンマーのトランスデューサー（受信部）は船底に設置されているため，浅い層の曳網では受信が困難な場合もあるので注意が必要である．

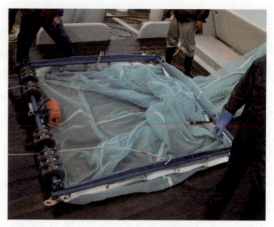

図 1.30　FMT ネット（3 mm 目合，開口面積 4 m$^2$）

揚網後，コッドエンドに装着されているファスナーを開き採集物を取り出す．他のネットとも共通するが，採集物を取り出した後には大きめのバケツや水槽のなかでコッドエンドと周辺の網地を洗い流し，洗浄水からも採集物を濾し取る必要がある．

### (2) MOHT

東京海洋大学の松田および胡らにより開発された幼魚採集器具であり（Oozeki *et al.*, 2004），フレームから独立して懸下されるデプレッサーにより網の傾角を安定させつつ高速曳網が可能である（図 1.31）．開口面積 2 m$^2$ および 5 m$^2$ の 2 種類があり，マイクロネクトン採集には後者が適している．網地は無結節網の 1.5 mm 目合で，たいていのマイクロネクトンは捕捉可能である．Pakhomov and Yamamura（2010）が行った親潮域のマイクロネクトンを対象とした比較曳網試験では，MOCNESS-10 および FMT（2 種目合）と比べて 7〜15 倍の推定密度が得られ，その高い採集能力が示された．投揚網に際しては A フレームの使用が必須であり，フレームよ

図 1.31　MOHT ネット（開口面積 5 m$^2$）

り懸垂するデプレッサーを保持する要員も必要である．コッドエンドは容量 10 リットル程度のバケツとなっているため，観測に際してはその洗浄のために容量 20 リットル以上のバケツを準備すべきである．なお，当器具には各層曳きが可能な，ネットあるいはコッドエンド切替装置を持った仕様も存在する．両者ともタイマーまたは感圧センサーにより作動し，所定の曳網時間または深度でネットまたはコッドエンドを切り替えることができる．これらを使用する場合，ネットの重量と取り回しの難度が上がることから，作業に従事する要員も増やす必要がある．

## (3) MOCNESS

MOCNESS とは，環境観測システム付き多段開閉式ネット（A multiple opening/closing net and environmental sensing system）（Wiebe *et al.*, 1985）の頭字語である（図1.32）。網口面積 $0.25\,m^2$，$1\,m^2$，$2\,m^2$，$4\,m^2$，$10\,m^2$ および $20\,m^2$ が市販されており，日本国内では $1\,m^2$，$4\,m^2$ および $10\,m^2$ が稼働している。その名称が示すとおり，観測中はアーマードケーブルを通じて船上局に現在深度，傾角，水温，塩分を送信し，仕様次第で6〜20層の層別採集が可能である。観測者が発するコマンドによりネットの開閉を行い，通常は海面から目標最大深度に到達する間に第1ネットを使用し，順次ネットの閉/開を繰り返しつつ海面まで揚収する。仕様上の曳網速度は2〜3ノットとなっているが，潮流の影響も受けるため，実際の曳網速度はとくに大型網では2ノットを下回る場合が多い。揚収時には試料の取り違え

図1.32　MOCNESS（開口面積 $1m^2$）。6つの網を備え，5層の採集に対応している。

が起こりがちなので，投網前にあらかじめコッドエンドバケツに網番号あるいは曳網予定層を記したラベルを入れておくとよい。また，MOCNESS のコッドエンドバケツはバックルが緩みやすいので，調査に際しては大量のビニールテープを準備し，締めたバックルの上から巻き付ける必要がある。

### 1.5.4　採集試料の処理

まず，コッドエンドを開放する前に濾水計（flow meter）のカウント値を記録する。また，前述のように，コッドエンドの洗浄に際しては十分な大きさの容器を用意し，濾し網を通して採集物をパンやバットに展開する。キタミズクラゲ *Aurelia limbata* など大型のクラゲ類が入網した場合，まずこれらを取り出し，計数・計量する。動物プランクトンと混じった試料からマイクロネクトンを選別する際は，バットやパンに適量を順次取り出して適量の海水を注いだ状態で行うとよい（図1.33）。半透明の生物を見逃しやすいので，展開する際に白色のバットは使用を避けるべきである。マイクロネクトンが主対象の場合でも，同時に採集された動物プランクトンの総重量を記録し，とくにオキアミ類などの大型プランクトンに関しては他の小型器具では捕捉しえない貴重な試資料となりうるので，無闇に投棄せず，一部を標本として保存すべきである。また，専用器具で採集したマイクロネクトンは，市販の図鑑あるいは原記載論文ですら見ることのできない，発光器や発光鱗を完全に近い形で残している場合がある。これらの標本に遭遇するのは貴重な機会なので，写真や動画を撮影しておこう。選別した試料は可能であれば船上で同定を行い，種別の個体数や重量を記録しておく。しかし，たいていは陸上での精査が必要となるため，研究の目的に応じてホルマリンまたはエタノールによる固定，あるいは凍結といった適切な方法で保存する。

図 1.33
採集物から選び出されたマイクロネクトン。親潮域でお馴染みのトドハダカ *Diaphus theta* やホタルイカ *Watasenia scintillans* に加えて，脊索動物であるヒカリボヤ *Pyrosoma* sp. も採集された。

## 1.5.5 密度推定

　船上または研究室での同定・計測結果に基づき，種毎の分布密度を推定することができる。まず，個別のネット試料について濾水量を計算する。矩形ネットでは主に 4 針式のプロペラ型の濾水計が使われ，これらは大概「対水距離 1 メートルの移動で 10 カウント」に設計されている。この仮定に従って濾水量を算出することもあるが，長期にわたる調査航海では航海の開始時と終了時にネットから取り外した濾水計を空曳き（水深 50 m から海面までの鉛直曳き）し，その結果に基づき数値を補正する。以下では上記の仮定に従った計算を示す。濾水計のカウント値を $c$，ネット開口面積を $a$ としたとき，濾水量 $V$ は $V = ac/10\,(\mathrm{m}^3)$ で算出される。マイクロネクトンの密度は通常「海面 1 m$^2$ あたり生物量」「海水 1000 m$^3$ あたり個体数」で示される。濾水量を海面面積に変換する際には「ネット最大到達水深で除す」操作が必要である。すなわち，到達深度を $D\,(\mathrm{m})$ としたときの採集量を $W\,(\mathrm{g})$ とすると，密度（個体数/m$^2$）は $DW/V$ で与えられる。

《参考文献》

- Devereux, RD, RC Winset, JD Isaacs and LW Kidd (1953) Isaacs-Kidd midwater trawl: final report. Scripps Institute of Oceanography, La Jolla.
- Itaya, K, Y Fujimori, D Shiode, I Aoki, T Yonezawa, S Shimizu and T Miura (2001) Sampling performance and operational quality of a frame trawl used to catch juvenile fish. *Fisheries Science* **67**: 436–443.
- Oozeki, Y, F Hu, H Kubota, H Sugisaki and R Kimura (2004) Newly designed quantitative frame trawl for sampling larval and juvenile pelagic fish. *Fisheries Science* **70**: 223–232.
- Pakhomov, E and O Yamamura (2010) Report of the Advisory Panel on Micronekton Sampling Intercalibration Experiment. *PICES Scientific Report* 38: 108 p.
- Wiebe, PH, AW Morton, AM Bradley, RH Backus, JE Craddock, V Barber, TJ Cowles and GR Flierl (1985) New developments in the MOCNESS, an apparatus for sampling zooplankton and micronekton. *Marine Biology* **87**: 313–323.

# 第2章 鳥類・哺乳類および海中の目視

## 2.1 鳥類の目視
綿貫豊

### はじめに

　海鳥は特殊な器具を使わなくても観察できる唯一の海洋生物である。そのため，古くからその分布とそれに影響する要因が研究されてきた。その結果，海鳥は広い海上に一様に分布しているわけでもランダムに分布しているわけでもないことがわかってきた。海鳥の数や種類は，**海洋前線**を横切ったりするときに劇的に変わるので，目で見てわかる海洋景観の指標として最適である。

　このような分布は，彼らの餌である動物プランクトンや魚の分布に関係がありそうだ。クロロフィル濃度の高い海域に海鳥が多い場合があるのは，たぶんそこでは餌である魚も多いからだろう。また，こういった餌生物が集まっているのは，海流や**湧昇**，**潮汐流**などによる輸送による場合もあるだろう。オオミズナギドリなど表面採食者（綿貫，2010）は，イルカ類に海表面に追い上げられた小魚を狙うことも多いし，アホウドリ類はトロール船の網からこぼれた魚をちょうだいすることもあるだろう。

　海鳥の海洋環境利用の研究は，船からの目視によってその分布を調べることで行われる。この方法は**ラインセンサス法**と呼ばれ，調査海域のなかにあらかじめ決めた測線上を一定の速度で航行しながら，一定範囲に出現する海鳥の種類と数を目と双眼鏡で確認して記録する。

　10月に北海道太平洋陸棚域で実施される実習での結果を例にあげよう。秋の北海道東部太平洋沿岸は，表面水温17℃以下の**沿岸親潮**および親潮と，対馬暖流が津軽海峡を通って北海道太平洋沿岸に流れ出した表面水温17℃以上の**津軽暖流水**の影響下にある。例年，襟裳岬沖がちょうどその両者を分け，東は沿岸親潮域，西は津軽暖流水域となっている。冷たい沿岸親潮水では多くのオオミズナギドリやハシボソ・ハイイロミズナギドリ（目視調査では，ハシボソミズナギドリとハイイロミズナギドリの識別は非常に難しい。ここでは両者をあわせて「ハシボソ・ハイイロミズナギドリ」と表記する）に加えエトピリカが多数見られるが，津軽暖流水に入ったとたん，海鳥の生物量は10分の1から100分の1と急減する（伊藤・綿貫，2008）。衛星画像によると，クロロフィル濃度は沿岸親潮水のほうが津軽暖流水よりはるかに高い（図2.1）。

　この海域には水深200m以下の「陸棚」，そこから1000mまで急に深くなる「陸棚斜面」，1000m以深の「海盆」が含まれる（図2.2）。

　沿岸湧昇のおかげで陸棚斜面では一次生産が高く，同様に海鳥の生物量も陸棚と陸棚斜面のほうが海盆より大きい。種類も海底地形によって大きく変わる。陸棚にはハシボソ・ハイイロミズナギドリとエトピリカが見られるが，陸棚斜面にはコアホウドリ，クロアシアホウドリとオオミズナギドリが多く見られる。襟裳岬の続きの海底尾根の上で海底が急に浅くなっているところでは，魚群探知機の反射強度が強い魚群反応（パッチ）がところどころに見られ，追跡型潜水採食者であるウ

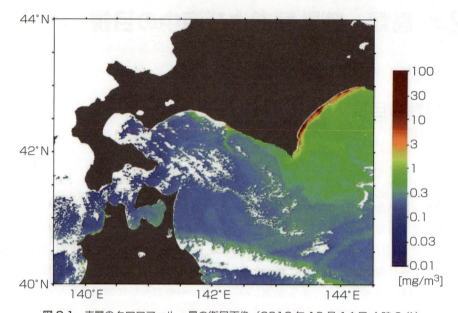

図 2.1　表層のクロロフィル a 量の衛星画像（2012 年 10 月 14 日 4 時 6 分）
（本図で使用した MODIS データは，宇宙航空研究開発機構より提供を受けました。
https://www.eorc.jaxa.jp/cgi-bin/adeos/modis_frame.cgi?prov=tric&type=500mchla&year=2012&month=10）

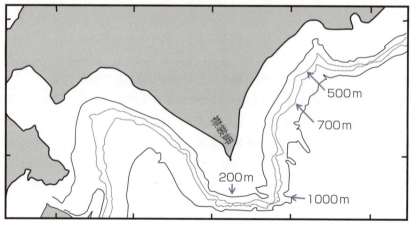

図 2.2　襟裳岬周辺の海底水深コンター

トウの集団が多く出現する。ハシボソ・ハイイロミズナギドリは表面採食および潜水採食者であり，エトピリカも追跡型潜水採食者である。一方，アホウドリ類とオオミズナギドリは典型的表面採食者である。つまり，陸棚斜面には表面採食者が，陸棚には潜水採食者が分布する傾向がある。この傾向はベーリング海南東海域でも観察されている（Schneider and Hunt, 1982）。フルマカモメやミツユビカモメといった表面採食者の密度は，陸棚斜面のほうが陸棚中央部に比べ高い。もちろん，年による変動も大きいので，注意する必要がある。

## 2.1.1 調査方法

(1) 双眼鏡の使いかた

　8～10倍でレンズ径が30～70 mmのものが使いやすい。まず双眼鏡に付けられているひもを首にかける。裸眼の者は接眼レンズのふちにあるカバーを回して引き出し，レンズとの間に距離をもたせるようにする（図2.3左の写真の右目の接眼レンズカバーの状態）。眼鏡の者はこれを回さずそのまま使う（図2.3の左目の接眼レンズカバーの状態）。こうすることで目とレンズの距離がちょうどよくなる。次に，接眼レンズの幅（2）を自分の目に合わせる。のぞいてみて視野が1つの円になるようにする。

　左右のピントを調節する。左目で見て，真ん中のピント環（右と左が同時に動く）（3）を回して50mほど先のものにピントを合わせる。次に右目で見て，右のピントだけ合わせるピント環（4）を回して，両方の目でピントが合うようにする。これで左右の調節ができたので，次からは真ん中のピント環で合わせればよい。

　手ぶれ防止機能付きの双眼鏡を使う際は，電池が必要である（5：電池ケース）。予備の電池を用意すること。また，手ぶれ機能のスイッチ（6）のオン・オフを忘れないこと。使用後は，アルコールで拭いて塩気を取り，乾燥させたのちケースに入れる。

図2.3　双眼鏡の部位名（1：接眼レンズカバー，2：接眼レンズ，3：ピント環，4：視度調整環，5：電池ケース，6：手ぶれ防止スイッチ）

(2) 観察範囲

　観測は日中に行い，一定の船速（たとえば10ノット）で航行中に風下側の船橋甲板上で船首方向より正横方向までの90°の範囲に出現した個体について行う。おしょろ丸では記録範囲は300mとする（図2.4）。ただし，目的や熟練度によって目視範囲を200m，500mとしてもよい。また，13ノットにて航走したとき，46秒間に進む距離は300mであることを覚えておくとよい（10ノットなら60秒間）。

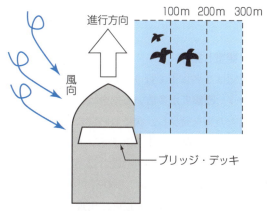

図2.4　観察範囲の模式図

海上での距離感覚は慣れないとつかみづらい。まず，以下で示すスティック法を用いて距離感覚を養おう。目視観測中も，ときどき，この方法で距離感覚を確認しよう。観察範囲は3つのゾーン100 m，200 m，300 mに分ける（図2.4）。

ここでは，観察者（自分）の足下から目までの高さが1.5 m（$h$），観察者がスティックを持つ腕の肩から親指の付け根までの距離が0.6 m（$l$），水面から観察者の立っている甲板までの高さが10.0 m（乗船中の船の甲板までの高さを測り，その値を入れる。ここではおしょろ丸5世の10.0 mで説明。図2.5参照）。この条件で，100 m，200 m，300 m（$dx$）の距離のマークをスティックに付ける。必要な道具は，割り箸，巻尺，計算機，定規，ペンである。

$h = $ 水面から自分（観察者）の目までの高さ（m，例：11.5 m = 1.5 m + 10.0 m）
$l = $ 自分（観察者）の肩から親指付け根までの距離（腕の長さ，m，例：0.6 m）
$d = $ 計りたい距離（例：100 m，200 m，300 m）
$S = h \times l / d$

$h$ が11.5 m，$l$ が0.6 mのとき，$d$ が100 mの $S_{100m}$ は0.069 m，$d$ が200 mの $S_{200m}$ は0.0345 m，$d$ が300 mの $S_{300m}$ は0.023 mと計算できる。したがってスティックの先端からそれぞれ6.9 cm，3.5 cm，2.3 cmのところにマークを付ければよい。スティックを使って距離を測るためには，腕を前方に伸ばしスティックを手に持ち，スティックの先端を水平線に合わせる。次に視線を $S_{100m}$ のマークに合わせ，その延長線と海面の交差する点が観察者から100 mとなる。$S_{200m}$，$S_{300m}$ についても同様で，視線の延長線上の点が200 mと300 mとなる（図2.5）。

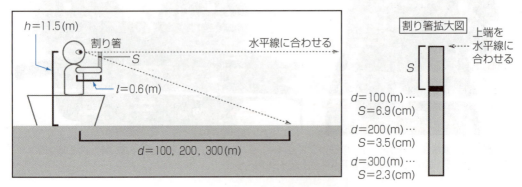

図2.5　スティック法による観察範囲の測定原理

### （3）観察と記録

観測は2名以上で行う。1名が野帳の記録を担当する。それ以外の者が観察をし，種判別と計数を行う。観察者が多数いる場合は一度発見した鳥の行動を追跡して観察しておく。観測中，裸眼にて海上の鳥を発見し，次に双眼鏡にて行動観察を行う。

観察の単位時間は1分とする。1分間に観測範囲内に出現した種名，個体数，行動，飛翔方向を記入する。なお，観測用の時計は船の時計と時刻合わせをしておく。水面個体については，船から100 m以内，200 m以内，300 m以内のどこに位置しているのかを記録する（図2.4）。簡易的にはゾーン分けせず，300 m以内に出現した種類をすべて記録する。

図 2.6 目視風景（左）と海面に浮いている 3 羽のケイマフリ（右）。野帳には「ケマ，3」と記入。

※野帳・データシートへの記入方法

海鳥目視野帳（本節末を参照）をコピーし，鉛筆で記入する。観測終了後，データシート（エクセルなどの表計算ソフト）へ入力する。

観測開始時の緯度・経度（0.1 分まで），天気（気象通報に準じる），真風向（8 方位），真風速 [m/s]，船速 [knot]，表面水温 [°C]，観測舷（左右のいずれか）を記入する。以後，緯度・経度，天気，真風向，真風速，表面水温は，1 時間毎の定時（＿:00）に記入する。定時には野帳用紙を換え，野帳用紙の通し番号を記入する。

航走中に，XXX° へ変針（a/Co to XXX°：Alter course to XXX° の省略表記。航海士はログブックにこのように記載している），半速へ減速（half down），全速前進（full ah'd：full ahead），観測舷の変更（室外から室内への移動も含む）などを行った際は，その時刻，緯度・経度を記入する。

観測範囲内に鳥を発見したら，1 分間隔で時刻を記入しながら，その 1 分間に観察された <u>種名</u>，<u>個体数</u>，<u>行動</u> を記入する。

① 種名には表 2.1（56 ページ）の短縮種名を用いる。この表には，北海道周辺で観察可能と思われる主な海鳥類の一覧を示してある。
② 個体数は小群単位の個体数を記入するのが望ましい。個体数は，100 羽以下の群では 1 羽単位，100〜500 羽の群では 10 羽単位，500 羽以上の群では 100 羽単位で記録する。
③ 行動は飛翔個体か水面個体かを区別する。水面個体の場合，個体数の下に下線を引く。なお，索餌行動（船からの逃避以外の潜水，水中を覗く，餌を戻す，餌をくわえて飛翔）が見られた場合には，その行動を記録する。飛翔個体については，既往データも生かすため連続カウントするとともに，<u>スナップショット法</u> でカウントする。
④ その他，潮目（海上の浮遊物の帯や水色などで判断する）や浮遊物，近距離での船の通過など，海上に変化を発見した場合は時刻と共に記入する。

(4) 船付きになる鳥の処理など

観測において，正しい密度を得るために，一度計数した鳥は再び数えないことが原則である。よって，鳥の動きには注意を払う必要がある。

鳥が船に能動的に接近したり，船の動きと同調して飛翔を続けることを"船付き"という。船付きになる鳥は，分布密度の過大評価を生じやすくなる。コアホウドリ，クロアシアホウドリ，オオミズナギドリ，カモメ類などの船付きになりやすい鳥が出現した場合は，一度数えた鳥を再度数えないよう，鳥が観測範囲の外に出た後に注意して行動を追跡する必要がある。もし，これらの鳥が一時に多数出現し，船の周りを回っていたり，船の後ろへ回り込むのが確認できれば，観測範囲に後方から近づく鳥は数えず，前方から観測範囲に入る鳥のみを数える。

連続カウントする場合は，ミズナギドリなどの列状の群を船が横切るとき，列が乱されて，鳥が船と平行に飛び続けることがある（図 2.7）。このような場合，船が列を完全に横切り，後方で新たに列が形成されるのを確認した時点で，カウントをストップする。

(5) 飛行中の鳥のカウント

鳥の密度はある瞬間に俯瞰したときにいた

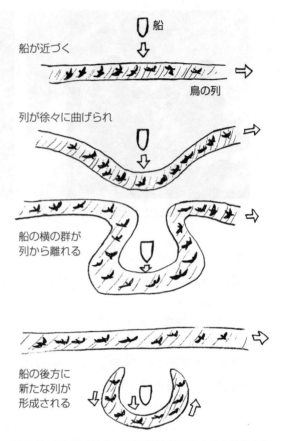

図 2.7　ミズナギドリの飛行群を横切るときの数えかた

数である。飛行個体は出入りが多いので，連続記録すると飛行個体数は過大評価される。飛行している個体については，船が観測区画距離（300 m）だけ進んだ瞬間に，その長方形の範囲内において飛行している個体の数をかぞえる<u>スナップショット法</u>（van Franecker, 1994）が使われる。船の速度に合わせ，最小分解能に相当する距離（300 m）を進むのに要する時間（10 ノットだと 300 m 進むのに 60 秒）間隔で鳴るチャイムを使い，鳴ったと同時に単位観察区画全体（300×300 m）を見わたして，そのなかを飛行している個体を瞬時に数える。スナップショット時の飛行数であることがわかるように，野帳には，その時刻とともにマーク（S など）を付ける。

## 2.1.2　鳥類目視観測レポート作成要領

班長に，目視生データ（エクセルファイル），実施中の表面水温分布画像データ，海底地形画像データをメール添付で下船後 2〜3 日中に渡す。各自（個人単位で）レポートを作成し，締切までに所定の提出先に提出。表紙には班名，学生番号，氏名を付ける。

レポートは問題点が明確に述べられているか，仮説が述べられているか，方法が正確に記されているか，分析方法・統計検定方法は妥当か，結果が図表を使って明瞭に述べられているか，考察はなるほどとうなずけるものか（論理的か）などから採点する。

レポートの題名は最も重要である。「海鳥センサスレポート」などという題を付けてはいけない。

第 2 章　鳥類・哺乳類および海中の目視　　55

**アホウドリ科**
コアホウドリ
クロアシアホウドリ

**カモメ科**
オオセグロカモメ
ウミネコ

**ミズナギドリ科**
オオミズナギドリ
ハシボソミズナギドリ

**ウミスズメ科**
ウトウ
エトピリカ

図 2.8　北海道周辺で出現の可能性がある海鳥類（一部）

「海鳥の分布と密度に影響する環境要因」などはまだましである。「オオミズナギドリとイルカの分布は重なるか」などは明確で良い。

　レポートは，「はじめに」，「調査場所」，「方法」（センサス方法は本節を参考にする。解析の手順や統計検定方法などを記載する），「結果」（図表を使ってわかりやすく示し，文章でもその結果を記載する），「考察」，「文献」からなること。分量はおよそ A4 判 3〜4 枚程度とする。「はじめに」では目的を明確に書くこと。「オオミズナギドリは潜れないので，イルカに追い上げられた魚を食

べるだろうから，イルカが多いところに多く見られるだろう，という仮説を検証した」などはたいへんよろしい。

「オオミズナギドリは表面水温 X〜Y°C の温かい水で密度が高かった」というのは「結果」である。「考察」ではない。それはどうしてだと考えられるのかを「考察」で述べること。もちろん，予想と違って水温は関係なかったという結果になってもよい。その場合は，どうしてそうなったのかを議論せよ。

参考書や文献を参照してもよい。その場合は引用し，文献名を示すこと。

表2.1　北海道周辺で出現の可能性がある海鳥類の種名リスト

| No. | 和名 | データ入力用短縮種名 | 英名 | 学名 |
|---|---|---|---|---|
| 1 | アカアシミズナギドリ | アカミズ | flesh-footed shearwater | *Puffinus carneipes* |
| 2 | アホウドリ | アホウドリ | short-tailed albatross | *Diomedae albatrus* |
| 3 | ウトウ | ウト | rhinoceros auklet | *Cerorbinca monocerata* |
| 4 | ケイマフリ | ケマ | spectacled guillemot | *Cepphus carbo* |
| 5 | ウミガラス | ウミガラス | common guillemot, common murre | *Uria aalge* |
| 6 | ウミガラス sp | ウミガラス sp | | |
| 7 | ウミネコ | ネコ | black-tailed gull | *Larus crassirostris* |
| 8 | エトピリカ | ピリカ | tufted puffin | *Fratercula cirrhata* |
| 9 | 大形カモメ sp | 大形カモメ sp | | |
| 10 | オオセグロカモメ | オオセグ | slaty-backed gull | *Larus schistisagus* |
| 11 | カモメ | カモメ | common gull | *Larus canus* |
| 12 | クロアシアホウドリ | クロアシアホウ | blacked-footed albatross | *Diomedea nigripes* |
| 13 | コアホウドリ | コアホウ | laysan albatross | *Diomedea immutabilis* |
| 14 | コウミスズメ | コウミ | least auklet | *Aetbia pusilla* |
| 15 | コシジロウミツバメ | コシジロツバメ | leach's storm-petrel | *Oceanodroma monorbis* |
| 16 | シロカモメ | シロカモ | glaucous gull | *Larus hyperboreus* |
| 17 | セグロカモメ | セグロカモメ | herring gull, european herring gull | *Larus argentatus* |
| 18 | ツノメドリ | ツノメ | horned puffin | *Fratercula corniculata* |
| 19 | ハイイロウミツバメ | ハイツバメ | fork-tailed storm-petrel | *Oceanodroma furcate furcata* |
| 20 | ハイイロミズナギドリ | ハイミズ | stooty shearwater | *Puffinus griseus* |
| 21 | ハシブトウミガラス | ブトウミガラス | brünnich's guillemot, thick-billed murre | *Uria lomvia arra* |
| 22 | ハシボソミズナギドリ | ハシミズ | short-tailed shearwater | *Puffinus tenuirostris* |
| 23 | フルマカモメ | フルマ | fulmar, northern fulmar | *Fulmarus glacialis rodgerisii* |
| 24 | ミズナギドリ sp | ミズナギ sp | petrels, shearwaters, fulmars | *Procellariidae sp.* |
| 25 | ミツユビカモメ | ミツユビ | black-legged kittiwake | *Rissa tridactyla* |
| 26 | ユリカモメ | ユリカモ | black-headed gull | *Larus ridibundus* |
| 27 | ワシカモメ | ワシカモ | glaucous-winged gull | *Larus glaucescens* |

| 海鳥類目視観測野帳 | 記録者氏名 | | | | No. | |
|---|---|---|---|---|---|---|
| 日時: / / 海域: 天気: 風浪 風向: ly 風速: m/s 水温: ℃ 観測舷__ ||||||||
| 緯度・経度 | | | 船の速度 knot | | | |
| 時刻 | 種名 | 数 | 行動 | 飛翔方向 | 備考 |
| | | | | | |
| | | | | | |
| | | | | | |
| | | | | | |
| | | | | | |
| | | | | | |
| | | | | | |
| | | | | | |
| | | | | | |
| | | | | | |
| | | | | | |
| | | | | | |
| | | | | | |
| | | | | | |
| | | | | | |
| | | | | | |
| | | | | | |
| | | | | | |
| | | | | | |
| | | | | | |
| | | | | | |
| | | | | | |
| | | | | | |
| | | | | | |
| | | | | | |
| | | | | | |
| | | | | | |
| | | | | | |
| | | | | | |
| | | | | | |
| | | | | | |
| | | | | | |
| | | | | | |
| | | | | | |
| | | | | | |
| | | | | | |
| | | | | | |
| | | | | | |
| | | | | | |

《参考文献》

- 伊藤元裕・綿貫豊（2008）秋季の北太平洋北海道東部沿岸における潜水採食性および表面採食性海鳥の採食ハビタット利用．日本鳥学会誌 **57**: 140-147.
- Schneider DC and Hunt GL Jr（1982）Habitat selection by marine birds in relation to water depth. *Ibis* **139**: 175-178.
- van Franecker JA (1994) A comparison of methods for counting seabird at sea in the southern-ocean. *J Field Ornithol* **65**: 96-108.
- 綿貫豊（2010）気候変化がもたらすフェノロジーのミスマッチ：海鳥の長期モニタリングが示すこと．日本生態学会誌 **60**: 1-11.

## 2.2 鯨類の目視
松石隆

### はじめに

　海棲動物の個体数推定法には，調査船から直接個体を計数する直接法と，漁獲量などの統計資料から個体数を推定する間接法がある．一長一短があるが，漁獲対象となっていない海棲動物に対して間接法を用いることは困難であり，直接法を用いて個体数推定をすることとなる．直接法を用いる場合，多くの海棲動物は水中に生息し，直接個体数を観察することは困難であるため，魚群探知機を用いて水中の動物を検知したり，トロール網などの漁具を用いて定量的に捕獲したりして計数することが一般的である．しかし，鯨類は哺乳類であり，数分から数十分に一度は必ず浮上して呼吸をすることから，目視による観察が可能である．国際捕鯨委員会科学委員会では，捕獲頭数統計に基づく方法，標識放流法などを含む，さまざまな個体数推定法を用いて，鯨類の個体数推定を行ってきたが，ライントランセクト法による目視調査による個体数推定法が最も精度が高いと考えられており，現在も主に目視調査によって個体数推定が行われている．

　鯨類目視調査は個体数推定のために行われるが，実際に調査を行ってみると，鯨類の集群行動，捕食行動，遊泳行動，鯨類が出現する海域での海鳥や魚類，クラゲなどの出現状況や行動，潮目の出現や水温の変化など，鯨類を取り巻くさまざまな生物学的・物理学的環境についても観察することができる．鯨類目視観察調査中，鯨類に遭遇する機会が少ないこともあるが，海洋のさまざまな様相を知る機会ととらえて，取り組んでいただきたい．

### 2.2.1　鯨類個体数推定法

　鯨類の目視調査による個体数推定は，ライントランセクト法と呼ばれる方法によって行われることが一般的である．

　ライントランセクト法は，調査した面積とそのなかで発見された群数から，単位面積あたり群数（密度）を推定する方法である．とくに調査した面積を推定する際に必要な探索幅の推定法に特徴がある．

　まず鯨類の出現海域に調査航路を設定する．調査航路は調査を開始する前にあらかじめ設定する．出現した鯨類の正確な観察・計数などのために一時的に接近する場合を除き，調査中に変更さ

れるものではない。これは鯨類の洋上観察を目的とした，いわゆるホエール・ウォッチングとは大きく異なる点である。調査中は一定の船速で船を前進させ，調査員は前方180度の範囲で鯨類の発見に努める。鯨群の発見があった場合，船から発見鯨類までの距離 $r$，航路に対する発見方向の角度 $\theta$，鯨種，1鯨群あたりの個体数を記録する。

調査開始時刻，終了時刻，船速から，目視調査を行った航走距離 $L$ が求められる。探索幅 $w$ が得られれば，調査面積は $2wL$ として求まる。その面積内に $n$ 群の鯨類が発見され，見逃しがないと仮定するならば，単位面積あたりの鯨群数（密度）は $n/2wL$ として推定できる。

もし，鯨群の移動速度が船速に対して無視できるほど遅いならば，船からの距離 $r_i$，角度 $\theta_i$ に発見された鯨群 $i$ は，$y_i = r_i \sin \theta_i$ の距離で船の真横を通過するはずである。この距離を発見横距離という。多数の鯨群の発見をまとめて横距離の分布を描くと，横距離が大きくなるにつれて発見数が少なくなる分布になることが一般的である。もし，鯨群が船の航路に集まりやすいといった性質があるならば，このような分布になる可能性があるが，ここでは鯨群の移動を無視しており，もともと調査航路は鯨類の分布を知る前に決定しているのであるから，本来，完全に鯨類を発見できているならば，横距離分布は一様分布になるはずである。しかし横距離分布が一様にならないのは，見逃しによるものである。横距離が小さい鯨群はいずれ船のすぐ近くに出現するので見逃しにくいが，横距離が大きい鯨群は見逃しが生じる可能性が高い。出現数が多い海鳥類などの目視調査では，見逃しが無視できると考えられる短距離を探索幅に設定し，その距離以内で発見された個体数のみを計数するが，鯨類の場合は発見数が少ないため，探索距離を限ると発見数が少なくなり，推定精度が悪くなる。そこで，ライントランセクト法による鯨類の個体数推定の際は，得られた横距離分布を用いて，有効探索幅 $\hat{w}$ を推定する。

横距離 0～1 n.m.（マイル）の鯨群は 100% の確率で発見され，ある調査において横距離 0～1 n.m. の発見数が 20 群，横距離 1～2 n.m. の発見鯨群数が 10 群の，合計 30 群の発見があったとする。横距離 0～1 n.m. での発見数と比較し，横距離 1～2 n.m. の発見率は 50% と推定される。発見率に応じて横距離幅を狭め，見逃しがなければ横距離 1～1.5 n.m. に 10 群存在すると考えることができる。すなわち，横距離 0～1 n.m. を完全に，横距離 1～2 n.m. を 50% の確率で調査するのと，横距離 0～1.5 n.m. を完全に調査する場合は，同じ発見群数になる。このような考えかたから，発見横距離分布を用いて，「完全に発見できるならば，同じ群数が発見されるであろう探索幅」を推定することができ，この探索幅を有効探索幅という。

実際の発見横距離分布は凸凹があるため，発見関数と言われる理論曲線 $g(y)$ を当てはめ

$$\hat{w} = \int_0^c g(y)\, dy$$

として有効探索幅を推定する。発見関数としては

Hazard-Rate Model $\qquad g(y) = 1 - \exp\left[-(y/\sigma)^{-b}\right]$

Half-Normal Model $\qquad g(y) = \exp\left[-\dfrac{y^2}{2\sigma^2}\right]$

Negative exponential Model $\qquad g(y) = \exp(-\lambda y)$

などが用いられ，データに最も当てはまるパラメータ $\sigma$, $b$, $\lambda$ を最尤法などで推定する。

以上の手順により，調査航行距離 $L$，発見群数 $n$，有効探索幅 $\hat{w}$ から推定密度 $\hat{D}$ を

$$\hat{D} = \frac{n}{2L\hat{w}}$$

と推定する．1 鯨群あたり個体数（平均群サイズ）を $\bar{s}$，同様の密度で分布していると想定される海域の面積を $A$ とすれば，海域内の推定個体数 $\hat{N}$ は

$$\hat{N} = \frac{\bar{s}nA}{2L\hat{w}}$$

と推定される．

## 2.2.2 鯨類目視調査の実際

### (1) 調査用具

- 双眼鏡（人数分）：倍率 7 倍程度の双眼鏡を用いる．捕鯨従事者や専門の鯨類調査員は口径 50 mm（7 × 50）の双眼鏡を用いるが，一般の人には口径 35 mm（7 × 35）が軽量で使いやすい．専門家は双眼鏡に支持棒を取り付けて使用する．支持棒に装着するときは，キャップに双眼鏡が当たらないように，上下逆に取り付ける．支持棒を使用しない場合は，両手で支える．その際，脇を締めて腕を体に付け，双眼鏡がぶれないようにする．なお，近年はスタビライザの付いた防振双眼鏡が普及してきており，鯨類目視調査にも利用できる．
- 努力量記録用紙（1 日 1 枚）
- 発見記録用紙（発見 1 群 1 枚）
- 鯨類図鑑
- 角度板（分度器を A4 判程度に拡大したもの．発見時に航路と発見個体との角度を測定するときに使用する）
- GPS（船内の GPS をすぐに参照できない場合は，携帯型 GPS があると便利）
- 時計
- カメラ
- クリップボード 2 枚
- 筆記用具

### (2) 観測場所

前方 180 度が開けていて，眼高が高い場所を選ぶ．鯨類目視調査専門船は，マストの先端にトップバレルや独立観察者ブースと呼ばれる目視観測専用の観測台を持つが，一般の船舶の場合，コンパスデッキから観測することが多い．観測場所を定めたら，水面から視点までの高さ（眼高）を知っておくとよい．視地平距離（水平線までの距離）$M$（n.m.）は眼高 $h$（m）によって定まり，海上保安庁水路部が発行する灯台表

表 2.2 眼高 $h$ と水平線までの距離 $M$ の関係

| $h$ (m) | $M$ (n.m.) | $h$ (m) | $M$ (n.m.) |
|---|---|---|---|
| 1 | 2.1 | 9 | 6.2 |
| 2 | 2.9 | 10 | 6.6 |
| 3 | 3.6 | 11 | 6.9 |
| 4 | 4.2 | 12 | 7.2 |
| 5 | 4.7 | 13 | 7.5 |
| 6 | 5.1 | 14 | 7.8 |
| 7 | 5.5 | 15 | 8.1 |
| 8 | 5.9 | | |

では，$M = 2.083\sqrt{h}$ で計算することを推奨している。眼高と水平線距離までの関係を表 2.2 に示した。

## (3) 装備

目視調査は航行しながら実施するので，絶対風速が無風であっても，調査中は向かい風を受けることになる。また，風向によっては相当の風圧を受ける可能性がある。観測者は，ウィンドブレーカー，防寒着などの着用，気温が低く風が強い場合は耳あてや耳が覆われるニット帽などの着用が望ましい。

洋上は紫外線が強く，裸眼での観察は眼を傷めることがあるので，必ず紫外線を透過しないサングラスを着用する。偏光サングラスを用いると，水面からの照り返しを防ぐことができ，また水面下の鯨類の体色を観測しやすい。

## (4) 目視調査の実施判断

通常，目視調査は，日出 30 分後から日没 30 分前の間に実施する。調査中は 10～11.5 ノットで，極力一定の船速で航行する。視程が 1.5 n.m. 以下，平均風速が 20 ノット以上，風力 5 以上になった場合，また作業などにより一定の船速で航行できない場合は調査を中止する。

## (5) 双眼鏡の調整

接眼レンズに目当てゴムが付いている場合，眼鏡装着者は目当てゴムを外側に折り返して使用する。使用後は目当てゴムをもとの状態に戻す。

使用前には，必ずピントと眼幅の調整をする。まず双眼鏡を折り曲げ，左右の視野がひとつの円になるように眼幅を調整する。マンガなどで，左右 2 つの円が一部重なったような視野が書かれていることがあるが，誤りである。次に，接眼レンズに視度調整リングが付いている側のレンズをふさぎ，もう一方のレンズで遠方を見て，双眼鏡中央に付いているピント合わせリングを調整してピントを合わせる。次に，視度調整リングが付いていない側のレンズをふさぎ，視度調整リングでピントを合わせる。ピントは，1 n.m. 先程度に合わせるのが理想的である。適当な距離に船や漁具など，目標物がある場合は，それに合わせればよいが，目標物がない場合は，乗船している船のマストなどで視度調整リングのピントを合わせてから，ピント合わせリングを再度調整して，およそ 1 n.m. 程度の距離にピントが合うようにする。

## (6) 目視努力量の記録

目視調査の開始，終了時間，位置，またその間の海況や水温，水深などを目視努力量記録用紙に記録する。以下の項目を，目視努力に関するイベントが生じたとき（調査開始，終了，中断，再開，変針，速度変更など）および毎正時に記録する。

- イベント：調査開始，終了，中断，再開，変針，速度変更など。
- 時刻：船内時間で記載し，時間帯（GMT+8 など）も記録する。
- 緯度・経度：GPS を用いて記録する。
- 進行方向：360 度で記録。

- 船速：GPS を用いて，対地航行速度（海底に対する速度）を記録する。
- 相対風向・相対風速：船内の風向・風速計を用いて記録。P30°（左舷 30 度），S 45°（右舷 45 度）など。
- うねり方向：16 方位で記録する。
- 波高：船内波高計により記録。
- 天気：天候符号（表 2.3）を用いて記入。
- 風力：ビューフォート風力階級（表 8.1 参照）を用いて記入。
- 視程：目視により n.m. 単位で記入する。
- 表面水温：船内水温計による水温を記録。
- 水深：船内水深計による水深を m 単位で記録。

なお，連続して目視を行う場合，相対風向以下の海況に関する記載は，1 時間以内のイベントは省略可能とする。ただし，目視の開始／終了，中断／再開の際は記載すること。

表 2.3 主な天候符号

| 天候符号 | 天候 | | 雲量 |
|---|---|---|---|
| b | Blue sky | 晴天 | 0～2 |
| bc | Fine but cloudy | 半晴 | 3～7 |
| c | Cloudy | 曇 | 8～10 |
| r | Rainy | 雨 | |
| q | Squalls | スコール | |
| s | Snow | 雪 | |
| f | Foggy | 霧 | |

(7) 目視努力

調査中は双眼鏡または肉眼により，前方 180 度内における鯨類の発見に努める。双眼鏡で観察する場合は，視野の上 1/3 のところに水平線が来るようにし，水平線の少し手前に注目しながらゆっくりと双眼鏡を左右に振って発見に努める。鯨類は一度潜水すると，数分程度潜水することがあるので，鯨類らしきものを発見した場合は，数分間その地点付近を注目していると，再度発見できる可能性がある。

鯨類の発見がない場合でも，海鳥や潮目，流木，洋上のごみ，サメ，クラゲ，トビウオやイカの飛翔が観察されることがある。とくに海鳥が集群して旋回している場合（鳥山）や大きな流木，潮目，洋上のごみの集積が観察される場合は，その下に浮魚類の群がいることがあり，それを捕食する鯨類がいることもあるので，注意して目視する。

(8) 鯨類の発見

鯨類の発見があった場合，あるいはそれに類する現象を発見した場合は，速やかに観測者に距離・角度を伝え，なるべく多くの人数で観察する。記録担当者は，速やかに発見時刻と緯度・経度を記録する。発見角度は角度板を使用し，5 度単位で正確に記載する。距離は目測による。日頃，船舶が近くを通過したときにその距離をレーダで測定するなどして，洋上の距離感を養っておくことが望ましい。また，発見から最接近までの時間，航行速度や視地平距離も，発見距離推定の参考

になる．航行速度が 10 ノットの場合，船は 6 分で 1 n.m. 進む．眼高が 10 m 程度の場合は 40 分で水平線に到達することになる．

　鯨類観察の際は，鯨種判別に必要な背びれの形状や体色，水しぶきや噴気の形，サイズ，また個体数推定に必要な群頭数を注意深く観察する．鯨種判別は経験を要するが，航海している海域に生息する可能性がある鯨種をサイズ別に整理しておけば，サイズだけから数種に絞られる．

　一度に浮上する個体は群全体の一部であるので，群の遊泳方向や遊泳速度を勘案して同一個体を二重にカウントしないようにしながら，潜水中の個体も含めた個体数をなるべく正確に把握する．数十頭以上の大群の場合は，10 頭が占める面積を目測し，同様な密度で分布している範囲との比から，頭数を推定する．正確な頭数推定が困難な場合は，最小，最大，最善推定頭数を記録する．

(9) 鯨類発見記録用紙の記入

　鯨類の発見があった場合は，1 群 1 枚の発見記録用紙を使用し，以下の内容を記載する．

- 発見時刻：分単位で記入．
- 緯度・経度，進行方向，船速：GPS より書き写す．
- 水温，水深：当面空欄．余裕があれば，ブリッジで調べてあとで書き込む．
- 角度：進行方向に対する鯨類発見位置の角度を 5 度単位で記入．
- 距離：鯨類までの距離を海里単位で記入．
- きっかけ：ブロー，ボディ，ジャンプなど．
- 行動：高速遊泳，低速遊泳など．
- 最接近距離：最も近づいたときの距離．
- モード：発見後通過する場合は「通過モード」，船の針路を変更して接近する場合は「接近モード」，予定されていた目視調査時刻外や天候が悪く目視中止中の場合は調査外．
- 種名：鯨種名．不明の場合は，種不明イルカ類，種不明ナガスクジラ科鯨類など．
- 個体数：確実に計数できない場合は，最小，最大，最善推定頭数を記録．
- 第一発見者：最初に発見した人の名前．
- 発見場所：アッパー（コンパスデッキのこと），ブリッジなど．
- 観察者：そのときに発見場所にいた人の名前．3 班など．
- 備考：どのような観察から種判定したのか，その他，気づいたことを記入．

　なお，おしょろ丸には鯨類目視記録システムがあり，船内 LAN に接続し専用のアプリケーションをインストールしたノートパソコンで，コンパスデッキから天候，目視努力量，発見を記録できるので，担当士官に申し出て活用されたい．

## 2.2.3　北海道近海に出現する可能性の高い鯨種

　和名，英名，学名の順に示す．

① イシイルカ，Dall's Porpoise，*Phocoenoides dalli*
② カマイルカ，Pacific White-sided Dolphin，*Lagenorhynchus obliquidens*

③ ミンククジラ, Minke Whale, *Balaenoptera acutorostrata*
④ マッコウクジラ, Sperm Whale, *Physeter macrocephalus*
⑤ シャチ, Killer Whale, *Orcinus orca*
⑥ ネズミイルカ, Harbor Porpoise, *Phocoena phocoena*
⑦ コビレゴンドウ, Short-finned Pilot Whale, *Globicephala macrorhynchus*
⑧ ツチクジラ, Baird's beaked Whale, *Berardius bairdii*
⑨ ザトウクジラ, Humpback Whale, *Megaptera novaeangliae*

## 2.3 北海道周辺で見られる主要な海棲哺乳類
三谷曜子

※種名リスト（和名，英名，学名）
〈鯨類 CETACEA〉
 ヒゲクジラ亜目，baleen whales，SUBORDER MYSTICETI
  ナガスクジラ科，Family Balaenopteridae
   ナガスクジラ，fin whale，*Balaenoptera physalus*
   イワシクジラ，sei whale，*Balaenoptera borealis*
   ミンククジラ，minke whale，*Balaenoptera acutorostrata*
   ザトウクジラ，humpback whale，*Megaptera novaeangliae*
 ハクジラ亜目，toothed whales，SUBORDER ODONTOCETI
  マッコウクジラ科，Family Physeteridae
   マッコウクジラ，sperm whale，*Physeter macrocephalus*
  アカボウクジラ科，Family Ziphiidae
   ツチクジラ，Baird's beaked whale，*Berardius bairdii*
  マイルカ科，Family Delphinidae
   シャチ，killer whale，*Orcinus orca*
   コビレゴンドウ，short-finned pilot whale，*Globicephala macrorhynchus*
   カマイルカ，Pacific white-sided dolphin，*Lagenorhynchus obliquidens*
  ネズミイルカ科，Family Phocoenidae
   ネズミイルカ，harbor porpoise，*Phocoena phocoena*
   イシイルカ，Dall's porpoise，*Phocoenoides dalli*
〈鰭脚類 PINNIPEDIA〉
 アザラシ科，Family Phocidae
  アゴヒゲアザラシ，bearded seal，*Erignathus barbatus*
  クラカケアザラシ，ribbon seal，*Histriophoca fasciata*
  ゴマフアザラシ，spotted seal，*Phoca largha*
  ゼニガタアザラシ，harbor seal，*Phoca vitulina*
  ワモンアザラシ，ringed seal，*Pusa hispida*

アシカ科，Family Otariidae
    トド，Steller sea lion，*Eumetopias jubatus*
    キタオットセイ，northern fur seal，*Callorhinus ursinus*
〈その他の海棲哺乳類〉
  食肉目 ORDER CARNIVORA
    イタチ科，Family Mustelidae
      ラッコ，sea otter，*Enhydra lutris*

## 2.3.1 鯨類

(1) ナガスクジラ，fin whale，*Balaenoptera physalus*

　北太平洋全域で見られる。単独やペア，6〜10頭の群れをつくる。成熟個体の体長は17〜24mでシロナガスクジラに次いで大きい。背面が濃い灰色で，V字状の薄い紋様が見える。腹面は白い。顎の色が左右で異なり，右下顎が白で，左下顎が黒い。鎌状で高さ60cmの背びれが吻から3分の2の位置にある。ブローは約6mの高さまでまっすぐ上がる。高速で泳ぎ，滅多に尾びれを見せない。5〜15分ほど潜り，海面に上がると約10〜20秒間隔で4〜5回ブローする。

右側の白い下顎が判別の決め手となる。　　高くブローをあげるナガスクジラ。しぶきを上げて高速で泳ぐこともある。

(2) イワシクジラ，sei whale，*Balaenoptera borealis*

　北太平洋全域に分布するが，夏の摂餌期は亜寒帯海域であり，極域までは行かない。体長は成熟オスで平均14m，成熟メスで平均15m。背面は暗い灰色で腹面が白い。しばしば明色の斑点がある。両下顎は灰色。背びれは高く立ち上がり，目立つ。ブローは高さ3mほどまでまっすぐ上がる。ナガスクジラのブローに形は似るが，低い。高速で泳ぐ。一般的に単独または2〜5頭の群れで見られ

ナガスクジラよりも背びれが立ち上がっているのが特徴。

る。浮上時は吻の先端から水面に上がる。5～30分の潜水をしたのちに2～6回のブローをする。潜水時に，湾曲した背中または尾びれを見せない。ナガスクジラに非常に似ており，近づいて右側の下顎の色を確認しないと判別できない場合も多い。

## (3) ミンククジラ，minke whale，*Balaenoptera acutorostrata*

　北半球に生息する。体長は成熟オスで7m，成熟メスで8mに達する。形態は小さくて，流線型。体色は背面が黒または暗い鉄のような灰色で，腹部は明色。しばしば，V字型の模様が頭部の後ろにある。また，両胸びれに白い模様がある。背びれは高い鎌形で目立っており，吻から3分の2の位置にある。ブローは低くて，霧状で，目立たない。高速で泳ぐ。しばしば船に近づく。単独か2～3頭の群れで見られ，たまにブリーチングする。潜水時間は最大20分であり，浮上後，1分未満の間隔で5～8回のブローをする。尾びれは上げずに潜る。

ブローは見えないことが多い。　　　　　　ミンククジラのブリーチング（三谷，印刷中）

## (4) ザトウクジラ，humpback whale，*Megaptera novaeangliae*

　極域から熱帯域に生息するが，冬の繁殖期は小笠原諸島や沖縄で，夏の摂餌期に北海道周辺海域で見られる。体長は成熟オスで14m，成熟メスで15m。ゴツゴツした体で，頭部にコブが多数見られる。胸びれはとても長く，体長の3分の1もあり，前縁が波状でフジツボが多数寄生している。尾びれは幅広く，後縁は波状で，腹側には複雑な模様があり，個体ごとに異なることから個体識別に用いられる。背面の体色は黒く，喉とお腹に数か所と胸びれ，尾びれに白い部分がある。背

尾びれの腹側の模様や後端のギザギザの形や数が個体ごとに異なっている。

びれは小さく，皮膚が台状に隆起した上に三角形が乗っている。形が多様で，個体識別できる。ブローは広範囲で霧状であり，高さは3mほど。通常2～12頭のグループで集まるが，大きな集団が冬と夏で見られる。ブリーチング，スパイホップ，ロブテイリング（尾びれ叩き）など活発な動きを見せる。3～28分続く潜水の後，20～30秒の間隔で4～10回呼吸する。深い潜水のときに尾びれを見せる傾向がある。

頭部のコブが特徴　　　　　　　　　　　２段になっている背びれ（右側が頭の方向）

(5) マッコウクジラ，sperm whale，*Physeter macrocephalus*

体長は成熟オスで 15 m，成熟メスで 11 m。体長の 3 分の 1 に相当する大きく四角い頭を持ち，頭を除く体にシワがある。色は暗灰色で，腹部に少し明るい斑紋がある。背びれは低いコブ状の隆起。尾びれは三角で，尾柄は太い。ブローは体の中心から左にある単一の噴気孔から左ななめ 45 度の角度で，前方に向かい，その高さは 2～5 m である。メスと子供は 10～80 頭からなる社会グループを形成し，中・低緯度で見られる。成熟オスは若オスの群れを形成する一方，老年のオスはしばしば単独である。最も深く長く潜水する鯨類で，最大 90 分まで潜水し，その後，海表面で 15～60 分ゆっくり遊泳し，一定間隔で呼吸する。潜水するときに尾びれが見られる。

ブローは左 45 度前に向かう（左側が頭の方向）。　尾びれの形や後縁の欠けなどで個体識別ができる。
右側の三角形が背びれ。

(6) ツチクジラ，Baird's beaked whale，*Berardius bairdii*

北太平洋にのみ分布する。体長は成熟オスで 10.4 m，成熟メスで 11.3 m。体は円筒形で，吻は瓶型ではっきりして，長く，前頭部のメロンが目立つ。体色は暗褐色や黒色で，腹部に白い斑紋がある。体表には引っかき傷がある。背びれは小さく，三角形または鎌形である。ブローは低く幅広

背中に傷がある。　　　　　　　　　　　浮上時に瓶のような吻が見えることもある。

い。5〜20頭の群れをつくり，20分以上の潜水をしたのちに，同時に浮上する。その後，20秒間隔で3〜4回の呼吸を行う。浮上時に吻が見えることもある。尾びれをあげて潜水することもある。また海面でブリーチングすることもある。

(7) シャチ，killer whale，*Orcinus orca*

赤道から極域の外洋から沿岸までで見られる。3〜50頭の群れを形成する。体長は成熟オスで6.7〜8m，メス5.7〜6.6m。オスの背びれは最大で1.8mに達する。頭部が丸く，

ツチクジラのブリーチング

吻は不明瞭であり，幅広い胸びれを持つ。体色は黒で，眼の後方，腹部，尾びれの腹側が白い。背びれ後方にはサドルパッチと呼ばれる鞍型で灰色の斑紋があり，形や色の濃さが個体ごとに違うことから，個体識別に用いられている。海面でジャンプしたり，水面を尾びれや胸びれで叩いたり，スパイホップを行う。潜水時間は4〜10分，浮上時には頻繁に呼吸する。噴気は高さ3mほどで低く，広がる。

成熟オス（中央）は高い背びれを持つ。
背びれの後ろにある白斑（サドルパッチ）で個体識別が可能。

スパイホップ

(8) コビレゴンドウ，short-finned pilot whale，*Globicephala macrorhynchus*

北海道にいるのはタッパナガと呼ばれる北方の地方型で，銚子から北海道に分布。南方のマゴンドウと比べ大型で，背びれ後方の鞍型白斑が明瞭。体長はオス7m，メス5mに達する。背びれは幅広く，体の中央より前方に位置する。頭部は丸くて大きいが，短い。体色は全身黒褐色で，背びれ後方には灰色で明瞭なサドルパッチがある。通常20〜40頭の群れで行動するが，時には200頭になることもある。潜水時間は最長15分。

丸い頭部と幅広い背びれ　　　　　　　　　　　背びれ後方にあるサドルパッチ

(9) カマイルカ，Pacific white-sided dolphin，*Lagenorhynchus obliquidens*

　北太平洋に固有で温帯性の種。体長は 1.7～2.3 m。背びれは大きくて前縁が黒，後縁が白い鎌状であり，成熟オスの背びれのほうが湾曲が大きい。吻は不明瞭。背面と吻が灰黒色で体側は青白く，腹側は白い。灰白色の斑紋が体の中央部から胸部全体を通りメロンまで延びる。前頭部からサスペンダーと呼ばれる灰白色の縞が延び，背びれの後方で折れ曲がって体側にある幅の広い帯につながる。集団性で，しばしば数百頭の群れをつくり，他の鯨類やオットセイなどと混群をつくることもある。つねに活発に動き，ジャンプしたり船首波に乗る。

鎌形の背びれが特徴。　　　　　　　　　　船首波や船尾波に乗って，ジャンプする。

(10) ネズミイルカ，harbor porpoise，*Phocoena phocoena*

　北半球の温帯から亜寒帯域にのみ分布し，沿岸性である。体長はオスで 1.4～1.5 m，メスで

背中は黒く，お腹は白い。　　　　　　　　　　黒くて三角形の背びれ

1.5～1.7 m。ずんぐりした体で頭部は丸く，不明瞭な吻を持つ。背びれは小さく，三角形で，背中の中央よりやや後方にある。背面は暗灰色から黒色で，腹側の白い部分に向かってしだいに薄くなる。群れのサイズは 1～2 頭，時に 5～10 頭になることもある。接近は難しく，ジャンプしたり海面に顔を出すことは稀。バウライドもせず，尾びれも見せない。

(11) イシイルカ，Dall's porpoise，*Phocoenoides dalli*

　北太平洋の固有種であり，お腹の白斑が体の中央部までのイシイルカ型と，胸びれの基部まで達するリクゼンイルカ型がいる。体長はリクゼンイルカ型のオスで 1.8～2.1 m，メスで 1.7～2 m であり，イシイルカ型はやや小さい。ずんぐりした体で頭部は小さく，吻は不明瞭。背びれは三角形で，上部と後縁が白い。尾柄にはキールと呼ばれる皮膚の隆起がある。体色は黒色で，腹部と背びれの上部と後縁，尾びれの後縁が白い。ブローは見えず，ルースターテールと呼ばれる V 字状のしぶきをあげて泳ぐ。海面をゆっくり回転するように遊泳することもある。水面上でジャンプすることは稀であるが，よく船首波に乗る。群れのサイズは 2～10 頭のことが多いが，時には大きな群れをつくる。2～4 分の潜水を行い，頻繁に浮上する。

　　イシイルカ型イシイルカ　　　　　　　　リクゼンイルカ型イシイルカ

## 2.3.2　鰭脚類

(1) アゴヒゲアザラシ，bearded seal，*Erignathus barbatus*

　北極，亜北極に生息するアザラシであり，日本沿岸ではほとんど見られない。通常は単独性である。体長は成熟オスが 2.1 m，成熟メスが 2.3 m で，日本で見られるアザラシ科 5 種のうち最も大

前ひれが四角い。(撮影：Tabitha Hui)　　水面では頭と背中を水面から出して泳ぐ。
　　　　　　　　　　　　　　　　　　　(撮影：西條大輔)

きい。体色は褐色から濃灰色で，時に頭部が赤みがかった個体もいる。子供は銀灰色で，顔のTゾーンが暗色。体に比べて顔が小さく，前肢は四角い形をしており，ヒゲが多い。潜水時間は20分以内。

(2) クラカケアザラシ，ribbon seal，*Histriophoca fasciata*

外洋性のアザラシであり，流氷上で繁殖する。日本沿岸では流氷の季節を除いて，ほとんど見られない。体長は成熟オス，成熟メスともに1.5〜1.8 m。体色は暗褐色で，首周りと肩，腰にあるリボンを巻いたような白い帯状模様が特徴だが，メスや未成熟個体ではあまりはっきりしていない。生まれてすぐは白い毛皮をしており，4週間ほどで換毛する。その後，次の換毛までの個体は背面が暗灰色で腹面が銀色の毛皮を持つ。

オスは帯状の模様がはっきりしている。　　　換毛中の未成熟個体。模様は成熟オスより不明瞭。

(3) ゴマフアザラシ，spotted seal，*Phoca largha*

流氷上で繁殖し，日本沿岸では秋から春にかけてよく見られる種である。北海道日本海の天売島，焼尻島，稚内の抜海港，根室海峡の風蓮湖や野付半島，道東太平洋岸の大黒島などで上陸する。体長は成熟オス，成熟メスともに1.6〜1.7 m。体色は灰色で，黒いゴマ模様がある。

岩場に上陸するゴマフアザラシ　　　氷上で出産する。白い毛皮は2〜4週間で抜け換わり，親と同じようなゴマ模様になる。

ゴマフアザラシやゼニガタアザラシ，ワモンアザラシは，写真のように頭だけを出して，水面で休息することがあるが，洋上で種を判別するのはとても難しい。
写真はゴマフアザラシ。

(4) ゼニガタアザラシ，harbor seal, *Phoca vitulina*

　日本沿岸で繁殖する唯一の鰭脚類であり，襟裳岬，道東の厚岸から根室半島にかけての太平洋岸で通年生息する。主な上陸場は襟裳岬，大黒島などである。体長は成熟オスが1.8 m，成熟メスが1.6 m。体色は黄褐色から灰色の明色系と，黒色や褐色の暗色系があり，白い輪模様が散在する。子供も生まれたときから親と同じ模様をしている。潜水は通常5〜8分。

岩場に上陸する。古銭のような模様が特徴。

(5) ワモンアザラシ，ringed seal, *Pusa hispida*

　北極や亜北極に生息するアザラシであり，流氷上で繁殖する。流氷期以外に日本沿岸で見られることは稀である。体長は1.2〜1.5 mで，日本で見られるアザラシ科5種のうち最も小さい。短くて丸い体をしていて，鼻も短い。前肢には発達した爪がある。体色は灰色から暗褐色で，淡い色の輪模様が散在する。繁殖期のオスは顔が黒くなる。子供は白い毛皮で生まれ，4〜6週間で換毛し，背面が暗灰色で側面が銀色の毛皮になる。

輪の模様はゼニガタアザラシに似るが，体長やプロポーションの違いで判別できる。

(6) トド，Steller sea lion, *Eumetopias jubatus*

　オホーツク海，ロシア海域の島嶼などを繁殖場とし，日本沿岸には11〜5月に北海道日本海側と根室海峡を中心に来遊する。沿岸性で，北海道では日本海側の岬や島の岩場などに上陸する。体長は成熟オスが2.8 m，成熟メスが2.3 mで，アシカ科では最大である。成熟オスは年齢とともに首が太く，たてがみが立派になる。体色は薄茶色で，腹側とひれは濃茶色だが，水に入ると全身が褐色に見える。ただ，オットセイと比較すると，より明るい色をしている。休息するときは，片側の前ひれと後ひれを水面に立てて休息する。

群れで泳ぐトド　　　　　　　　　　　トドとオットセイの体サイズ比較。左からトドの成熟オス，キタオットセイの成熟オスと成熟メス。

(7) キタオットセイ，northern fur seal，*Callorhinus ursinus*

　オホーツク海やベーリング海の島嶼を繁殖場とし，日本には11〜5月に来遊する。鰭脚類のうち最も外洋性の種であり，繁殖期以外は上陸しない。体長は成熟オスが2 m，成熟メスが1.4 m。厚い毛皮を持ち，体色は銀灰色から茶色で，喉元は明るい色である。頭部は丸く目が大きく，鼻は短くて円錐形である。成熟オスは首が太く，毛に覆われた頭頂部が目立つ。

左から，成熟オス，新生子，成熟メス。　　　　水中では黒く見える。

水面で休息しているときは，写真のように前ひれと後ひれをあわせて，タイヤが浮いているような形をしている。　　　船が近づくなどして，驚いた場合は，写真のようにポーポイジング（イルカ飛び）をする。

## 2.3.3 その他の海棲哺乳類

ラッコ，sea otter，*Enhydra lutris*

　北海道〜千島列島〜アリューシャン列島〜カリフォルニアに生息する。体長はオス 1.5 m，メス 1.2 m。尾は長くて平ら，後肢は水かき状で，前肢には出し入れ可能な爪がある。頭は丸く，小さな眼，三角形の鼻を持ち，耳たぶが見える。密な毛を持ち，色は暗い茶色から白。頭は色が薄い。老齢個体では頭や首が年とともに白くなる。通常，仰向けに泳ぐが，移動するときは腹を下に泳いだりジャンプしたり，くるくる回転したりする。頻繁にグルーミングし，浮いているときにのみ摂餌する。浮いている間や岩場や砂州に上陸しているときにグルーミング，休息，子供の世話をする。前肢の指や手のひらを使って，採餌，グルーミングを行う。休息のときはラフトと呼ばれる群れになる。1〜2 分の潜水を行う。

鼻の傷で個体識別できることもある。

ラッコの親子

《参考文献》

- 荒井一利．2010．海獣図鑑．文溪堂，東京．
- Committee on Taxonomy. 2018. List of marine mammal species and subspecies. Society for Marine Mammalogy, www.marinemammalscience.org, consulted on *7 June 2019*.
  https://www.marinemammalscience.org/species-information/list-marine-mammal-species-subspecies/
- 加藤秀弘（編）．2008．日本の哺乳類学 ③水生哺乳類．東京大学出版会．東京．
- 三谷曜子．(印刷中)．北海道の海に暮らすミンククジラ *Balaenoptera acutorostrata*．哺乳類科学．
- Ohdachi, SD, Y Ishibashi, MA Iwasa, T Saitoh (Eds.) 2009. The Wild Mammals of Japan. Shoukadoh, Kyoto.
- 笠松不二男・宮下富夫・吉岡基．2009．新版 鯨とイルカのフィールドガイド．東京大学出版会，東京．
- Wynne, K 2007. Guide to Marine Mammals of Alaska (Third Edition). Fairbanks: Alaska Sea Grant College Program, University of Alaska Fairbanks.

## 2.4 ROV（遠隔無人探査機，水中テレビロボット）
山本潤

### 2.4.1 ROVとは?

ROV（Remotely Operated Vehicle）は，船上のコントローラから水中のビークル（vehicle）を遠隔操作（remotely operation）し，人間による潜水では危険な環境（大深度，低温，危険な生物の分布する海域）で観測や作業を行う水中機器である．ROVを使用することにより，水中で起きている現象や生物などの行動を"ありのまま"の状態で観察することができ，その現象の深い理解や新たな視点を得ることができる．さらに，採集器具によってもサンプリングが困難な生物などについて，分布や性状を観察することも可能である．今日，ROVは調査・研究分野のみではなく，海底油田やガス田開発の支援や海底ケーブルの敷設作業を行う大型のWork-class ROV（WCROV）が開発され，世界各地で活躍している．

図2.9　ROV HUBEC。北海道大学水産学部所属の小型ROV。400mまでの探査が可能。

図2.10　ROV HUBOS-2K。北海道大学情報科学研究院所属の2000m級ROV。堆積物中に生息する新種の生物を探索している。

### 2.4.2 ROVのシステム構成と装備

ROVのシステムは，支援船上のコントローラ，テザーケーブル，ビークルから構成されている．

(1) コントローラ（controller）

オペレータは，支援船上のモニタに映されるビークルからの映像やその他の情報（水深，水温，方位，位置情報など）を確認しながら，ビークルのスラスタ（水平・鉛直方向）出力を調整するジョイスティックコントローラを操作してビークルを操縦する．コントローラでは，この他にもライト，カメラの設定（パン，チルト，焦点，絞りなど）や，ビークルに搭載されている各種センサや機器を制御する．

 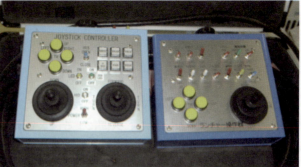

図2.11　HUBOS-2Kの船内コントローラ　　　図2.12　ジョイスティックコントローラ

(2) テザーケーブル（tether cable）
　ビークルと船上のコントローラとを連結するテザーケーブルは，映像伝送，通信，送電などを行う複合ケーブルで，引っ張りによる切断を防ぐために編み込まれた非金属の抗張力体（ケブラーなど）によって補強されている。

(3) ビークル（vehicle）
　目的によってサイズの異なるさまざまなタイプのビークルがあるが，基本的にはカメラ，推進スラスタおよび深度計が装備されている。オプションの装備としては，水温計，傾斜計，方位系，マニュピレータ（manipulator），ロボット・アーム（robot arm），計測用ラインレーザ，ソナーなどがある。

(4) その他の装備
a. ランチャ（launcher）
　目的深度までビークル単独で潜航するタイプと，ランチャ（親機）と合体して目的深度付近でビークルが離脱するタイプ（ランチャ／ビークル型）がある。前述のHUBECは前者，HUBOS-2Kは後者のタイプである。

b. ウインチ（winch）
　小型のビークルは軽量で，テザーケーブルも細いため，人力でもケーブルの巻き取り，繰り出しが可能であるが，大型のROVになるとテザーケーブルが太く重くなるため専用のウインチが必要となる。

c. 音響測位システム（acoustic positioning system）
　支援船の位置はGPSで知ることができるが，水中では電波が届かないためにビークルの位置をGPSなどで測定することができない。そのためビークルに取り付けた音響発信機（トランスポンダ）と，船から降ろした送受信機間で音響信号をやりとりし，その両者の相対位置から水中のビークルの位置を決定するシステムである。

# 第3章 プランクトン・微生物関係

山口篤・今井一郎・平譯享・松野孝平

## はじめに：プランクトン（浮遊生物）について

　海洋生物は生活のしかたにより，ネクトン（遊泳生物），ベントス（底生生物）およびプランクトン（浮遊生物）に分けられる。これらのなかでプランクトンは，海流に逆らって泳ぐほどの遊泳力を持たず，水中や水面を漂いながら生活する生物の総称である。したがって，大きいものはクラゲやマンボウまでもが含まれる。しかしながら，プランクトンは基本的にはサイズの小さい生物が大部分であり，これらは食物連鎖のなかで重要な役割を演じている。

　プランクトンのうち光合成を行うものは植物プランクトンであり，基本的にはナノプランクトンと微小プランクトンのサイズ（2〜200 μm）であるが，一部さらに小さいピコプランクトンのサイズのものが存在する。海洋の植物プランクトンは光合成を行う生物のすべての（分類学上の）門を包含し，極めて多様である。

　植物プランクトンとは異なり，餌を食べ従属栄養生活を送るものは動物プランクトンである。動物プランクトンのうち，原生動物プランクトンは単細胞性のものであり，後生動物プランクトンは主に橈脚類や端脚類などの微小な甲殻類（中型プランクトン）によって構成されている。

　肉眼で観察した場合，直径 0.1 mm 以下の微小な粒子は認識できず，1 mm 程度の物体でも詳細な形態的特徴は把握できない。このように顕微鏡を用いなければ認識不能な大きさ（約 1 mm 以下）の生物は微生物と呼ばれる。したがって微生物は多岐にわたる分類群の生物を包含しており，一部の後生動物，微細藻類（多くの植物プランクトン），真菌，細菌およびウイルスが含まれる。このような背景から，プランクトンの大部分は微生物から構成されていると言える。しかしながら生物生産におけるプランクトンの生物学的機能の観点から，光合成を行うものを植物プランクトン，それらを捕食するものを動物プランクトンと伝統的に呼称してきている。そして，ここでは細菌，真菌，ウイルスを狭義の微生物と呼び，動植物プランクトンと区別して取り扱う。

　海洋の生物生産過程において，植物プランクトンは基礎生産者としてすべての海洋生物に必要な有機物を生産しており，動物プランクトンはそれを食べて（消費者）魚類などのより高次の生物へと生産物を転送する仲介者の役割を演じている。このように，プランクトンは海洋の生態系の基盤を支える極めて重要な生物群と言える。微生物はこのような枠組みにおいて分解者の役割を果たすと位置付けられてきたが，近年は微生物ループを通じて低次生産過程につながっていることが示されている。

## 3.1　採集方法

### 3.1.1　微生物

　微生物試料採集時には，外部からの汚染を避けるための基礎的技術を身につけなければならない。われわれの周囲には，予想以上に多くの目に見えない無数の微生物がおり，それが実験材料に

混入すると実験そのものを無意味にする（とくに細菌やカビの胞子に注意が必要である）。これを避け，正しい実験を行うためには，滅菌と無菌操作の意義をよく理解し，その手技を身につけることが必要である。

滅菌とは，物質中のすべての微生物を殺滅するかまたは除去することである。滅菌には火炎滅菌，乾熱滅菌，煮沸滅菌，常圧蒸気滅菌，高圧蒸気滅菌，濾過滅菌，ガス滅菌，放射線滅菌，化学的滅菌および殺菌灯による滅菌などの方法がある。滅菌しようとする対象物の性状に応じて適切な方法で行う。

---

**微生物研究用採水器の特徴**

微生物研究用採水器は以下の点を充足していることが理想である。

① 試料に不純物が溶出してこない材質，たとえばガラス，テフロン，シリコンゴムなどが望ましい。ゴム，金属，プラスチックなどは時としてトラブルのもとになる。
② 内部を洗浄できる。
③ 滅菌できる。
④ 試料採集後，そのまま容器として使用できる。
⑤ 内部が途中の水に接触しない。
⑥ 採水器を支持するワイヤと採水口があまり近すぎない。
⑦ 採水器内部と外部環境との圧力差が大きすぎない。
⑧ 容量は大きければ大きいほどよい。

---

## 3.1.2 植物プランクトン

植物プランクトンには殻を持つ分類群（珪藻類（けいそうるい）や有殻の渦鞭毛藻類（うずべんもうそうるい）など）と殻を持たない分類群（ラフィド藻，シアノバクテリアや無殻の渦鞭毛藻類，ハプト藻など）がある。生鮮状態で観察できれば最もよいが，固定剤処理をすると，殻を持たない分類群は細胞が収縮したり，破裂したりして，観察は困難である。これを避けるために，植物プランクトンが持つ補助色素が分類群によって異なることを利用して，その補助色素を抽出・定量するのも検出には有効である。植物プランクトンの色素現存量を定量し，分類群組成を解析する方法として，高速液体クロマトグラフィー法（HPLC：High performance liquid chromatography）がある。また他の定量観察法として，蛍光顕微鏡，電子顕微鏡による観察，蛍光光度計を用いた光合成色素の定量法やフローサイトメトリーなどもあるが，ここでは実習として生物顕微鏡で観察しやすい，固定できる殻を持つ植物プランクトンの採集方法について説明する。

CTDに取り付けられたニスキン採水器で所定の水深から採水する（図3.1）。

採取した海水1000 mlを洗浄済みのプラスチックボトルに入れた後，固定液としてホルマリン溶液10 ml（添加後の体積％が約1％になるように）を添加し，ボトルの蓋を閉めて静かに撹拌する。よりマイルドな固定方法として，ルゴール溶液ないしはグルタールアルデヒド溶液などを使う場合もある。

第 3 章　プランクトン・微生物関係

図3.1　CTDとニスキン採水器

　固定後のボトルは静置し，海水中の植物プランクトンを沈殿させる。
　珪藻のなかには複数の細胞による群体を形成する種もあるが，これら大型な群体を形成する珪藻の採集には，次の「動物プランクトン」の項にある双子型 NORPAC ネットの網目 0.10 mm（＝100 μm）のネットによって採集することも有効である。

　また透明度の測定や水色の測定は，海洋表層の光の透過と海水中の物質の質と量の目安となる。透明度の測定には，直径 30 cm の白色の円盤である透明度板（セッキーディスク，図 3.2）を用いる。太陽を背にして透明度板を海面から徐々に沈め，視認できなくなる水深と視認できるようになる水深を測定し，その中間を透明度とする。なお，透明度板のロープやワイヤの傾斜は考慮しない。
　水色計は着色した液体を段階的に並べた比色管で，フォーレル水色計（1〜11 番，図 3.3 左）とウーレ水色計（11〜21 番，図 3.3 右）がある。番号が増えるにともない前者は青色から黄色に推移し，主に外洋で用いられる。後者は黄色から褐色に推移し，主に内湾で用いられる。透明度の約半分の水深において透明度板の色と水色計の色を比較し，最も近い色の番号を水色とする。

図3.2　透明度板

　透明度が高いほど，海中に存在する物質の量（懸濁物，溶存物）は少なく，光は水深方向によく透過する。水色の番号が増えるほど水中の植物プランクトン，懸濁物，溶存物，あるいはそれらすべてが多くなる。プランクトンの異常増殖や集積によって海面が赤色から褐色に着色する「赤潮」に遭遇したとき，「赤潮観察水色カード」（http://www5e.biglobe.ne.jp/~f987/other/akashio/akashio.htm）の色と現場の赤潮の色を比べて，最も近い色を記録・報告する場合もある。

図3.3 左：フォーレル水色計，右：ウーレ水色計（写真提供：株式会社離合社）

亜熱帯水域では青色・高透明度の場合が多い。逆に亜寒帯水域で春季に植物プランクトンの大増殖（ブルーミング）が生じていると，緑色に近く，透明度も低い。透明度の約2.5〜3倍の水深が植物プランクトンにとっての概ねの補償深度とされている。

### 3.1.3 動物プランクトン

動物プランクトンの採集は一般的にプランクトンネットにより行う。北太平洋では1957年に発表されたNORPACネット（ノルパック・ネット，North Pacific Standard Net，北太平洋標準ネット）による水深150mからの鉛直曳き採集[*1]が広く行われ，海域間や年間比較が容易になっている（図3.4）。

以下に，NORPACネットによる採集方法を記す。なお，プランクトンネット曳網時には，網目の目詰まりなどが生じるため，ネットの内部を通過する水の体積は，ネットを付けない場合に比べて少なくなることが多い。そのため網口には，羽根車の回転数を機械的に数えることができる濾水計を取り付け，網を通過する真の水の体積を推定する（図3.5）。

濾水計は，目詰まりが多いとあまり回転しないが，少ないと多く回る。

観測用ウインチを用い，双子型NORPACネット（口径：45cm，長さ：180cm，網目：0.10mmと0.33mm）で150〜0mの鉛直曳き採集を行う。重錘（おもり）は30〜40kgを使用。

図3.4 双子型NORPACネット

① ワイヤ末端にネットを取り付ける。

---

[*1] 水深150mからの鉛直曳きとしている理由は，さまざまな海域におけるデータ比較が可能になるように，太平洋海洋協議会で本ネットによる採集法を，深度150mから1m/秒で鉛直曳きと定めているからである（元田，1957）。

第3章　プランクトン・微生物関係

図3.5　濾水計の取り付け位置とダイヤル

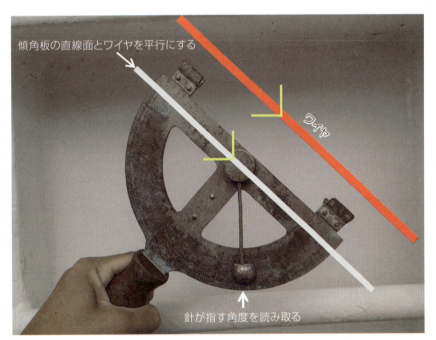

図3.6　傾角測定器

② ネット口部の濾水計のダイヤルを"0"に合わせる（海外製の濾水計には，ゼロに戻せないものもあり，その場合はダイヤル値を記録しておく）。
③ ネット口部が水面に達するまで降ろし，ウインチマンに水面であることを知らせる。
④ ワイヤを150 mまで延ばし，**傾角測定器**で素早く傾角を測り，角度に応じてワイヤをさらに繰り出し，直ちに引き上げる（図3.6）[*2]。引き上げ速度は1 m/秒。傾角と追加した繰り出し

---

[*2] 通常，傾角に応じて繰り出す長さを一覧表として用意しておく。
追加繰り出し長 $W_1$（m）は以下の式で計算できる。

$$W_1 = \frac{W_0}{\cos A} - W_0$$

ここで $W_0$ は当初の繰り出し長（ここでは150 m），$A$ は測定した傾角

長は野帳に記録する（もし，150 m をすぎてワイヤを出し過ぎたときは，やり直しをせずに，そのまま採集する）。
⑤ ネットが水面にきたら，徐々に引き上げ，ホースでネットの外側から海水を注ぎ，ネット内側に付着しているプランクトンを下部のコッドエンドへ洗い落とす。
⑥ 濾水計の回転数を読み，野帳に記録する。
⑦ ネットのコッドエンドから標本を瓶に移す。ネット内に残っている標本をすべて採集するために，再度ネットにホースの海水をかけ，標本を瓶に移す（3 回以上繰り返す）。
⑧ ネットをワイヤから外して収める。
⑨ 標本に中性ホルマリンを，添加後の体積％が約5％になるように添加する。

**濾水計の検定方法**（無網状態で100 m 曳網すると何回転するか点検する方法）は以下のとおりである。濾水計の検定は通常，調査開始時と終了時に行うが，長期航海の場合には途中で何度か行うことが望ましい。

① 濾水計を検定枠（通常は網を付けていないプランクトンネットのリング）に取り付ける。
② 枠をワイヤに取り付け，濾水計の指針ダイヤルを"0"に合わせる。
③ 枠を水面まで延ばし，指針滑車ダイヤルを"0"にする。
④ ワイヤを100 m まで延ばし（素早く傾角を測る），直ちに引き上げる（1 m/秒）。
⑤ 濾水計の回転数を読み，記録する。
⑥ これを 3 回繰り返すが，読み取り値が大きく変化するときは 5 回繰り返す。
⑦ 回転数の平均値などを用いて，100 m 当たりの回転数とする。

**濾水量** $V$ （$m^3$）の算出は下記の式によって行う。

$$V = \frac{N \cdot v}{n}$$

$V$：ネット採集時の濾水量（$m^3$）
$N$：ネット採集時の濾水計の回転数
$v$：検定時の濾水量（ネット口部面積 × 100 m = 3.14 × (0.45 m/2)$^2$ × 100 m = 15.90 $m^3$）
$n$：検定時の濾水計の回転数

採集された動物プランクトンの密度（個体数密度）は通常 1 $m^3$ 当たりの個体数（個体数/$m^3$）で表すことが多い[*3]。

---

[*3] ただし，特定の水深層に分布が集中していることが事前に確かめられているプランクトンや魚類の卵・仔魚を鉛直曳きや傾斜曳きで採集した際の密度は，1 $m^2$ の個体数で表すこともある。その場合，採集された個体数を濾水量（体積）では割らずに，ネット口部面積で割り，さらに濾水率 $T$ を掛けて目詰まりなどを補正する。濾水率の式は

$$T = \frac{N \cdot W_c}{n(W_0 + W_1)}$$

$W_c$ は検定時のワイヤ繰り出し長（ここでは100 m）

## 3.2 観察方法

### 3.2.1 微生物

微生物の生菌数測定法には以下の方法がある。

**(1) 平板培養法**

被検菌浮遊液を適当に希釈し，その一定量を取って寒天平板培地を用いて培養を行い，発生するコロニーを数えて，菌数を知ろうとする方法である。

a. 混釈法

適当に希釈した菌液の一定量（普通 1 ml）を滅菌シャーレに取り，ここにあらかじめ溶解し 45～50℃くらいに冷やした寒天培地を 15 ml くらい注ぎ，直ちにシャーレを静かに動かして菌液を培地に十分に混和してから平板に固まらせる。

b. 表面塗抹法

あらかじめ寒天培地を固まらせ，表面を適度に乾燥させておき，適当に希釈した菌液を一定量（0.1 ml ないしは 0.2 ml）平板上に取り，コンラージ棒を用いて培地の表面が乾くまで塗抹する。

c. メンブランフィルター法

試料中の菌数が少ないことが予想される試料について用いる方法である。孔径 0.2 μm 以下の滅菌フィルターで試料液を濾過した後，このフィルターを直接培地に貼り付けて，フィルター表面に現れるコロニーを計数する方法である。

**(2) 最確数（MPN）法**

試料を滅菌海水で 10 倍シリーズの希釈を行い，各希釈液試料を 1 ml ずつ，5 本の液体培地に接種する。各希釈段階で細菌の発育の見られた試験管数を基に，試料 100 ml 当たりの細菌数を最確数表（5 本立 3 段階希釈。4 段階希釈以上を行った場合には，そのなかの 3 段階希釈のみの結果を取る）で算出する。

### 3.2.2 植物プランクトン

① 試料から適量とる。
② スライドグラスに 1～2 滴落とす（30% グリセリン溶液を 1～2 滴混ぜると乾燥しにくい）。
③ 気泡が入らないようにカバーグラスをかける。
④ 生物顕微鏡を用いて観察・スケッチを行う。

この章で示した採集試料中には，海洋で最も普遍的に出現する珪藻類や渦鞭毛藻類が観察できる。

## (1) 珪藻類（Diatom）

珪藻は単細胞藻の1つであるが，群体をつくって生活するものも多い。プランクトンとして存在するものの他に，岩や海草類の表面に付着するものや，砂質底の表面や間隙水中に生息するものもいる。細胞は被殻（frustule）と呼ばれる，ペトリ皿のように上下が入れ子になった珪酸質の2つの箱形からなる，堅い構造物で包まれている。含有色素は，クロロフィル $a$ と c1，c2 の他，カロチノイド系色素があり，黄色から茶色がかった細胞質を持つ。

被殻の蓋殻表面には精緻な彫刻模様があり，基本的に次にあげる4型に分類できる。

① 円心構造（centric and radial）：中心点から同心的および放散状に構造が展開する。
② 角心構造（gonoid）：複数の角から幾何学的に構造が発達する。
③ 羽状構造（pennate）：構造は頂軸線について対称的である。
④ 格子構造（trellisoid）：構造線が1縁から他縁に向かって整列する。

一般に珪藻は，円心目（Centrales，中心目とも言う）と羽状目（Pennales）の2大群に分けられる（図3.7）[*4]。円心目は，円心構造か角心構造の被殻を持ち，多数の色素体があるが，縦溝はなく滑走運動はできない。羽状目は，羽状構造か格子構造の蓋殻を持ち，色素体は1個または2個のものが多く，縦溝を持つものは滑走運動をする。

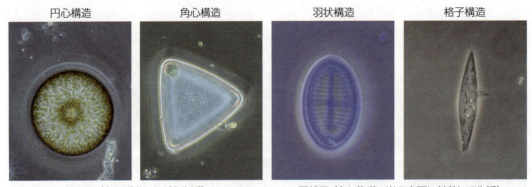

円心構造　　　角心構造　　　羽状構造　　　格子構造

円心目（主に浮遊しながら生活）　　　羽状目（主に海藻・岩の表面に付着して生活）

図3.7　珪藻類の被殻

## (2) 渦鞭毛藻類（Dinoflagellate）

渦鞭毛藻類の基本的な特徴は，2本の鞭毛を持つことである。その1本は縦鞭毛と呼ばれ，細胞腹面ほぼ中央より出て後方に延びるムチ型鞭毛であり，もう1本は横鞭毛と呼ばれ，縦鞭毛のすぐ上から出て細胞を一周する片羽型鞭毛である。色素体は3層のチラコイドよりなり，ピレノイドを有し，クロロフィル $a$ と $c$，$\beta$-カロチン，ペリディニン，キサントフィルなどを持つため，細胞は黄褐色から緑黄色あるいは橙色を呈する。光合成色素をまったく欠く従属栄養（heterotroph）の種

---

[*4] 珪藻は円心目（または中心目）と羽状目に分けられてきた。電子顕微鏡観察による微細構造や細胞内小器官の配列様式，生殖細胞のタイプ，DNA塩基対配列による系統解析などにより，近年はコアミ珪藻，チュウカン珪藻，クサリ珪藻の3群への分類が提案されている。

も含まれるため，古くは動物界の原生動物門に分類されたこともある。

多くの渦鞭毛藻類はセルロース質の2枚あるいはそれ以上の鎧板(よろいばん)（thecal plate）で構成された細胞外皮を持つ（有殻渦鞭毛藻）が，これらをまったく欠くもの（無殻渦鞭毛藻）もある（図3.8）。

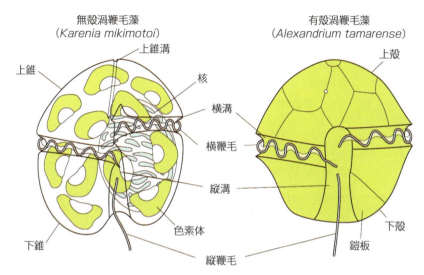

図3.8　渦鞭毛藻類の形態（元広島県水産試験場　高山晴義博士より）

## 3.2.3　動物プランクトン

採集した動物プランクトンは，シャーレなどに入れて実体顕微鏡下にて観察を行う。カイアシ類などの甲殻類の付属肢の観察には，個体をシャーレに取り，解剖針を用いて口器・付属肢を切り離す。カイアシ類を解剖する場合は，標本をあお向けにして，まず1本の解剖針で口器のあたりを押さえ，標本を固定する。次に，もう1本の針で第5遊泳肢から順に切り離していく。切り離した付属肢は，別々に，あらかじめ30％グリセリン溶液を1滴ずつ滴下しておいたスライドグラス上に置き，小さいカバーグラス（5×5mm）を乗せる。染色剤としては，メチルブルーあるいはニュートラルレッドなどを用いる。

NORPACネット採集による試料中には，海洋で最も普遍的に出現するカイアシ類とヤムシ類が観察できる。

### (1) カイアシ類（Copepoda）

カイアシ類（図3.9）は，海洋や湖沼の主要なプランクトンを構成する甲殻類の仲間で，多くのものは数mmにも満たない極めて微小な生物群である。橈脚類の体構造は頭部（head），胸部（thorax），腹部（abdomen）からなり，頭部には第1触角（antennule），第2触角（antenna），大顎（だいがく）（mandible），第1下顎（かがく）（maxillule），第2下顎（maxilla），顎脚（がっきゃく）（maxilliped）が，胸部には一節ごとに胸脚（peraeopod）あるいは遊泳肢（swimming leg）がそれぞれ付属肢として存在し，腹部は

付属肢を伴わない。胸脚は基節末端から外方へ外肢が突き出た二肢型付属肢（biramous）である。これら体構造は，カイアシ類亜綱に含まれる各種間で極めて類似しているため，各付属肢の形態が重要な分類形質となる。

　プランクトンとして出現する他，ベントスに含まれるもの，あるいは寄生性，陸生の種も含まれる。通常，海洋の漂泳区にはカラヌス目（Calanoida），キクロプス目（Cyclopoida），ハルパクチクス目（Harpactioida），ポエキロストム目（Poecilostomatoida）の種が出現する。

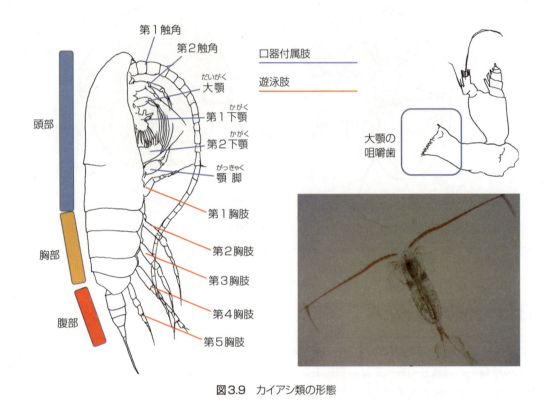

図3.9　カイアシ類の形態

## (2) ヤムシ類（Chaetognatha）

　ヤムシ類（図3.10）はその形状から「矢虫（arrow worm）」と呼ばれる。学名は顎に生えた捕獲用の刺のラテン語に由来しており，日本語では毛顎類とも呼ばれる。身体は細長く，背腹にやや扁平な円筒形であり，頭部（head），胴部（trunk），尾部（tail）に分かれる。尾部はさらに懸腸膜（main septum）により左右に二分される。ヤムシ類は海洋に広く分布し，特定の水塊に特定の種が出現することから，水塊の指標種（indicator species）とされることがある。たとえば *Sagitta enflata* は黒潮系水の，*Sagitta elegans* は親潮系水の指標となる。動物プランクトンのなかでは比較的大型で，数cmに達するものもある。典型的な肉食者であり，顎毛からはテトロドトキシンを分泌して獲物（とくにカイアシ類など）を殺してから飲み込む。

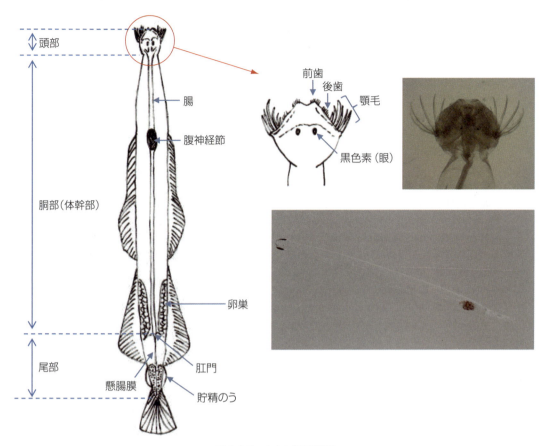

図3.10　ヤムシ類の形態

《種名リストなど》

　北海道近海における植物プランクトン・動物プランクトンの出現種リストとして，以下の論文が挙げられる。また，これまで西日本で赤潮を形成していた種が北海道沿岸でも検出され，函館湾では赤潮の発生と魚介類の斃死が確認され報告されている。

- 太平洋岸噴火湾における動・植物プランクトン（箕田・富士，1982）
- 太平洋岸噴火湾におけるカイアシ類（平川，1983）
- 日本海忍路湾における植物プランクトン（福井ほか，2010）
- 噴火湾における赤潮ラフィド藻ヘテロシグマおよびディクティオカ藻ヴィシシトゥスの確認と季節的消長の把握（夏池ほか，2012，2015）
- 余市沿岸における赤潮ラフィド藻シャットネラと赤潮渦鞭毛藻コクロディニウムの確認（Shimada et al., 2016）
- 函館湾における赤潮渦鞭毛藻カレニアやヘテロシグマによる赤潮の発生と個体群動態の解明（嶋田ほか，2016；各務ほか，2018；夏池ほか，2019）
- 北海道周辺4海域におけるカイアシ類以外の動物プランクトン（Tomiyama et al., 2017）

《参考文献》

- 元田茂（1957）北太平洋標準プランクトンネットについて．日本プランクトン研連報 **4**：13–15.
- 箕田嵩・富士昭（1982）噴火湾の動物群集．沿岸海洋研究ノート **20**：94–105.
- 平川和正（1983）噴火湾水域における浮游性橈脚類の季節分布並びに *Calanus pacificus*, *Calanus plumchrus* および *Eucalanus bungii bungii* の生活史に関する研究．北海道大学博士論文，函館，48p.
- 福井大介・北辻さほ・池田勉・志賀直信・山口篤（2010）北海道忍路湾におけるネット植物プランクトン群集の長期変動（1984–2004年）．日本プランクトン学会報 **57**：30–40.
- 夏池真史・金森誠・馬場勝寿・山口篤・今井一郎（2012）噴火湾における球形シャットネラ *Chattonella globosa* の初報告．北海道大学水産科学研究彙報 **62**：9–13.
- 夏池真史・金森誠・馬場勝寿・山口篤・今井一郎（2015）北海道噴火湾における有害赤潮形成ラフィド藻 *Heterosigma akashiwo* の季節変動．日本プランクトン学会報 **62**：1–7.
- Shimada, H, S Sakamoto, M Yamaguchi and I Imai (2016) First record of two warm-water HAB species *Chattonella marina* (Raphidophyceae) and *Cochlodinium polykrikoides* (Dinophyceae) on the west coast of Hokkaido, northern Japan in summer 2014. *Regional Studies in Marine Science* **7**：111–117.
- 嶋田宏・金森誠・吉田秀嗣・今井一郎（2016）2015年秋季北海道函館湾における *Karenia mikimotoi* による有害赤潮の初記録．日本水産学会誌 **82**：934–938.
- Tomiyama, K, K Matsuno, Y Abe, H Shimada and A Yamaguchi (2017) Inter-oceanic differences in macrozooplankton biomas and community structure in four regions around Hokkaido Island, Japan: consequences for marine ecosystem structure. *Bulletin of Fisheries Sciences, Hokkaido University* **67**：25–34.
- 各務彰記・森田航也・嶋田宏・山口篤・今井一郎（2018）2015年夏季北海道函館湾における有害渦鞭毛藻 *Karenia mikimotoi* の初検出および2015–2016年の出現動態．日本プランクトン学会報 **65**：1–11.
- 夏池真史・金森誠・嶋田宏（2019）2018年の函館湾における有害ラフィド藻 *Heterosigma akashiwo* の季節変動および赤潮発生状況について．北海道水産試験場研究報告 **96**：11–17.

# 第4章 漁具

## 4.1 トロール漁具
藤森康澄

### 4.1.1 トロール漁具の概要

　トロール（Trawl）とは，わが国では通常オッターボード（拡網板または開口板）を用いるオッター・トロール（図4.1）を意味しているが，東北，北海道地方の一部では機船底曳網漁業に属するかけまわし網，オッター・トロールの両者をともに，古くからトロールと呼んでいるところもある。また，トロールという英語も元来，底曳き，中層曳き，表層曳きを問わず，さらにはオッターボードの使用・不使用，動力が人力，風力，機力の何れであるか，曳船が1艘であるか2艘以上であるかを問わず，一切の「曳き網」ならびにそれによる漁業を指すものとされている。ただし，一般にかけまわし網は拡網板を用いるトロールと区別され，まき網に分類される地曳網（Beach seine）や巾着網（Purse seine）と同様に Danish seine の名で呼ばれていることに注意しておく必要がある。

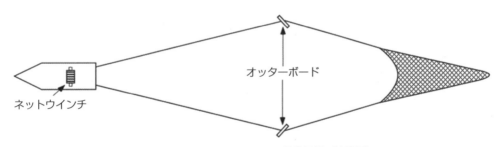

図4.1　オッター・トロールの操業概観（俯瞰図）

　上記のようにトロールという言葉は，広く曳き網一般を呼称するものであるが，欧米においても，この種の曳き網漁業のなかで優占するのは，オッターボードを使用し，底曳きを主体とするオッター・トロール（着底トロール）である（図4.2）。

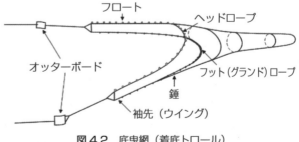

図4.2　底曳網（着底トロール）

　したがって，普通にトローラーといえばこの種の網を曳く船を指すことが多いが，この他に中層トロール（Pelagic trawl，図4.3）やオッターボードを使用しないビームトロール，2艘の船で曳航される2艘曳き（Pair trawl，Bull trawl）や2つの網を並列で曳く2統曳き（Double rigger）なども含まれる。

なお，この他に資源量調査で用いられる大型の動物プランクトンや稚仔魚を採集するための小型トロールがある（図4.4）。主なものは，その網口が剛体の枠などで構成されており，大きいもので口径2m四方程度となる。これらはフレームトロールと総称され，錘で沈降させるタイプ（図左）と，潜航板

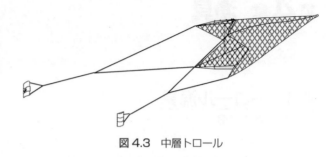

図4.3　中層トロール

と呼ばれる抵抗体を用いて沈降させるタイプ（図右）がある。これらのトロールを日本ではビームトロールと称する場合があるが，一般にビームトロールとは，桁（sled）や竿（beam）などにより拡網を行うものであり，厳密にはフレームトロールと構造が異なる点に留意する必要がある。また，古くから使用されているものとしては，ネット上部を金属バーに固定して，ネット下部に接続された潜航板で網口を拡げるIKMT（Issacs Kidd Midwater Trawl）がある。

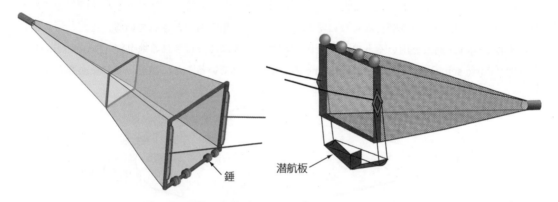

図4.4　稚仔魚採集用トロール（左：FMT，右：MOHT）

## 4.1.2　網形状モニタ装置と用途

　網形状モニタ装置とは，トロール網の開口部の開き具合をリアルタイムでモニタするために開発された装置である。有名なものにスキャンマー（SCANMAR社）やITI（SIMRAD社）がある。これらは複数のセンサで構成され，主によく使用されるものでは網水深センサ，オッターボードあるいはトロールの網口の幅となる袖先（Wing）の間隔を計るディスタンス・センサ，網口の高さを知るためのハイト・センサがある（図4.5）。この他には，魚の入網を知るためのキャッチ・センサや網にかかる張力を計るためのセンサ，網の着底を検知するセンサなどもある。とくに，網口の高さは網の開き具合を知るための指標として重要である。これらのセンサの計測値は，音波により船側の受信用マイクロフォンに送信され，船上の装置にリアルタイムで表示される。同様な目的を持つ装置としては，他にネットゾンデ（古野電気）などがあり，日本の商業船ではこれらがよく利用されているが，スキャンマーはより精度の高い網のコントロールを目的として開発された装置であり，北米やヨーロッパの漁業ではこれらが積極的に利用されている。また，日本においてもほとんどの調査船に装備されている。資源量調査の場合，これらの装置を用いることにより網口の高さや

幅がわかるため，着底トロールの場合では網の掃過面積（網口幅×曳網距離），中層トロールの場合では曳網体積（網口面積×曳網距離）を求めることができ，対象生物の生息密度の推定を行うことができる．なお，着底トロールの場合，曳網距離は網が海底を移動した距離であるため，網の対地速度×曳網時間，あるいは単純には曳網開始地点と終了地点の位置をGPSから求め，その差から算出すればよい．一方，中層トロールの場合には曳網距離は対水速度×曳網時間で求める必要がある．これは水に対する網の相対的な移動距離を表す．なお，中層トロールの網口面積は，網口幅または袖先間隔と網口高さをもとにした楕円で近似して求めることが多い．ただし，網口の状態は曳網条件によって変化するため，以降で示す方法であらかじめ用いる網の形状の特性を把握しておくことが望ましい．

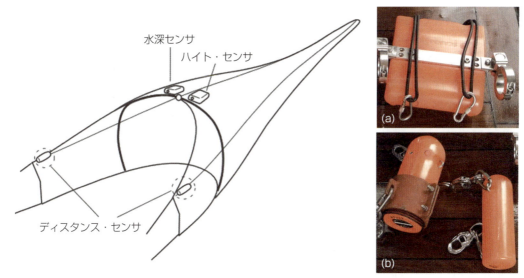

図 4.5　網形状モニタのセンサ装着例
(a) 水深・水温センサ（SCANMAR 社），(b) ディスタンス・センサ（SCANMAR 社）

## 4.1.3　トロール網の曳網時の形状特性を調べる実験例

　トロール網は大きく分けて，漁具の本体である網の部分，網口を拡げるオッターボード，網部を曳くための曳網索の3つの部分から成っている．ここでは，着底トロールを例に挙げて説明する．着底トロールは，底層に生息する魚を対象として用いられる漁具である．着底トロールでは，オッターボードの流水抵抗（抗力）に加えて接地時の海底との摩擦力によって網口を広げる．このため，操業を適切に行うためには，オッターボードと網を確実に着底させることが必要となり，使用する漁具において，操業する海域の海底水深に対してどの程度曳網索（以下，ワープと呼ぶ）を繰り出せば適切に着底するかを把握しておく必要がある．ただし，着底に必要なワープ長は曳網速度によっても変化する．一般に，着底トロールは船速 3 kt（ノット）程度（中層トロールでは 4 kt 程度）で曳網されるが，対象生物によって変えることもあり，そのような場合はワープ長も変更する必要がある．そこで，ここでは異なる船速において着底に必要なワープ長がどのように変化するかを調べ，さらに，そのときの網口高さの変化を調べる方法を説明する．なお，中層トロールを対象

とした場合でも，基本的には同様な方法で形状特性を調べることができる。

## (1) 実験方法

① まず，網口高さを把握するために必要な網各部の深度を計測するために各オッターボード，網口部（ヘッドロープ中央，グランドロープ中央，図4.2参照）にメモリ式深度計（計測間隔1分以下）を装着する。また，網口幅や曳網中の網深度をモニタするためにスキャンマーなどの網形状モニタ装置を装着する（図4.5を参照）。

② 1条件の曳網を10分（網深度が安定してからの時間）とし，船速を2.0，3.0，4.0 ktのように段階的に変えるとともに，ワープ長についても海底水深の2.5倍，3.0倍，3.5倍のように段階的に変化させ，各条件における曳網中の網深度，網口幅，網高さ（網口高さ）を網形状モニタ装置で計測する。通常，網形状モニタ装置の計測値はパソコンなどにロギングされるため，詳細なデータは実験後に回収できる。そのため，ここでは実験中の曳網状態を把握することを目的として表示器から1分間隔程度で読み取り，記録しておく。

③ 揚網後，操業の野帳記録の各条件での操業時間から，計測された各データを条件ごとに区分する。なお，スキャンマーなどのモニタ装置の測定精度は±1 mほどであるため，深度に関する解析（網深度，網高さ）ではメモリ式深度計のデータを用いたほうがよい。

## (2) 解析例と結果の解釈

- 曳網条件と網深度の関係：グランドロープ中央およびオッターボードに取り付けたメモリ式深度計のデータをそれぞれ網深度，オッターボード深度として，図4.6aで示された図を曳網速度別に作成し，その傾向を比較する。なお，データには網深度が安定してからの10分間の測定値の平均値を用いる。

- 曳網条件と網高さの関係：ヘッドロープ中央およびグランドロープ中央に取り付けた各メモリ式深度計の計測値の差を網高さとし，図4.6bの図を曳網速度別に作成し，その傾向を比較する。なお，データには網深度が安定してからの10分間の測定値の平均値を用いる。

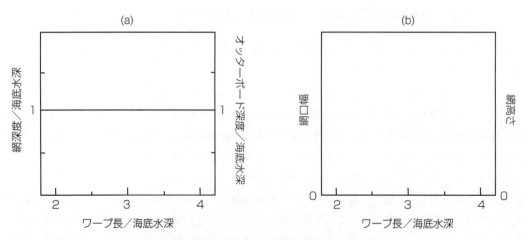

図4.6 各部の深度とワープ長の関係の比較方法

通常，船速が速くなれば，オッターボードの水に対する抗力（着底している場合にはオッターボードと海底との間に働く摩擦力も加わる）が増加して網口を横に開く方向に力が働くとともに，網の抗力も同時に増加するため，網は浮き上がる。一方，ワープ長を長くした場合には網深度は当然深くなり，また，オッターボードが広がろうとするために網口は横に開きやすくなる。このように曳網速度とワープ長の変化に応じて網口の形状も変化する。

次に，漁獲との関係を考えると，網口が横に開きすぎて網高さが低くなることは，魚を網の上方向へ逃避させやすくすることから，好ましくない。ただし，網が確実に着底していない場合には，網の下方向への魚の逃避を生じさせる。一方，曳網速度が速ければ魚は逃げにくくなる。つまり，船速と網口形状とは漁獲効率を出力とした場合，トレードオフの関係を持っている。したがって，確実に魚を捕らえるためには，これらの条件のバランスを十分に考える必要がある。

## 4.2 刺網漁具
藤森康澄

刺網漁具は運用が簡便であることから，広く普及しており，また，古くから生物資源調査にも用いられてきた。一概に刺網といっても，対象とする生物や場所に応じてその構造は多様である。大きくは，固定式刺網（fixed gillnet，図4.7）と流し網（driftnet，図4.8）に分けられるが，単に刺網と呼ぶ場合には前者を指す。固定式刺網とは錨などで特定の位置に固定して用いる刺網であり，流し網（流し刺網）とは網の位置を固定せず，風力や潮流によって流して使用する刺網をいう。また，固定式刺網には海底に敷設する底刺網（bottom gillnet）と海底から浮かせて敷設する浮き刺網（floating gillnet）があり，流し網には表層を流す表層流し網（pelagic driftnet）と海面の浮きにより表層から数十 m 海中に網を垂下して流す中層流し網（midwater driftnet）がある。この他に，海底上を流してエビなどの底生生物を漁獲する底流し網（bottom driftnet）などもある。

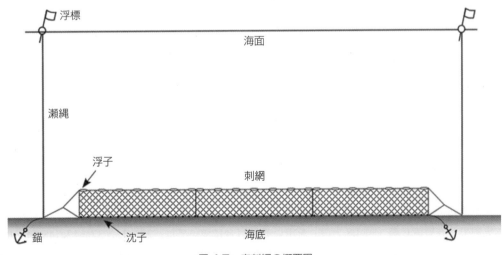

図 4.7　底刺網の概要図

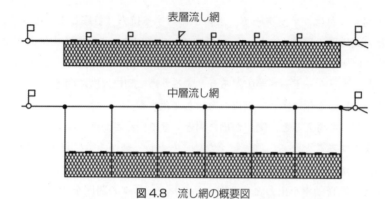

図4.8 流し網の概要図

固定式刺網の形態には，1枚網（gillnet），2枚網（semi-trammel net）および3枚網（trammel net）の3種類があるが，一般には1枚網と3枚網がよく使われている。1枚網の構造は浮子綱と沈子綱の間に1枚の網地（身網）が張られた単純なものである。一方，3枚網では目合の小さい網地の両側に目合の大きい網地を張り合わせた3重構造（図4.9）となっている。なお，内側の網（内網または小目網と呼ぶ）の丈は外側の網（外網または大目網と呼ぶ）の丈

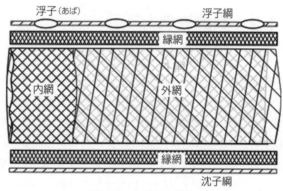

図4.9 3枚網の構造

よりも長いため，内側の網にはたるみ（slackness）がある。また，2枚網は3枚網の外網の片側を外した構造となる。刺網の漁獲機能は，主に魚を網目に刺させることにあるが，甲殻類では絡ませて獲ることが一般的である。ただし，2枚網，3枚網は魚類に対しても絡ませて獲ることを目的としているため，纏絡網（entangle net）とも呼ばれる。なお，刺網への魚の掛かりかたは主に以下の3種類に分類される。①刺し（wedged）：魚体が網目により保持された状態，②鰓がかり（gilled）：鰓蓋に網目が引っ掛かった状態，③絡み（tangled）：歯や棘，鰭などの魚体上の突起物により絡まった状態。以降では，実際に刺網漁具を用いて生物調査を行う方法について説明する。

### 4.2.1 流し網を用いた生物分布の調査

流し網による魚類採集を行い，太平洋東北沖合域におけるサンマをはじめとする浮魚類の分布を調べる。

**(1) 実験方法**

本実験では表層流し網（図4.8上段）を用いる。目合については，25，33，37，42，48 mmの5種類をそれぞれ2反ずつ使用する（37 mmは4反）。反とは刺網の網数の単位である。こうした調査での使用目合の選定は，対象生物のサイズ範囲と網の目合による**網目選択性**（図4.10）を考慮した上で行う必要がある。上記の目合において，37 mmはサンマの漁獲に適した目合と考えられ，

25 mm はサンマのサイズに対して過小，48 mm は多少過大な目合となる。操業においては，これらの網を連結して用いるが，この際，連結の順番は 37-25-37-33-42-48（2 反）-25-37-33-42-37 のように同じ目合の網を離して配置する。これは，魚の網への来遊場所による漁獲機会の偏りをできるだけ減らすためである。なお，多くの漁獲を見込めない目合である 48 mm は中央部に 2 反配置する。投網は夜間，揚網は翌朝 6 時頃とし，浸漬時間をおよそ 10 時間程度とする。また，網には揚網時の網の探索のため GPS ブイ（図 4.11）を取り付ける。

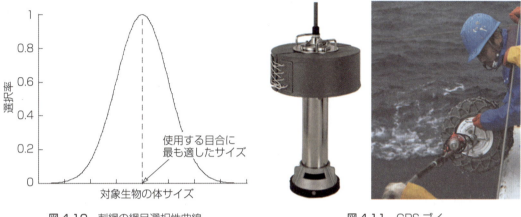

図 4.10　刺網の網目選択性曲線　　　　　図 4.11　GPS ブイ

採集された魚を網の目合別に分別し，体長，体重を計測する。計測する体長部位は，サンマの場合は肉体長（下顎先端より尾びれ肉質部後端，図 4.12）であり，マイワシなどは被鱗体長，サバ類（マサバとゴマサバ）は尾叉長となる。最大胴周については，漁獲尾数が多い場合には適当な数を任意抽出して計測する。

図 4.12　サンマの測定部位

(2) 解析方法

解析は調査点別（操業別）のデータに対して以下の項目に従って行う。

① 体長，体重の度数分布（地点別）

得られた漁獲データ（体長，体重）から，体長および体重の度数分布表を作成する。表を作成する前に階級数と階級幅をあらかじめ求めておく。

度数分布表の階級数と階級幅は，スタージェスの公式より

$$階級数 \approx 1 + \frac{\log N}{\log 2} = 1 + 3.32 \log_{10} N$$

$$階級幅 \approx \frac{D_{\max} - D_{\min}}{階級数}$$

となる。ここで，$N$ は測定データ数，$D_{\max}$ は測定データの最大値，$D_{\min}$ は測定データの最小値である。階級数の値は，たとえば，10個体しか漁獲されなかった場合は4.32となって，端数が出る。このような場合は4（整数値）とする。なお，この方法で階級幅を決める場合，複数の魚種があると，魚種ごとに階級幅が異なってしまう可能性がある。そのため，経験的に階級幅を0.5cmあるいは1.0cmに統一することが多いが，上記の方法による客観的判断も加えて検討したほうがよい。また，階級幅は測定した体長の有効数値より精度を良くしても意味がない。たとえば，1cmの精度で得た体長の階級幅は，1cm以下にはできない。階級幅を変更した場合は，階級数の値が変わる。階級幅と階級数を決定したら，度数分布表で集計し，各階級の個数を全個体数で割って相対度数を求める。横軸に体長あるいは体重，縦軸に相対度数（個体数割合（％））をとって度数分布図（ヒストグラム）を描く。

② 体長・体重の平均値と標準偏差（目合別・地点別）

計測した標本データを用いて母集団の分散を推定し，データのばらつき具合を見るために，標準偏差を求める。この結果を地点別だけでなく目合別でも比較して，各目合の選択性の傾向を確認する。

③ 体長と体重の相関（地点別）

漁獲データから，体長と体重の関係を表す散布図を作成する。横軸に体長（cm），縦軸に体重（g）をとってデータをプロットし，さらに関係式を求める。一般に，体重 $W$ と体長 $L$ の関係は指数曲線 $W = aL^b$ で表現される。$b$ は成長にともなう魚体形状の変化の指標であり，この値が3よりも小さい場合は体長増加に対して重量の増加は小さいといえる。また，3よりも大きい場合はこの逆であり，3に等しくなる場合は，体長，重量の増加頻度は等しく，プロポーション（体型）のバランスが大型魚と小型魚で変わらないといえる。

④ Fulton's Condition Factor による肥満度（地点別）

メトリック単位（mm，g）でのフルトンの肥満度指数は次式で計算される。

$$C = (W/L^3) \times 10000$$

$C$ の値は③での $b$ が3よりも大きくなるような条件では，体長に比例して顕著に増加する。そこで，ここでは全個体について $C$ を求め，ヒストグラムを作成する。

(3) 結果のまとめかた

① 漁獲された種ごとの体長・体重分布の目合別・地点別比較

体長・体重のヒストグラムを示して，これについて説明する。図には横軸・縦軸名を入れ，単位のある軸は，軸名の右隣にカッコ書きで単位を記入し，図名を書くことを忘れないようにする。得

られたヒストグラムから，課題種の体長・体重が正規分布をなしているかは，正規分布に対する適合度検定を行う。また，体長・体重の平均値と標準偏差の値を記述する。これらを基に，地点別の漁獲体長の傾向について見る。

② 肥満度の地点別比較

　地点別の変化があれば，考察する。

③ CPUE（Catch Per Unit Effort, 努力量あたり漁獲量）の算出

　目合ごとの総漁獲尾数に対して1反あたりの漁獲尾数，重量を種ごとに求める。

④ その他

- 目合と最頻漁獲体長の関係から，網目の選択性について考察する。
- CTD観測による水温や表層水温との比較から，対象生物の空間分布の特徴の説明を試みる。

《参考文献》

- 金田禎之（2005）和文英文 日本の漁業と漁法．成山堂書店，東京，11–95.
- 秋山清二他28名（2016）第4章　漁業生産水産海洋ハンドブック（竹内俊郎他 編）．生物研究社，東京，201–293.
- Nedelec, C and J Prado (1990) Definition and classification of fishing gear categories. FAO Fisheries Technical Paper 222, 92pp.
- 藤森康澄（2002）刺網などの釣鐘形選択性曲線（平成13年度資源評価体制確立推進事業報告書，資源解析手法教科書―補遺集―）．日本水産資源保護協会，東京，85–105.

## 4.3　延縄釣具類

清水晋

　釣漁具は1針1尾（1本の釣針で1尾の魚を釣獲する）の基本があり，**1本釣具類**と**延縄釣具類**に分けられる。1本釣具類には，遊漁でよく使われる**竿釣具**（図4.13）が含まれ，糸に釣針を1本または数本付けて，魚が釣針に掛かる都度，船上に魚を取り込む。

　これに対し，延縄釣具類では**枝糸**または**枝縄**に釣針を結び付け，長い**幹縄**に多数の釣針を等間隔で取り付け，それぞれの釣針に魚が掛かるのを待って一度に多数の魚を釣り上げる。このため，操業前に多数の釣針に餌を付ける作業，長い幹縄の**投縄**（とうなわ，なげなわ），**揚縄**作業，操業後に絡んだ枝糸または枝縄や幹縄の整頓が必要である。延縄釣具類は**1鉢**を単位として取り扱われ，投入された一続きの延縄を**1放ち**といい，投縄後，揚縄開始までの魚が釣針に食いつくのを待つ時間を**縄待ち時間**という。漁業管理においては1鉢あたりの釣針数や使用鉢数が

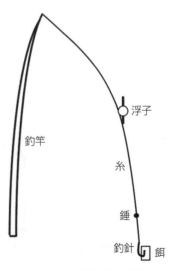

図4.13　竿釣具の一例

決められる．

### 4.3.1 延縄釣具類の分類

延縄釣具類は対象魚の生息水深に釣針を設置するため，表中層魚を対象にする浮延縄，中層魚を対象にする中層延縄，底生魚（または底棲魚）を対象にする底延縄の3種類に分けられる．

#### (1) 浮延縄

浮延縄は海面の浮玉から浮縄を下ろし，幹縄にこの浮縄を等間隔に取り付けて幹縄を吊り下げ，浮縄長と幹縄の垂れ下がりによって釣針の設置水深を調整する（図4.14）．カジキ・マグロ類を対象魚とするマグロ延縄が代表的で，通常，浮玉を接続した間（浮玉間，1鉢）の幹縄に枝縄を5本付けし，枝縄間隔（枝間）は50mである．深層に分布するメバチマグロなどを対象魚にする場合，深縄と呼ばれ，浮玉間に枝縄を19本付けする．表層に生息するカジキ類を対象魚にする場合には，浅縄と言い，浮玉間に枝縄を3または4本付けし，枝縄間隔（枝間）は40m程度に短くする．釣餌には冷凍のイカやサンマ，サバ1尾を釣針につけるが，沿岸マグロ延縄では活イカを生きたまま使用する．

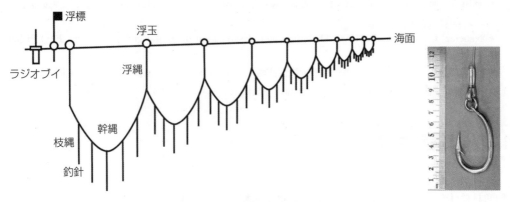

図4.14　浮延縄（マグロ延縄）操業図とマグロ釣針3.8寸

#### (2) 中層延縄

水深100～200mに分布するスケトウダラ産卵群を対象魚とする場合，中層延縄が使われる．浮延縄と同様に浮樽から浮縄を下ろし，幹縄にこの浮縄を5鉢ごと等間隔に取り付けて幹縄を吊り下

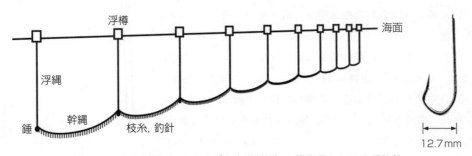

図4.15　中層延縄（スケトウダラ中層延縄）の操業図とタラ7号釣針

げる(図4.15)。浮樽を使用するのは,100〜200 mの長い浮縄を浮樽に巻き付けておくためである。釣針の水深調節は浮縄の長短で行い,幹縄をたるませないように投縄する。1鉢ごとに巻いた幹縄を絡まないようにざるに置き,枝間0.5 mで100本のタラ7号釣針を付け,枝糸は0.5 mである。釣餌に冷凍のイカやサンマを輪切りにして使用する。

### (3) 底延縄

底延縄は幹縄が着底するように鉢のつなぎ目ごとに錘を取り付け,幹縄の両端には捨縄を介して棒錨(ぼういかり)を付ける。布設した底延縄を揚縄するため棒錨に水深の2倍程度の長さの瀬縄(せなわ)を付け,これを浮標(ふひょう)または梵天(ぼんでん)に接続する(図4.16)。1鉢ごとに巻いた幹縄(60 m程度)を絡まないようにざるに置く。カレイ類で枝間0.7 m,カレイ4号釣針80本付け,枝糸0.5 mであり,マダラでは枝間1.5 m,タラ12号釣針40本付け,枝糸1 mである。釣餌には冷凍イカの輪切りを使用することが多い。

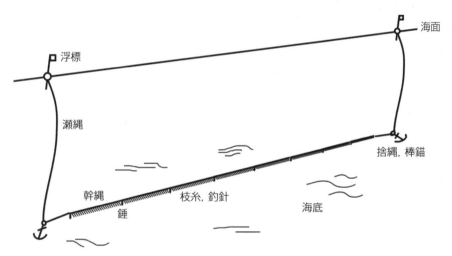

図4.16 底延縄(マダラ延縄)の操業図

### 4.3.2 投縄作業

沿岸漁業では前浜漁場(まえはまぎょじょう)が限られるので,同業の船団内であらかじめ投縄位置を決めている。投縄作業は,漁獲の成否を左右する重要な作業であり,所定の投縄位置に幹縄,枝縄が絡まないように,釣餌が釣針から外れ落ちないように海中に延べていく。投縄作業は延べた幹縄が船に絡まないように,船尾から中断しないように一気に行う。

浮延縄のマグロ延縄では,枝縄間隔が40〜50 mと長いので,浮縄,枝縄を投縄時に結着する(図4.17)。投縄台に浮縄,浮玉,枝縄を順番に並べておく。釣餌に活イカを使うときには投入する間際に釣針に掛ける。大型船では幹縄長は100 km以上になるので,ドラムに巻いた幹縄を一定速度で送出する投縄機を使用して投縄作業の能率化と幹縄の垂れ下がりの調整を図っている。

中層延縄や底延縄は,枝間1 m程度で幹縄に多数の釣針が付いているので,餌を付けた釣針を「樋(とい),鞘(さや),掃き板(はきいた)」と呼ばれる針掛けに並べておくか(図4.18),ざるの周囲のすげに掛けておく

(図 4.19)。針掛けに並べておくと，釣針は幹縄が海中に引き込まれて枝糸が引っ張られることにより針掛けを滑って自然に投入される。釣針に触れなくてもよい点で安全である。ざるのすげに釣針を掛けておくと，幹縄が海中に引き込まれていくのに合わせて，順次，手で釣針をすげから外していかなければならない。漁労者はこの作業と同時に船団の他の船の進行と合わせるようにリモートコントローラで操船も行うので，手に釣針が引っ掛からないように細心の注意を払っている。

図 4.17　マグロ延縄投縄作業　　図 4.18　スケトウダラ中層延縄　　図 4.19　マダラ延縄投縄作業
（図 4.18 は北海道の漁業図鑑（北海道水産業改良普及職員協議会）より許可を得て転載）

### 4.3.3　揚縄作業

縄待ちの 1～2 時間の間に空になった縄籠やざるを揚縄作業を行う船首甲板に運び終え，しばしの休憩を取る。揚縄作業に揚縄機（ライン・ホーラー，Line hauler）は不可欠である。ナイロンモノフィラメント幹縄を使用するマグロ延縄では，透明なモノフィラメントの表面に傷を付けないようにゴムローラ式の揚縄機を使用する（図 4.20）。浮縄，枝縄が引き揚げられる都度，幹縄から取り外して巻き整え収納する。幹縄は籠に納められる。釣獲魚は直ちに活き締めされ，鰓や内臓を取り，血抜きされて冷蔵される。

底延縄で使用されているハイクレなどの縄の幹縄では V 字溝式の揚縄機が用いられている（図4.21）。漁業者は揚縄中，幹縄の張り具合を確認しながら，巻き上げ速度を調整しつつ操船する。また，1 鉢分の幹縄が引き揚げられる都度，幹縄の連結を解いてざるに小分けにする（図 4.22）。釣獲魚は魚種別，大きさ別に魚箱に分別整理される。操業後，縄サヤメ作業を行って，1 鉢のざるごとに幹縄と枝糸の絡みを解き，幹縄を巻き整え，釣針をざるの周囲のすげに順番に差し止める。

図 4.20　マグロ延縄揚縄作業　　図 4.21　マダラ延縄揚縄作業　　図 4.22　幹縄小分け整理

## 4.3.4 浮延縄の操業実験（釣針水深の推定）

　浮延縄は幹縄の垂れ下がりによって釣針の設置水深が調整される．投縄作業において，幹縄を船速よりも速く送出するように一定の時間間隔で餌を付けた釣針を投入する．1 放ちの幹縄長に対する投縄航走距離の比，言い換えれば，浮玉間の幹縄長に対する浮玉間の水平距離の比は短縮率と定義され，幹縄の垂れ下がりの指標となる．ここでは短縮率と各枝縄の釣針水深の関係を求める．

### (1) 実験方法

① 1 放ちの中央部の隣り合う浮玉それぞれに簡易 GPS ブイ（図 4.23）を取り付け，その 1 鉢の枝縄それぞれに釣針から 2 m の位置に小型水深水温計（SBT-500 センサ，図 4.24）を取り付ける．10 秒ごとに GPS の測位位置，ならびに水深・水温を記録するように設定する．なお，この簡易 GPS ブイの測定精度は < 10 m，95 ％ typical，水深水温計の精度は深度（分解能 1 m）±0.5 ％（+1 digit），温度（分解能 0.1℃）±0.1℃（+1 digit）である．

 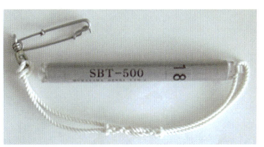

図 4.23　浮玉に接続された簡易 GPS ブイ　　　図 4.24　小型水深水温計（SBT-500 センサ）

② 通常どおり操業を行い，揚縄作業後，各センサの記録結果をコンピュータで読み取り，保存する．

③ 同一時刻（±5 秒以内の差異は無視する）のそれぞれの浮玉の測位位置の組を 10 分間ごとに抽出し，また，同一時刻の水深・水温を抽出してデータファイルを作成する．

④ 下記の推定方法により，浮玉間距離を求め，各枝縄の釣針水深を推定する．

### (2) 浮玉間距離の推定方法（小山ほか，2009）

　それぞれの浮玉に取り付けられた GPS ブイ $i$ の緯度・経度（単位 deg）を $lat\,A_i\ long\,A_i$ ($i = 1, 2$) と表し，これをラジアンに変換し，下記のように表記する．ただし，$rad = \pi/180$ である．

$$fr_i = rad \times lat\,A_i, \quad gr_i = rad \times long\,A_i$$

ここで，円周率を $\pi = 3.1415926535$，地球の赤道半径（WGS84）を $r = 6378137\,\text{m}$，地球の離心率を $e = 0.081819474$ とする．

　GPS ブイ $i$ の直交座標を $A_i = (x_i, y_i, z_i)$ とすると，$A_1$ と $A_2$ の距離 $R_n$ は

$$R_n = \sqrt{(x_2 - x_1)^2 + (y_2 - y_1)^2 + (z_2 - z_1)^2}$$

と表される。各座標値は地球の半径を

$$N_i = \frac{r}{\sqrt{1 - e^2 \times \sin^2 fr_i}} \quad (i = 1, 2)$$

として

$$x_i = N_i \times \cos fr_i \times \cos gr_i$$
$$y_i = N_i \times \cos fr_i \times \sin gr_i$$
$$z_i = N_i \times (1 - e^2) \times \sin fr_i$$

で求められる。また，半中心角 $wr$（地球の中心から2地点をそれぞれ結ぶ線分の中心角の1/2角）は次式で求められる。

$$wr = \sin^{-1} \frac{\left(\frac{R_n}{2}\right)}{N}$$

ここで

$$N = \frac{N_1 + N_2}{2}$$

である。以上より，2 GPS ブイ間の地表距離 $S$ は次式で求められる。ただし，$wr$ の値はラジアンとする。

$$S = 2 \times N \times wr$$

(3) 釣針水深の推定

静水中に投縄された幹縄は懸垂線（カテナリー，Catenary）を描くと考えられ，次式で表される。

$$y = a \cosh\left(\frac{x}{a}\right) = a\left(\frac{e^{x/a} + e^{-x/a}}{2}\right)$$

ただし，$x, y$ は座標，$a$ は定数である。

各枝縄の釣針水深は懸垂線の式を基にした次式で求められる（吉原，1954；中込，1961）。

$$D_j = h_a + h_b + l\left\{\sqrt{1 + \cot^2 \phi_0} - \sqrt{\left(1 - \frac{k_b + k_a(j-1)}{l}\right)^2 + \cot^2 \phi_0}\right\}$$

ただし，$D_j$：枝縄番号 $j$ の釣針水深

　　　　$h_a$：枝縄の長さ

　　　　$h_b$：浮縄の長さ

　　　　$k_a$：枝縄間の幹縄長

　　　　$k_b$：浮縄と枝縄の間の幹縄長

　　　　$\phi_0$：支持点における幹縄の傾斜角

　　　　$l$：1鉢の半分の幹縄長

　　　　$j$：枝縄番号

　　　　$S$：浮玉間の地表距離

　　　　$T$：短縮率

なお，短縮率は次式で表される。

$$T = \frac{S}{2l}$$

傾斜角 $\phi_0$ は次式により短縮率 $T$ に一致する値として求められる。

$$T = \cot\phi_0 \cdot \sinh^{-1}\tan\phi_0$$

(4) 結果と考察について
① 10分間ごとの浮玉間距離，短縮率，各枝縄の釣針水深の実測値と推定値，水温の時系列グラフを作成し，それぞれの変化と投縄，縄待ち，揚縄作業との関連を検討する。操業中，延縄はどのような要因により，釣針水深が変化すると考えられるか。また，水中での釣針の運動は緩やかなものであるか。釣針は適切な水深に設置されていたと考えられるか。
② 短縮率と各枝縄釣針水深実測値，および推定値との散布図を作成し，実測値と推定値との差異について検討する。幹縄は静水中において懸垂線を描くと考えられるが，洋上では静水中においてという前提は妥当であるか。

《参考文献》

- 小山さや華・清水晋・余川浩太郎・齊藤宏和・三浦汀介（2009）北東太平洋東部海域資源調査におけるマグロ延縄の漂流形状と短縮率．水産工学 **46**: 9–20.
- 中込淳（1961）マグロ延縄における釣鈎水深の実測値と計算値との比較．日本水産学会誌 **27**: 119–123.
- 吉原友吉（1954）マグロ延縄の漁獲分布-IV　短縮率計算表及び図表．日本水産学会誌 **19**: 1012–1014.

# 第5章 音響機器

向井徹・福田美亮

## はじめに

　テレビ，ラジオ，レーダ，携帯電話など，空中における情報伝達手段として有効な電波は，海水中では減衰が大きくあまり届かない。また，肉眼や水中カメラを通して海中を覗いたとしても，その可視範囲はせいぜい十数メートルといったところである。一方，空中では近距離での情報伝達手段としてしか使えない音波は，海水中では減衰が少なく，また，伝搬速度も空中より速いので，最も重要な情報伝達手段となる。その証拠に，イルカ・クジラ類は，生物ソナー（音響探知システム）として海中で音波を使用し，餌の探索や個体間コミュニケーションに用いている。

　練習船や調査船に搭載されている音響機器としては，時々刻々と変化する海の深さを計測する音響測深機，魚の大きさや魚群の規模などを定量的に計測できる計量魚群探知機（定量的な推定ができないものは魚群探知機と呼ぶ），船の周囲を広範囲に探索できるスキャニングソナー，海底地形を詳細に計測するマルチビームソナー，海の流れや船の速度を測定する多層式音響ドップラー流向・流速計（ADCP），トロール網の網口の状態や網の深さならびにトロール時に使用するオッターボードの間隔などを知るための漁具形状測定装置（スキャンマー）などがある。

　ここでは，音響測深機，魚群探知機，計量魚群探知機などの基本原理や特徴を概説する。

## 5.1 音響機器の原理

　音響測深機／魚群探知機の原理は「やまびこ」，すなわちパルスエコー法である。音波を跳ね返す対象を主に海底として海底に注目すれば音響測深機となり，魚（群）に注目すれば魚群探知機となり，基本的な原理は同一である。

　図 5.1 に示すように，短時間の幅（パルス幅）を持った波であるパルス波を，船底のスピーカーから真下に送波すると，海中を伝搬していき，パルス波が魚や海底などの対象に当たり，ほんのわずかな音波が反射してエコー（やまびこ）となり，逆方向（水面方向）に伝搬し，船底のマイクでそのエコーが受波される。これをある間隔（パルス間隔）で連続的に繰り返す。つまりリズミカルな手拍子を想像するとよい。手拍子（ピング）をする時間間隔をパルス間隔，手拍子で音が出ている時間がパルス幅である。手拍子と手拍子の間に対象物からのエコーがあり，手拍子してからエコーが得られるまでの時間を測ると相手までの距離がわかる。エコー信号の大小を色で表現し，最新の海中の情報を画面に連続的に表示していくと図 5.2 に示すようなエコーグラム（echogram）が得られる。これはちょうど，いままで航走してきたところの海中情報のスナップ写真になる。パルスエコー法ではさらに，エコーレベルから対象の大きさや量，エコーの継続時間から対象の広がり，エコーの数から対象の数などを知ることができる。

　手拍子の音を海中に伝える送波用のスピーカーと，対象からのエコーを拾う受波用のマイクは同一のもので兼用することが多く，これを送受波器という。また，スピーカーモードでは電気信号を音響信号に変換し，マイクモードでは音響信号を電気信号に変換するので，電気–音響変換器，トラ

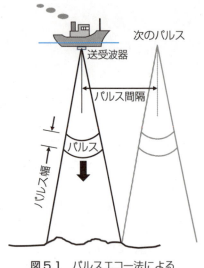

図 5.1 パルスエコー法による海底（魚群）探知

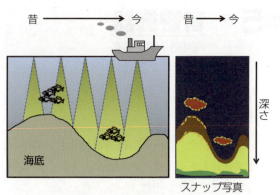

画像の色：船に戻ってきた音の強さを表す。
　　　　　一般に，強いほうから
　　　　　赤茶・赤・橙・黄・黄緑・緑・青の順。
　　　　　固いもの・水と異質なもののほうが反射が強い。

図 5.2 魚群探知機の画面に表示されるエコーグラム

ンスデューサとも呼ばれる。

　これを使って水中に音を送波し，受波するまでの時間 $t$（s，秒）を測定することで，水中の音波の伝搬速度 $c$（m/s）を用いて，魚や海底までの距離を知る。対象までの距離 $R$（m）は次式で表現される。

$$R = \frac{ct}{2} \tag{5.1}$$

　送受波器は通常，船底に装備されているため，海底水深 $D$（m）は，このRに水面から船底までの深さ（喫水）を加えることで得られる。たとえば，北海道大学水産学部附属練習船おしょろ丸（1598 t）では 4.25 m，同うしお丸（179 t）では 3 m の喫水を加えることになる。これが音響測深機の基本原理である。したがって，手拍子の間隔（パルス間隔）は，音波が海底まで行って戻ってくる時間よりも長くしなくてはならない。たとえば，水深が 1000 m もあるところでは，音波は 1 秒以上要して海中を往復するので，パルス間隔が 1 秒では正確な測深ができないことになる。

## 5.2　音の性質

　音響測深機／魚群探知機に用いられる音は，人間の耳には聞こえないほど周波数の高い「超音波」である。ここで，周波数 $f$，波長 $\lambda$，音速 $c$ の関係を説明する。1 秒間に発射された波の数が周波数 $f$ で，単位は Hz（ヘルツ＝周期/秒）である。発射された音波は，海水中では毎秒約 1500 m 進む。そこで，1 波の長さ，つまり波長 $\lambda$ は，1 秒間に進んだ距離を 1 秒間の波の数で割ればよいので

$$\lambda = \frac{c}{f} \tag{5.2}$$

で表現される。日本でよく使われている魚群探知機の周波数である 50 kHz では，波長は 3 cm となる。この値を記憶しておけば，25 kHz では 6 cm，150 kHz では 1 cm というように比例計算で簡単に波長を知ることができる。

## 5.2.1 伝搬速度

超音波が水中を伝搬するときの速度は，媒質が淡水の場合は約 1450 m/s，海水の場合は約 1500 m/s と考えてよい。音速は，水温が高いほど，塩分が高いほど，深さ（圧力）が深いほど，速くなる。正確な音速を知りたいときは，海水では Mackenzie（1981），淡水では Del Grosso and Mader（1972）を用いるとよい。また，淡水から海水まで使用可能な UNESCO の式もある（コラム 5-1 参照）。水温と塩分を変数として，簡易的に計算した水中音速を図 5.3 に示す。ちなみに，空中での音速は，おおよそ $331.5 + 0.6x$（$x$ は室温で単位は °C）で計算でき，電波の伝搬速度は光速と同じで $3 \times 10^8$ m/s（= 30 万 km/s）である。

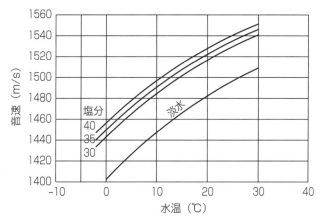

図 5.3 水温と塩分の違いによる音速の変化

---

《コラム 5-1》音速の実験式

※海水

条件：$-2 \leq T \, [°C] \leq 30, \ 30 \leq S \, [PSU] \leq 40, \ D \, [m] \leq 8000$

$$c = 1448.96 + 4.591T - 5.304 \times 10^{-2}T^2 + 2.374 \times 10^{-4}T^3 \\ + 1.340(S - 35) + 1.630 \times 10^{-2}D + 1.675 \times 10^{-7}D^2 \\ - 1.025 \times 10^{-2}T(S - 35) - 7.139 \times 10^{-13}TD^3$$

- Mackenzie, KV (1981) Nine-term equation for sound speed in the oceans. *J. Acoust. Soc. Am.*, **70**: 807–812.

※淡水

条件：$0 \leq T \, [°C] \leq 95$

$$c = 1402.388 + 5.03711T - 5.80852 \times 10^{-2}T^2 + 3.342 \times 10^{-4}T^3 \\ - 1.478 \times 10^{-6}T^4 + 3.15 \times 10^{-9}T^5$$

- Del Grosso, VA and CW Mader (1972) Speed of sound in pure water. *J. Acoust. Soc. Am.*, **52**: 1442–1446.

※淡水〜海水

UNESCO の式（Fofonoff and Millard, 1983）に ITS-90 を適用した音速計算式（Wong and Zhu, 1995）。参考までに，深度が 10 m 増加するごとに圧力は約 1 bar 増加すると考えてよい。
条件：$0 \leq T$ [°C] $\leq 40$, $0 \leq S$ [PSU] $\leq 40$, $0 \leq P$ [bar] $\leq 1000$

$$c = C_W(T, P) + A(T, P)\, S + B(T, P)\, S^{3/2} + D(T, P)\, S^2$$

各定数は以下の式で表される。

$$C_W(T, P) = (C_{00} + C_{01}T + C_{02}T^2 + C_{03}T^3 + C_{04}T^4 + C_{05}T^5)$$
$$+ (C_{10} + C_{11}T + C_{12}T^2 + C_{13}T^3 + C_{14}T^4)\, P$$
$$+ (C_{20} + C_{21}T + C_{22}T^2 + C_{23}T^3 + C_{24}T^4)\, P^2$$
$$+ (C_{30} + C_{31}T + C_{32}T^2)\, P^3$$
$$A(T, P) = (A_{00} + A_{01}T + A_{02}T^2 + A_{03}T^3 + A_{04}T^4)$$
$$+ (A_{10} + A_{11}T + A_{12}T^2 + A_{13}T^3 + A_{14}T^4)\, P$$
$$+ (A_{20} + A_{21}T + A_{22}T^2 + A_{23}T^3)\, P^2$$
$$+ (A_{30} + A_{31}T + A_{32}T^2)\, P^3$$
$$B(T, P) = B_{00} + B_{01}T + (B_{10} + B_{11}T)\, P$$
$$D(T, P) = D_{00} + D_{10}P$$

| 係数 | 値 | 係数 | 値 | 係数 | 値 |
| --- | --- | --- | --- | --- | --- |
| $C_{00}$ | 1402.388 | $C_{23}$ | -2.5353 E-10 | $A_{14}$ | -2.0142 E-10 |
| $C_{01}$ | 5.03830 | $C_{24}$ | 1.0415 E-12 | $A_{20}$ | -3.9064 E-7 |
| $C_{02}$ | -5.81090 E-2 | $C_{30}$ | -9.7729 E-9 | $A_{21}$ | 9.1061 E-9 |
| $C_{03}$ | 3.3432 E-4 | $C_{31}$ | 3.8513 E-10 | $A_{22}$ | -1.6009 E-10 |
| $C_{04}$ | -1.47797 E-6 | $C_{32}$ | -2.3654 E-12 | $A_{23}$ | 7.994 E-12 |
| $C_{05}$ | 3.1419 E-9 | $A_{00}$ | 1.389 | $A_{30}$ | 1.100 E-10 |
| $C_{10}$ | 0.153563 | $A_{01}$ | -1.262 E-2 | $A_{31}$ | 6.651 E-12 |
| $C_{11}$ | 6.8999 E-4 | $A_{02}$ | 7.166 E-5 | $A_{32}$ | -3.391 E-13 |
| $C_{12}$ | -8.1829 E-6 | $A_{03}$ | 2.008 E-6 | $B_{00}$ | -1.922 E-2 |
| $C_{13}$ | 1.3632 E-7 | $A_{04}$ | -3.21 E-8 | $B_{01}$ | -4.42 E-5 |
| $C_{14}$ | -6.1260 E-10 | $A_{10}$ | 9.4742 E-5 | $B_{10}$ | 7.3637 E-5 |
| $C_{20}$ | 3.1260 E-5 | $A_{11}$ | -1.2583 E-5 | $B_{11}$ | 1.7950 E-7 |
| $C_{21}$ | -1.7111 E-6 | $A_{12}$ | -6.4928 E-8 | $D_{00}$ | 1.727 E-3 |
| $C_{22}$ | 2.5986 E-8 | $A_{13}$ | 1.0515 E-8 | $D_{10}$ | -7.9836 E-6 |

- Fofonoff, NP and RC Millard Jr. (1983) Algorithms for computation of fundamental properties of seawater. *UNESCO technical papers in marine science*, No.44.
- Wong, GSK and S Zhu (1995) Speed of sound in seawater as a function of salinity, temperature and pressure. *The Journal of the Acoustical Society of America*, **97**: 1732–1736.

## 5.2.2 伝搬減衰

音の大きさは，パワーを基にした強さ（W/m$^2$），または音波の圧力である音圧（Pa，パスカル）で表される。一般に，音の強さは音圧の2乗に比例するという関係がある。送受波器から送波された超音波の大きさは，海中を伝搬していくに従って減衰し弱くなる。伝搬減衰の原因は2つあり，1つは音波が幾何学的に拡がっていくことによる拡散減衰，もう1つは音波のパワーが媒質に吸収されて熱に変換されることによる吸収減衰である。

送波器から音波が3次元空間に拡がる場合には，音波は球面状に拡がる。球表面の面積は音源からの距離$R$の2乗に比例するので，距離$R$の伝搬により音波の大きさは，強さの単位で$1/R^2$，音圧単位で$1/R$となる。また，吸収減衰では吸収係数$\alpha$（dB/m または dB/km）が定義されており（コラム5-2参照），距離$R$の伝搬で$\alpha R$（dB，デシベル。コラム5-3参照）減衰する（線形表現では$10^{0.1\alpha R}$になる）。この$\alpha$は，ほぼ周波数の関数で，周波数が高いほど$\alpha$が大きくなる。つまり高い音ほど遠くまで届かなくなる。電磁波が水中で遠くまで伝搬しないのは，この吸収減衰が大きいためである。海水中での音波の吸収係数を図5.4に示す。この図は，深さを30mとし，水温と塩分の組み合わせをそれぞれ（4°C，33.3）（図中の太線），（12°C，34.0）（点線），（15°C，34.3）（細線）としたときの吸収係数をプロットした図である。周波数が高くなるほど$\alpha$が大きくなるのがわかる。同様に，電磁波の吸収係数も周波数によって変化するが，可視光の一部の周波数帯で一時的に小さくなる。その周波数がちょうど青色の周波数である。

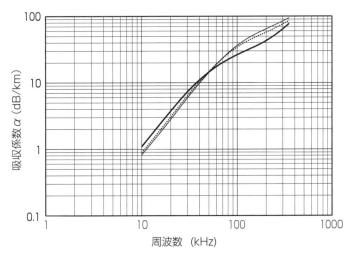

図 5.4　海水中での音波の吸収係数（深さ 30m）
（太線：水温 4°C，塩分 33.3，点線：12°C，34.0，細線：15°C，34.3）

---

《コラム 5-2》吸収係数

条件：$-1.8°C \leq T \leq 30°C$, $30 \leq S \leq 35$, $0.4 \leq f_{\mathrm{kHz}} \leq 1000$, $7.8 \leq \mathrm{pH} \leq 8.2$

$$\alpha\,[\mathrm{dB/km}] = \frac{A_1 P_1 f_1 f_{\mathrm{kHz}}^2}{f_{\mathrm{kHz}}^2 + f_1^2} + \frac{A_2 P_2 f_2 f_{\mathrm{kHz}}^2}{f_{\mathrm{kHz}}^2 + f_2^2} + A_3 P_3 f_{\mathrm{kHz}}^2$$

ここで，$c$ は音速（m/s），$z$ は深さ（m）

$A_1 = (8.86/c)\,10^{(0.78\text{pH}-5)}$

$f_1 = 2.8\,(S/35)^{0.5}\,10^{[4-1245/(T+273)]}$

$P_1 = 1$

$A_2 = 21.44\,(S/c)(1 + 0.025T)$

$P_2 = 1 - 1.37 \times 10^{-4}z + 6.2 \times 10^{-9}z^2$

$f_2 = 8.17 \times 10^{[8-1990/(T+273)]}/[1 + 0.0018\,(S - 35)]$

$P_3 = 1 - 3.83 \times 10^{-5}z + 4.9 \times 10^{-10}z^2$

$T \leq 20°C$

$A_3 = 4.937 \times 10^{-4} - 2.59 \times 10^{-5}T + 9.11 \times 10^{-7}T^2 - 1.5 \times 10^{-8}T^3$

$T > 20°C$

$A_3 = 3.964 \times 10^{-4} - 1.146 \times 10^{-5}T + 1.45$

である。

最初の項はホウ酸による寄与，2番目は硫酸マグネシウムによるもの，3番目は海水の粘性によるものである。

- Francois, RE and GR Garrison (1982) Sound absorption based on ocean measurements: PartI: Pure and magnesium sulfate contributions. *The Journal of the Acoustical Society of America*, **72**: 896–907.

---

《コラム 5-3》デシベルとネーパ

※デシベル（dB）

　人間の聴覚や視覚は，音や光の強さがある規定レベルの10倍，100倍となっても，感覚的には数倍，10倍ほどにしか感じない。パワーアンプのレベルを2倍にしても，スピーカーから出る音はそれほど上がったように感じられないのはこのためである。この感覚は，ちょうど「対数」に比例するので，対数変換した単位である dB は音の強さを表現するのに非常に便利な数値である。人間の耳の最小可聴音は成人でおおよそ $20\,\mu\text{Pa}$，最大可聴音は $200\,\text{Pa}$ にも達し，実に7桁のレンジに及ぶ。このように音の強さや反射の強さは大きい幅を持つので，対数をとることにより適当な大きさの量にして，扱いやすくしている。

　もともとデシベルは，電話回線で送話器から受話器に到達する間の電力損失の度合いを表すために考案されたものである。

　ある量 $x$ とその基準量 $x_0$ との比の常用対数をとったものを B（ベル）という単位で表す。すなわち

$$\log \frac{x}{x_0}$$

である。

　B（ベル）という単位は，電話の発明者アレキサンダー・グラハム・ベル（A. G. Bell）の名前からとったものである。しかし，この単位では数値が小さいため，数値を10倍，つまり単

位を 1/10 にして deci-Bel（デシベル）と称し，略して dB と表記する．

$$10 \log \frac{x}{x_0}$$

基準量が明確な場合は略す場合が多い．音の強さで考える場合，この式の $x$ を $I$ に置き換えればよく

$$10 \log \frac{I}{I_0}$$

となる．さらに，音の強さは音圧の 2 乗に比例するので，音圧で考える場合のデシベル表現は

$$20 \log \frac{P}{P_0}$$

となる．

対数に関しては次の 3 つの値を覚えておけば，電卓がなくても概略値が暗算で求まる．

$$\log 2 = 0.3010, \quad \log 3 = 0.4771, \quad \log 7 = 0.8451$$

※ネーパ

ネーパ（neper，記号：Np）は比率（利得，損失など）を表す単位である．スコットランドの数学者で，対数を発明したジョン・ネイピアに因む．

ネーパはベル（通常はデシベルが用いられる）と同様に対数スケールの単位であるが，ベルが 10 を底とした常用対数に基づくのに対し，ネーパは自然対数に基づいている．ネーパによる比率の値 $Np$ は以下のように定義される．

$$\ln \frac{x}{x_0}$$

デシベルが強さの比を表すのによく用いられるのに対し，ネーパは電圧比によく用いられる．ネーパとデシベルの関係は底変換により次のようになる．

$$Y[\mathrm{dB}] = 20 \log X = 20 \frac{\ln X}{\ln 10} = 8.686 \ln X$$

デシベル同様，ネーパは無次元の単位である．常用対数を使用するベルに対し，自然対数を使用するネーパは正式な SI 単位として採択されていない．

### 5.2.3 送受波器の指向特性

送波器から出た超音波は，ある一定方向にのみ伝搬させることができる．このような特性を**指向特性**という．懐中電灯の光を壁に当てたとき，光のビームは中央が明るく，外側へいくに従って暗くなっていく．音でも同様の現象が生じており，音響ビームでも送受波器の正面方向（指向性主軸あるいは音軸方向）で音が強く，かつ音を拾う場合の感度も良い．そして正面から徐々に外側に離れていくに従って，音の強さは弱くなり，感度も悪くなる．指向特性は音圧**指向性関数** $D(\theta)$ で表

現される。音の強さが指向性主軸の半分 $D^2(\theta) =$ 0.5 になる角度幅（つまり指向性主軸の両側に開く角度）をビーム幅という。指向性関数を極座標プロットした例を図 5.5 に示す。魚群探知機の話をする際に，音響ビームをこのような形に描いて説明したりする。

一般に，同一サイズのトランスデューサであれば高周波数ほどビーム幅が狭くなり，指向性が鋭いと表現される。ビーム幅が広くなると方位分解能が悪くなり，測深の精度や海底地形の測定精度が悪くなる半面，一度に探知できる範囲が広くなる。現在，世界的によく使われている計量魚群探知機である EK60（SIMRAD 社製）の 6 周波数の送受波器のビーム幅は，18 kHz が 11° で，それ以外はすべて 7° である（メーカー公称値）。

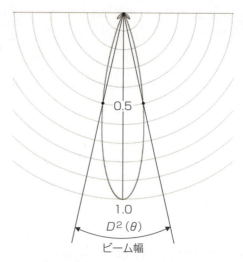

図 5.5 送受波器の指向性関数の極座標プロットとビーム幅

## 5.2.4 反射と散乱

超音波が海底または魚などに当たると，一部は跳ね返り，他は吸収される。跳ね返りの強さは，海底傾斜の度合い，底質（泥，砂，礫など），魚の種類・形状・大きさなどによって変わるので，反射体のおおよその質が判断できる。また対象がプランクトンのような小型のものでも，群で大量に存在すれば探知することができる。

一般に，使用する魚群探知機の周波数によっても跳ね返りの様子が変わる。使用する音波の波長よりも相当に大きい物体にあたると方向性を持って反射し，逆に対象が小さいと四方八方に散乱する。そこで，魚に対しては反射，プランクトンに対しては散乱という言葉が使われることが多い。

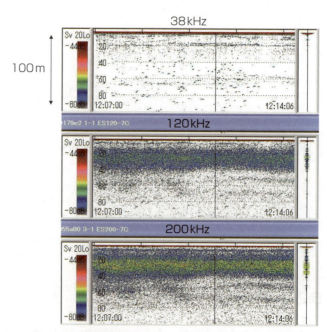

図 5.6 魚と動物プランクトンの周波数特性が見られるエコーグラム

生物が音を跳ね返す割合をターゲットストレングス（Target Strength : $TS$, $T_S$）というが，その大きさは，たとえば 1 という強さの入射に対し，跳ね返って入射方向に戻っていく強さは，その千

分の1とか1万分の1といった程度のものである。

　魚やプランクトンが探知されたときのエコーグラムを図5.6に示す。これは周波数38，120，および200 kHzの3周波数を同時に作動させて得られたものであるが，周波数により反応がまったく異なることがわかる。

## 5.3　ソナー方程式 ─音が海中に出されて再び戻ってくるまでの旅路─

　超音波が送受波器から水中に送波され，ターゲットに当たって跳ね返され，再び送受波器で受波されるまでの過程を，音の強さや音圧で表現したものをソナー方程式という。音響資源調査では，魚（群）からのエコーの強さを測って，資源量などに換算するので，エコーの強さを表す式，すなわちこの**ソナー方程式**が重要である。これは，ここまで説明してきた音の性質を使って表現できる。

　まず，対象が単体の場合のソナー方程式について，図5.7を用いて説明する。いま，送受波器の真下（指向性主軸）距離1 mの点での送波音圧を$P_0$，魚がいる方向を指向性主軸から$\theta$とし，その方向での送受波器の音圧**指向性関数**を$D(\theta)$，魚までの距離を$R$，$\alpha$を強度吸収係数，魚がどれくらい音を跳ね返すかの指標を$Ts$とすると，送受波器に戻ってくる音圧$P$は式(5.3)で表現できる。

$$P^2 = P_0^2 \overbrace{\frac{10^{-0.1\alpha R}}{R^2} D^2(\theta)}^{\text{往路}} Ts \overbrace{D^2(\theta) \frac{10^{-0.1\alpha R}}{R^2}}^{\text{復路}} \tag{5.3}$$

音圧指向性関数 $D$
伝搬減衰
（分母：拡散減衰，分子：吸収減衰）

$$P^2 = P_0^2 \frac{10^{-0.2\alpha R}}{R^4} D^4(\theta) Ts \tag{5.4}$$

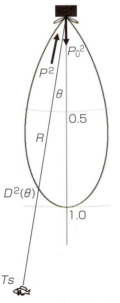

図5.7　魚1個体による単体エコー

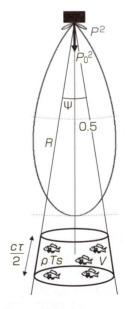

図5.8　魚群による群体エコー

次に，対象が群になった場合，つまり図 5.8 のような場合の群体エコーのソナー方程式について考えると，その式は

$$P^2 = P_0^2 \frac{10^{-0.1\alpha R}}{R^2} \Psi R^2 \frac{c\tau}{2} \rho\, Ts \frac{10^{-0.1\alpha R}}{R^2} \tag{5.5}$$

と表される。$\Psi$ は立体角単位の等価ビーム幅といわれるもので，ある角度範囲では同一の感度，それ以外の角度範囲では感度がないとして理想化したビームの拡がりを表すものである。$c$ は音速，$\tau$ は送波されたパルスの時間的長さを表すパルス幅である。また，$\rho$ は個体数密度である。式 (5.4) の単体エコーのソナー方程式と比べると，$D(\theta)$ が $\Psi$ に変わり，$Ts$ の前に散乱体積 $V$ を表す $\Psi R^2 c\tau/2$ と散乱体積内の魚の個体数密度を表す $\rho$ が掛かっているところが異なる。すなわち，ある時間に観察される散乱体積内の魚の個体数である $\rho V$ 個体分の $Ts$ を考慮しているものである。散乱体積内の魚の個体数密度 $\rho$ と $Ts$ を掛け合わせたものを単位体積当たりの散乱の強さ，体積後方散乱係数 $Sv$ と呼ぶ。整理すると

$$P^2 = P_0^2 \frac{10^{-0.2\alpha R}}{R^2} \Psi \frac{c\tau}{2} Sv \tag{5.6}$$

$$Sv = \rho\, Ts \tag{5.7}$$

となる。

　エコーグラムを見ていれば気付くと思うが，単純な単体エコーや群体エコーを見ることはほとんどない。それでは式 (5.4) と式 (5.5) のどちらのソナー方程式を採用すべきかわからない。そこで，エコー積分方式という考えを導入する。船を走らせながら得られた多くのピング（手拍子）に対するエコーを図 5.9 のように重ね合わせ，積分したのと同じ状態をつくる。すると等価的に非常に大きな魚群を対象としていることになり，式 (5.6) の群体エコーのソナー方程式が適用できる。つまり，エコー積分方式は広域について積分して初めて成り立つ方式であり，得られる $Sv$ は平均体積後方散乱係数，個体数密度は魚のいない空間も含めた平均個体数密度，$Ts$ は体長や姿勢に対して平均化した平均 $Ts$ であり，すべてに「平均」という字が付くことに注意しなければならない。したが

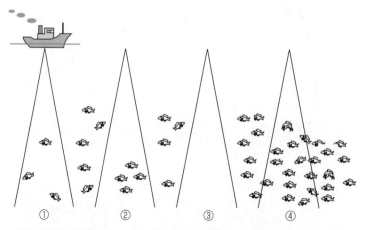

図 5.9　いろいろなエコーの重ね合わせ。これらを重ね合わせていくと，結果的に均一で大きな魚群と捉えることができる。

って，式 (5.7) の $Sv$ の式にも平均の記号 $\langle\ \rangle$ を付けて

$$\langle Sv \rangle = \langle \rho \rangle \langle Ts \rangle \tag{5.8}$$

となるが，平均は省略されることが多い。

## 5.4　計量魚群探知機（計量魚探機）

　上記式 (5.4) や式 (5.6) では，距離とともに減衰する項があるため，同一の魚（群）が異なる距離にいる場合，戻ってくる音の強さが異なる。そこで，これらの項の逆特性を掛けることで，距離が異なっても同一の音の強さが得られるようにする。これを TVG（Time Varied Gain の頭文字で，日本語では時変増幅）処理という。つまり式 (5.4) に対しては $R^4 10^{0.2\alpha R}$ を，式 (5.6) に対しては $R^2 10^{0.2\alpha R}$ を掛ければよいことになる。一般に単体エコーにおける TVG 関数は，dB 表現で $10 \log R^4 \, 10^{0.2\alpha R} = 40 \log R + 2\alpha R$ となることから，$+2\alpha R$ を省略して「$40 \log R$ の TVG」と呼ばれることが多い。一方，群体エコーの場合は，単体エコーの式によく似ているが，$R^4$ が $R^2$ に変化している。したがって「$20 \log R$ の TVG」と呼ばれる。

　魚が自然に泳いでいる場合のターゲットストレングスを，自然状態 $Ts$（in situ $Ts$，イン・サイチュー ティーエス）といい，これを測定するために，式 (5.4) における $P$ を測定して $Ts$ を求めるが，TVG 処理などを施しても，魚が音響ビーム内のどこ（音軸からどの方向）にいるかが不明なので，指向性関数 $D(\theta)$ だけは残る。そこで，何らかの方法で魚の位置を知らなければならないが，それを知るためにデュアルビーム方式やスプリットビーム方式というものが考案された。最近はスプリットビーム方式が主流であり，この方式では受波ビームを前後・左右それぞれに設け，それらへのエコーの到達時間差（実際には位相差）を測ることで音軸からの魚の方向 $\theta$ と，船首方向に対する方位角 $\varphi$ を知る。したがって，スプリットビーム方式では距離も含めて魚の 3 次元位置がわか

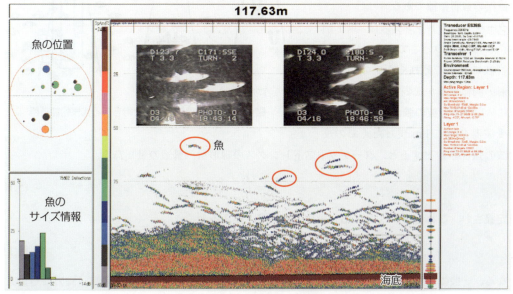

**図 5.10**　スプリットビーム方式の計量魚群探知機によるエコーグラムの例

るので，指向性関数の影響を除去することができる。この計量魚群探知機で得られたエコーグラムの例を図 5.10 に示す。この図には，同時に行った ROV による観察で得られた画像も重ねて表示している。

一方，群体においては，式 (5.6)，式 (5.7) のように体積後方散乱係数 $Sv$ が測定できるので，それを $Ts$ で割って個体数密度 $\rho$ を求める。しかしこれは，図 5.9 や式 (5.8) のように広域にわたって考慮しなければならない。そのため，式 (5.8) の $\langle Sv \rangle$ は，次式のようなエコー積分を行って得る必要がある。

$$\langle Sv \rangle = \frac{1}{R_w} \int_R^{R+R_w} \left(\frac{1}{m} \sum_{i=1}^m Sv(i)\right) dR \tag{5.9}$$

ここで $R_w$ は深さ方向の積分層の厚み，$m$ は距離方向の積分幅であり，$Sv(i)$ は $i$ パルス目の $Sv$ である。このように深さ方向，距離方向にある程度積分し，平均的な $Sv$ として式 (5.8) を採用する必要がある。

以上述べたように，すべてのパラメータを定量化し，$Sv$ や $Ts$ を測定するための装置が，計量魚群探知機である。原理は魚群探知機と同じパルスエコー法であるが，音の性質をしっかり把握し定量的に扱っている点，およびエコー積分機能を持つことが通常の魚群探知機と違う点 である。

## 5.5 計量魚群探知機で得られる音響情報

図 5.11 に，計量魚群探知機で得られる代表的な値である，ターゲットストレングス（TS），体積後方（戻）散乱強度（SV），面積後方（戻）散乱強度（SA）を示す。これらが計量魚群探知機を用いた音響資源調査で得られる直接の音響指標である。

ターゲットストレングスは，魚 1 個体による反射の強さであり，入射した音波に対してどれくらいの割合が入射方向に戻るかを表す指標である。魚に入射する音波の強さを $I_i$，魚から送受波器方向に 1 m 戻った点での反

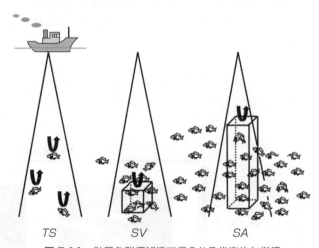

図 5.11　計量魚群探知機で得られる代表的な指標

射波の強さを $I_r$ とすると，ターゲットストレングスの線形量（普通の量）$Ts$ は

$$Ts = \frac{I_r}{I_i} \tag{5.10}$$

で定義され，これをデシベル（dB）単位の式に書き換えると

$$TS = 10 \log Ts \tag{5.11}$$

となる。一般に，大文字＋小文字（$Ts$, $Sv$ など）で表現したものを線形量の変数，両方とも大文字（$TS$, $SV$ など）にしたものをデシベル変数とすることが多い ので注意が必要である。

ターゲットストレングスは，音波の周波数，魚の体長，鰾の有無などの質，魚の姿勢など，多くの要因により変化する。姿勢によるターゲットストレングスの変化（ターゲットストレングスの指向特性）の例を極座標表示で図5.12に示す。ほぼ背方向が最も強い特性を持っており，この図においては$-10°$で約$-30\,\mathrm{dB}$の最大値を示している。このターゲットストレングスの最大値を最大$TS$といい，体長推定などに利用される。ここで，$-10°$で最

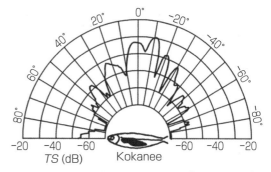

図5.12 魚体姿勢による$TS$変化（$TS$の指向性）

大値を示すのは，ターゲットストレングスの大きさが魚体内にある鰾(うきぶくろ)に依存するためである。図5.12の魚のスケッチには，X線観察で調べた魚体内の鰾の様子が黒塗りで表されている。この鰾を見ると，鰾の長軸が，魚の体軸に対して後傾しているのがわかる。つまり，尾側が体軸より下がっており，ちょうど超音波が$-10°$くらいから入射したときに，鰾軸に対して垂直入射となり，入射方向への反射が最も大きくなるので，ターゲットストレングスが大きくなる。鰾のなかの気体はほぼ酸素であるといわれているが，水中における気体の存在は超音波の主要散乱源となり，魚の超音波散乱の主要因となっている。

一方，図5.12のように姿勢で変化するターゲットストレングスを平均する場合，姿勢に対して平均化が行われ，それにより得られたターゲットストレングスを姿勢平均ターゲットストレングスとか単に平均ターゲットストレングスと呼び，音響資源調査における重要なscale factorである。

魚1個体の音響反射を示す指標として，ターゲットストレングス以外にも，散乱断面積$\sigma$，後方（戻）散乱断面積$\sigma_{bs}$（単位はいずれも$\mathrm{m}^2$）がある。これらとターゲットストレングスとの関係は

$$Ts = \frac{\sigma}{4\pi r_0^2} \tag{5.12}$$

$$= \frac{\sigma_{bs}}{r_0^2}$$

である。ここに$r_0$は単位距離$1\,\mathrm{m}$である。$\sigma$あるいは$\sigma_{bs}$は面積の次元を持つので，魚の体長の2乗と比例関係にある。また，式(5.12)より$Ts$と$\sigma_{bs}$も比例関係にあるため，$Ts$と魚体長$L$の関係は

$$Ts = AL^2 \tag{5.13}$$

という簡単な式で与えられる。ここで$L$は$\mathrm{cm}$単位の体長がよく使われ，$A$は係数もしくは規準化ターゲットストレングスと呼ばれる。$TS_\mathrm{cm} = 10\log A$として，これをデシベル単位の式に書き換えると

$$TS = TS_\mathrm{cm} + 20\log L \tag{5.14}$$

となる。音響資源調査で使用されるターゲットストレングスは，姿勢平均したものがよく使われる。魚種と周波数が決まると，おおよその規準化ターゲットストレングス，すなわち$TS_\mathrm{cm}$がわかり，$TS$の値が求まる。

図 5.13 は規準化ターゲットストレングスである $TS_\mathrm{cm}$ の一般特性を表しており，有鰾魚と無鰾魚それぞれについて最大 $TS$ と平均 $TS$ に関する $TS_\mathrm{cm}$ が，波長で規準化した体長である $L/\lambda$ に対して示されている。生物においては体内に鰾のようなガス体を持つかどうかで $TS$ が大きく異なり，カツオやホッケのような無鰾魚の $TS$ は同サイズの有鰾魚の $TS$ より小さい。有鰾魚においては，$L/\lambda$ が 10 を超えると最大 $TS$ に関する $TS_\mathrm{cm}$ はほぼ $-60\,\mathrm{dB}$ で一定となる。また，姿勢平均 $TS$ においては，$L/\lambda$ が 1 で $TS_\mathrm{cm}$ が $-62\,\mathrm{dB}$，$L/\lambda$ が 10 で $TS_\mathrm{cm}$ が $-66\,\mathrm{dB}$，$L/\lambda$ が 100 で $TS_\mathrm{cm}$ が $-70\,\mathrm{dB}$ という直線関係でおおよそ考えればよい。$L/\lambda$ が 10 というのは周波数 $38\,\mathrm{kHz}$ では $L = 40\,\mathrm{cm}$，$120\,\mathrm{kHz}$ では $12.5\,\mathrm{cm}$，$200\,\mathrm{kHz}$ では $7.5\,\mathrm{cm}$ である。つまり，これらの周波数で魚が各サイズのときに $TS = 20\log L - 66$ という式で姿勢平均 $TS$ を推定すればよいということになる。ちなみにこの図で，周波数 $38\,\mathrm{kHz}$ における体長 $40\,\mathrm{cm}$ の有鰾魚の最大 $TS$ を計算すると

$$TS = 20\log 40 - 60 = 20(\log(2^2 \times 10)) - 60 = 20(2\log 2 + 1) - 60 = -28\,\mathrm{dB}$$

という計算が暗算でできる。また，無鰾魚では $TS_\mathrm{cm}$ が $10\,\mathrm{dB}$ ほど小さいので約 $-38\,\mathrm{dB}$ ということになる。対数の計算では，$\log 2 = 0.3010$，$\log 3 = 0.4771$，$\log 7 = 0.8451$ の 3 つを覚えておけば，たいていの値は概算で求まるので便利である。

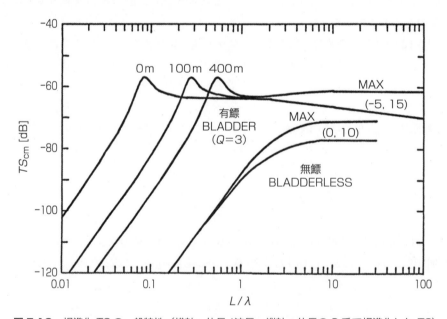

**図 5.13** 規準化 $TS$ の一般特性（横軸：体長／波長，縦軸：体長の 2 乗で規準化した $TS$）
古澤昌彦（1989）水産資源推定のための超音波による魚群探知に関する研究
東京工業大学博士学位論文よりご本人の許可を得て転載

魚種が異なっても規準化 $TS$ はあまり大きくは異ならないが，より正確に把握したければ後述するように計量魚群探知機でターゲットストレングスを実測するのがよい。

図 5.11 に戻って，体積後方散乱強度 $SV$ は，魚群などの単位体積あたりの反射の大きさを表し，個体数密度を $\rho$ とすると

$$Sv = \rho Ts \tag{5.15}$$

で表される。この $Sv$ が計量魚群探知機の直接の測定対象であり，$Ts$ の値を与えれば個体数密度 $\rho$ を知ることができる。そして，これを調査海域に引き延ばすと資源尾数が得られ，さらに平均体重を掛けると現存量が得られることになる。これが音響資源調査の基本式である。

さらに，単位面積あたりの散乱の強さである**面積後方散乱係数** $Sa$ は，ある深さ分の $Sv$ を深度方向に積分したもので

$$Sa = \int_{r_1}^{r_2} Sv\,dr = Ts \int_{r_1}^{r_2} \rho\,dr = Ts\,\rho_a \tag{5.16}$$

と表される。ここで，$Ts$ は深さ $r_1$ から $r_2$ における生物の平均 $Ts$ であり，$\rho_a$ は単位体積あたりの個体数密度を深度に対して積分したもの，すなわち単位面積あたりの個体数密度である。この $Sa$ の単位は $1/m^2$ であり，これを $Ts$ で割る（デシベルでは $TS$ を引く）ことによって $\rho_a$ を得る。

この $Sa$ については，ノルウェー方式の $S_A$ がよく使われる。計量魚群探知機 EK60 もこの $S_A$ を採用している。これは単位面積として平方海里（nautical mile$^2$ = nmi$^2$）を使用し，$Ts$ の代わりに散乱断面積 $\sigma$ を用いる。一般的な単位を用いる $Sa$ との関係は

$$S_A = 4\pi 1852^2 Sa \tag{5.17}$$

であり，単位は m$^2$/nmi$^2$ である。平方海里の $Sa$ である $S_A$ を，散乱断面積 $\sigma$ で割ると，1 nmi$^2$ あたりの個体数密度が得られることになる。

計量魚群探知機では，このようにして $Sv$, $Sa$, $S_A$ などを計測し，$Ts$ を用いて各種の密度を推定する。そこで，計量魚群探知機がつねに正しい値を出力しているかを調べる必要がある。これを調べるのが「較正」という作業である。これはちょうど，体重計の「ゼロ合わせ」のようなものであり，計測値の絶対的なレベルを保証するものである。この作業は，できる限り調査直前に，しかも調査海域で行うのが理想である。較正の方法は，銅製あるいはタングステンカーバイド製の標準球を送受波器の真下約 20〜30 m に吊るし，そのエコーレベルが理論値と合っているかどうかを調べるものである。EK60 のようにスプリットビーム方式の場合は，標準球の位置が 3 次元で把握できるので，標準球を容易に音軸付近に移動させることができ，比較的簡単に較正ができるようになってきた。

## 5.6 広帯域計量魚群探知機

近年のパソコンの処理能力向上や外部記憶装置の容量増加に伴い，広帯域超音波を用いた計量魚群探知機が登場し始めた。従来の計量魚群探知機の場合，一つのシステム（送受信機と送受波器のセット）では，38 kHz，70 kHz，120 kHz など単一周波数しか扱うことができなかったが，広帯域計量魚群探知機では，たとえば 45〜90 kHz などの広い帯域の音波を一度に送受することができる。代表的な機種としては，SIMRAD 社の EK60 の後継機種である EK80 や古野電気の FCV-2100 などがある。この広帯域計量魚群探知機に対して，従来の単一周波数を用いる機器を狭帯域計量魚群探知機と呼ぶことがある。広帯域超音波を用いることで，以下の 2 つのことができるようになる。1 つ目は，測定対象からの反射波の幅広い帯域の周波数特性（広帯域周波数特性）が得られることである。具体的には，これまでの EK60 では 70 kHz の反射特性しか得られなかったのが，EK80 の場合は 45〜90 kHz の連続的な反射特性が一度に得られるようになる。2 つ目は，送信波に FM

チャープという種類の波形を使い，受信波をパルス圧縮することで距離方向（深度方向）の分解能を向上させることができる．以下に具体例を示しながら解説する．

まず，測定対象の広帯域周波数特性について説明する．イルカやコウモリなどのエコーロケーションを行う生物は，測定対象の周波数特性を利用することで，餌生物や障害物を識別していると考えられている．周波数特性が異なるということは，音色が異なると考えるとわかりやすい．狭帯域超音波を使う場合は，反射音は同じ音色（sin波のみ．たとえばラジオなどの時報の音：ポッポッポッ（440 Hz），ポーン（880 Hz））であり，音の強弱のみで対象を識別するしかないため，測定対象の大きさしかわからない．一方，広帯域超音波を使う場合は，反射波の強弱のみでなくその音色も使うため，たとえば「あ」という音はアジ，「か」という音はサバ，「さ」という音はクラゲ，といった識別ができる可能性がある．図 5.14 は，約 5 cm と約 10 cm のスケトウダラ稚魚の $TS$ を，広帯域超音波を用いて姿勢を変化させながら測定した例である．一見してわかるように，図柄が異なる．この図柄の違いが周波数特性の違いであり，この違いから測定対象の種類やサイズを知ることができる可能性がある．

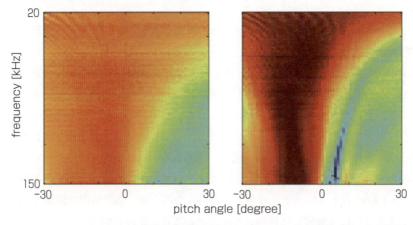

図 5.14　スケトウダラの広帯域音響散乱特性（左が約 5 cm，右が約 10 cm の個体）

次に，距離分解能の向上について説明する．2 個体のターゲットが互いに近い距離に存在する場合，どのくらいの距離だけ離れていれば「2 個体」と識別できるか，その能力を距離分解能という．「距離分解能が高い」とは，2 個体のターゲットの距離が近い場合でも「2 個体」と分離できることを指す．広帯域計量魚群探知機で距離分解能の向上を目的とする場合，よく使われる送信波形が「upsweep の FM チャープ」という波形である（図 5.15）．これは，一つのパルス音のなかで時間とともに周波数を上げていく波形である．この波形を使うと，受信波形にパルス圧縮という処理を行うことで距離分解能を上げることができる．図 5.16 はパルス圧縮処理のイメージである．受信波形を，送信波をレプリカ波形として相互相関処理を行うことで波形を圧縮したような状態になる．これにより，狭帯域計量魚群探知機では 2 個体のエコーが重なって分離できないような場合でも，広帯域計量魚群探知機では 2 個体として分離でき，分離した単体の $TS$ から体長推定などが可能となる．図 5.17 は距離分解能向上のイメージである．パルス圧縮前には 2 個体分のエコーが重なっているが，パルス圧縮をすることでエコーが分離でき，さらに SN 比も向上していることがわかる．

具体的には，EK60 で単一周波数，パルス幅 1 msec の音波を使用した場合，距離方向の分解能は約 75 cm であるが，EK80 の場合は，設定にもよるが，距離分解能を約 8 cm にすることができる。

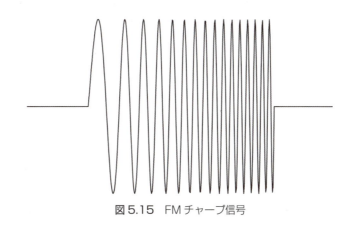

図 5.15　FM チャープ信号

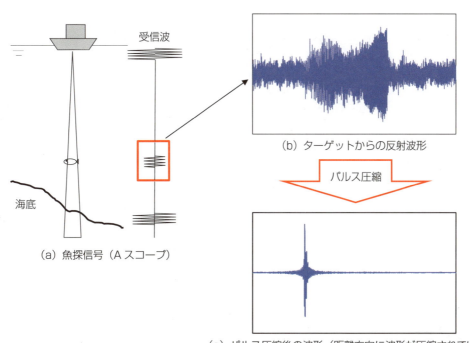

(a) 魚探信号（A スコープ）

(b) ターゲットからの反射波形

パルス圧縮

(c) パルス圧縮後の波形（距離方向に波形が圧縮されている）

図 5.16　パルス圧縮のイメージ

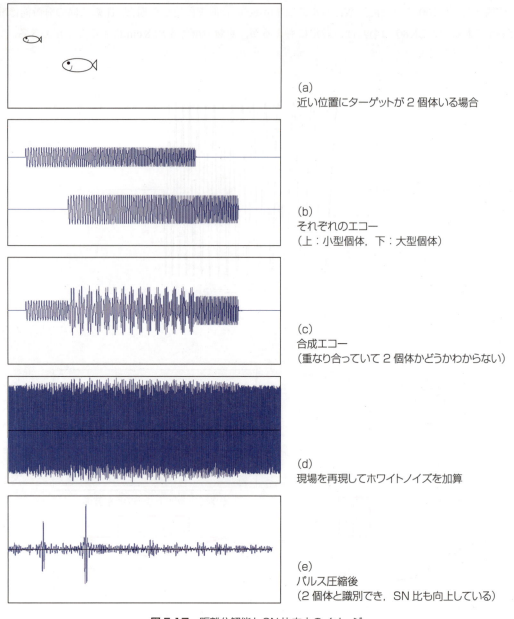

図 5.17　距離分解能と SN 比向上のイメージ

## 5.7　ソナー

　ソナー（SONAR）とは Sound navigation and ranging の略であり，音波を利用して水中の物体や海底を探知する機器を指す。つまり，先述の魚群探知機やこの後述べるスキャニングソナーなどを総称して「ソナー」という。しかし，音響調査の現場では，「（計量）魚群探知機」というと船の真下方向のみを探知する機器を指し，「ソナー」というと真下以外（水平方向や俯角 $X°$）を探知する機器を指すことが多い。

ソナーには，サーチライトソナー，半周スキャニングソナー，全周スキャニングソナーなどがある（図5.18）。いずれも音波を真下以外に放射することで，計量魚群探知機よりも広い範囲の探知を可能としている。以下にそれぞれの詳細を示す。

(a) サーチライトソナー　　　(b) 半周スキャニングソナー　　　(c) 全周スキャニングソナー

図5.18　いろいろなソナー

**サーチライトソナー**は，1本の音響ビームを物理的に水平方向に振ることで広範囲の探知を行うソナーである。魚群探知機より探知範囲は広くなるが，後述するスキャニングソナーに比べると探知ムラがある（図5.19）。スキャニングソナーの発展に伴い，現在ではあまり使用されることがなくなった。

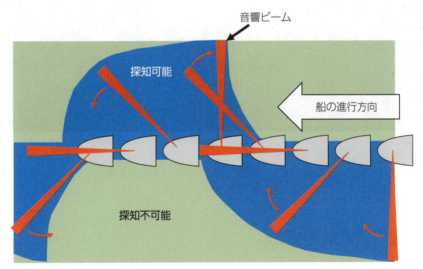

図5.19　サーチライトソナーの探知範囲。スキャニングソナーでは，青と緑の部分すべてが探知可能であるが，サーチライトソナーは青の部分しか探知できない。

**スキャニングソナー**は，主に半周と全周があるが，計測方法は同じである。トランスデューサは球形または円筒形であり，多数の小さな振動子で構成されている。まず，送信波を探知するすべての方向に向けて送波する。そして，受信のときには複数の振動子の信号を電気的に制御することで指向性の鋭い（細い）受信ビームを全周方向に形成して，各方向からの音波を受信している。半周スキャニングソナーは，180°の扇型の範囲を同時に探知する。送受波器の向き，俯角を物理的に変えることで，さまざまな方向の探知が可能である。全周スキャニングソナーは，傘型に受信ビームを配置することにより船の周囲360°を同時に探知可能である。

また，近年ではスキャニングソナーに計量魚群探知機のような計量の機能を持たせた計量ソナーが登場している（図 5.20）。これにより，従来の計量魚群探知機に比べてより広い範囲を定量的に評価できるようになった。

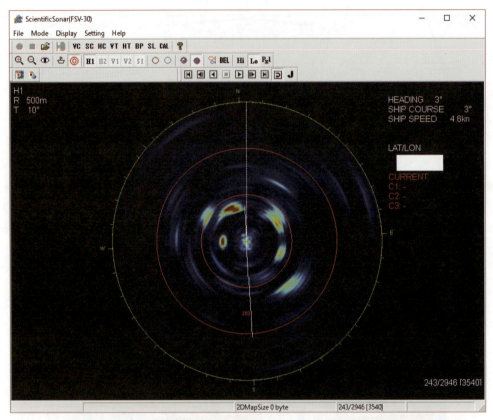

図 5.20　計量ソナーの画面。円の中心が自船位置。左上の R は自船から円周までの距離（500 m），T は音響ビームの俯角で斜め下 10°の方向を向いていることを示している。

## 5.8　調査方法と解析方法

音響資源調査では計量魚群探知機を搭載した調査船を使って，調査海域をカバーするよう複数の調査線を航走しつつ，計量魚群探知機により音響データを収集することになる。

### 5.8.1　調査計画

計量魚群探知機による音響調査に適するのは，なるべく一様に中層に分布し，調査目的とする魚種とその他の魚種があまり混在しない場合である。この条件選びには，対象魚の分布や生態的特徴や過去の調査の知見が重要となってくる。その意味では，分布や生態などがよくわからない対象種については，調査時間や調査時期などを決めるための事前調査が必要となってくる。もし，あらかじめ魚群分布や年齢組成や密集度などの知見がある場合は，調査海域を区分し，それぞれに合った

調査線の設計をすればよい。

次に，調査線をどう設定するかである。一般的には，平行調査線，ジグザグ調査線（図5.21）がよく使われる。調査線設計の例として，図5.22のような状態を考える。この海域における調査線の数 $n$ や調査線の間隔 $Z$ を決める場合，Aglen（1983）が提唱した調査強度（Degree Of Coverage：DOC）という指標を参考にするとよい。図から，調査面積 $S$ (nmi$^2$) = $XY$，調査線全長 $T$ (nmi) = $nX$，調査線本数 $n = Y/Z$ が成立する。このとき Aglen は，調査線全長を調査面積の平方根で除した値を調査強度（DOC）と定義し，それまでの多くの調査について調査強度と結果の変動係数（標準偏差/平均値）の関係を調べた。その結果，調査強度がおよそ 5 より大きいと変動係数がほぼ 0.3 より小さくなり，音響推定値のあばれが少なくなることを明らかにした。つまり

$$DOC = \frac{T}{\sqrt{S}} = n\sqrt{\frac{X}{Y}} > 5 \tag{5.18}$$

$$n > 5\sqrt{\frac{Y}{X}} \tag{5.19}$$

となる。ある海域の音響調査を行う場合，おおよそこの式に従う $n$ や $Z$ を選定するようにすればよい。

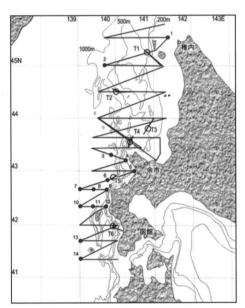

図5.21 音響資源調査で使われる調査トランセクトの例（ジグザグ調査線）

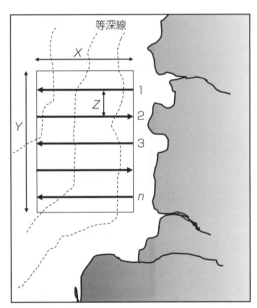

図5.22 音響資源調査の調査線の決めかた

海中の生物は日周鉛直移動することが知られている。したがって，対象種の鉛直移動や，混在する生物の動態も考えなければならない。図 5.23〜5.25 に昼夜のエコーグラムの様子を示す。

図5.23 はスケトウダラ *Gadus chalcogrammus* の反応であるが，スケトウダラは昼間，海底近くに張りつくため，計量魚群探知機では海底との判別が不可能である。しかし，夜間は海底から浮き上がり，探知できるようになる。このような場合は夜間に音響調査を行ったほうがよい。ちなみに，海底付近の魚が海底と分離されて探知されるためには，魚と海底の距離が最低でも $(c\tau/2)$ m 以上離れていなければならない。

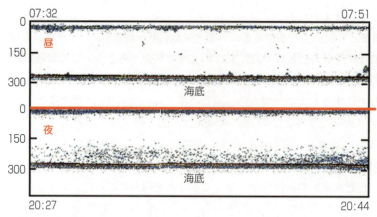

図 5.23　昼夜におけるスケトウダラ魚群の分布の違い（上：昼，下：夜）

次に，図 5.24 はホッケ *Pleurogrammus azonus* のエコーグラムであるが，この種はスケトウダラとは逆に昼間浮上する特性があるため，音響調査は昼間に行ったほうがよい。ただし，時刻による餌生物との混在状況や，他魚種との判別可能・不可能も考慮する必要がある。

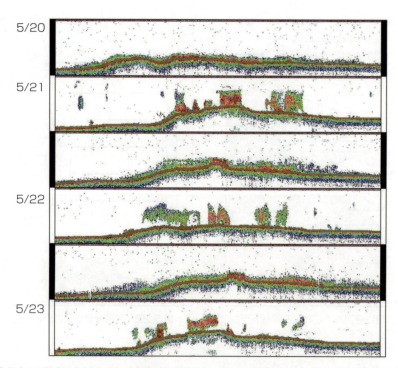

図 5.24　昼夜におけるホッケ魚群の分布の違い（上から順に，夜・昼・夜・昼・夜・昼）

図 5.25 は，日没，日出を挟んで計量魚群探知機で海中の様子を観察したものであるが，魚たちの餌となる動物プランクトンもダイナミックな日周鉛直移動を行っていることがわかる。また，昼夜で生物の姿勢が大きく異なる場合もあるため，式 (5.8) に代入するターゲットストレングスを昼夜で変更するといった工夫も必要となってくる。

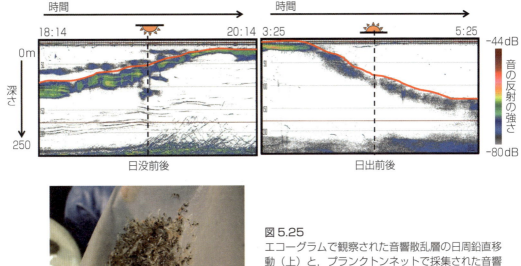

図 5.25
エコーグラムで観察された音響散乱層の日周鉛直移動（上）と，プランクトンネットで採集された音響散乱層を構成する生物（左）（主にオキアミ類）
（上図の赤い線が音響散乱層の上端を示している）

### 5.8.2 調査の実施

実際の調査では，計量魚群探知機を作動させ，計画した調査線を航走し，音響データを収録する。また，標準球による較正，トロールなどによる対象魚種や大きさの把握，自然状態での TS 測定などを行う。計量魚群探知機ではすべての信号を定量化するため，**雑音**にはとくに気を使わないといけない。雑音を魚と認識して解析に含めてしまうと，個体数密度の過大評価につながってしまう。雑音の代表例を図 5.26～5.28 に示すが，現場では，これらが入り込まないよう細心の注意を払うとともに，もし入ってしまったら，解析時には必ず除去するようにしなければならない。

図 5.26 は，船が大きく揺れ，船底に泡が入り込むことにより，あるパルスのデータが欠落してエコーグラムに白い縦線が入ったように見える**泡切れ**の例である。よく見るとわかるように，白い線はデータの欠落のためであり，エコー信号を表示する **A スコープ**（エコーグラムウィンドウと各種設定や情報がテキストで示されているテキストウィンドウの間に表示される）でも海底のエコーが消えているのがわかる。対策としては，天候が回復するまで待機する，航走するコースを変更する，船速を下げるなどの方法がある。

図 5.27 は他の音響機器と**干渉**した例である。図では縦に約 70 m ほどの長さで線が入っているのが見える。これが他の音響機器，ここでは ADCP との干渉である。A スコープでもちょうどその信号を捉えているのがわかる。一般に ADCP のパルス幅は長く，70 m ほどの干渉信号から推定するとほぼ 50 ms（ミリ秒）と想像できる。魚群探知機においては，パルス幅は 1 ms 程度なので，モニタ上では 1.5 m ほどの線となって現れる。対策としては，干渉する機器による計測をやめる，音響機器間の同期をとるなどが挙げられる。北海道大学水産学部附属練習船おしょろ丸では**同期装置**（K-Sync）が装備されており，すべての音響機器の発信を制御し，干渉を最低限に抑えている。

最後に図5.28 であるが，これは海底の2重エコーを捉えたものである。この場合は，エコーが弱いのですぐに2重エコーとわかるが，もっと強いと海底エコーと間違うことがあるので注意が必要である。これは，水深440〜400 m の場所でのエコーグラムである。海底の2重エコーが130〜70 m のところに現れている。このときの音速は毎秒1469 m としていたが，なぜこの深さに出てくるかを各自考えていただきたい。対策としては，パルス間隔を変化させることである。

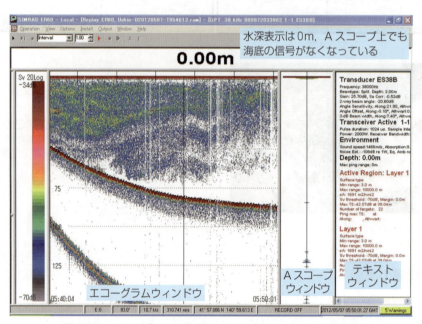

図5.26　エコーグラムで観察された泡切れによるデータの消失

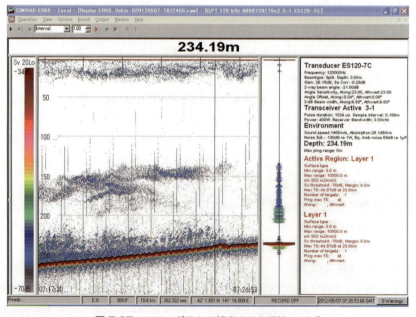

図5.27　エコーグラムで観察された干渉ノイズ

第 5 章 音響機器

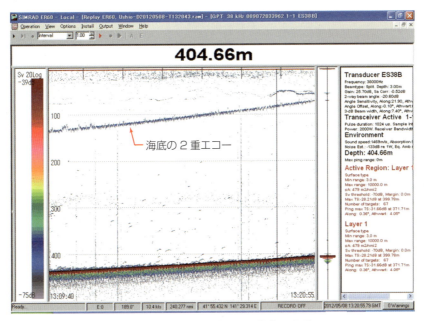

図 5.28 エコーグラムで観察された海底の 2 重エコー

　以上，計量魚群探知機でエコー積分方式による広域の $\langle Sv \rangle$ を得て，トロールやその他の方法で対象種の大きさなどを知り $\langle Ts \rangle$ を決めることで，密度 $\langle \rho \rangle$ を得ることになる。これを調査海域に引き延ばして，ある海域における対象種の量を推定する。これはごくごく単純な方法である。何を知りたいかで解析の方法が異なり，一概に書くことができない。いずれにしても，対象種の生態をしっかり把握したうえで，その種が音響調査に適しているのか，適していないのか，また，どのような時期・時間に調査すればよいのかを検討する必要がある。さらには，対象種の音響反射や散乱の周波数特性や生息域を考え，用いる周波数やパルス幅を決める必要もある。計量魚群探知機は計測器である。使いかたを間違えると値が得られないし，得られても間違った測定値を得てしまう。原理をしっかり理解し，対象とする魚種の生態を調べ，用いる調査船の雑音特性なども調べたうえで，綿密な調査設計を行う必要がある。

《参考文献》

- Aglen, A (1983) Random errors of acoustic fish abundance estimates in relation to the survey grid density applied. FAO Fisheries Report, **300**: 293–298.

# 第6章 船体運動・船体工学・機関
前川和義

## 6.1 船とは

　船とは水上に浮かんで移動できるものであり，その用途や大きさ，形状によっていくつかの種類に分類することができる。ここでは最も一般的な，用途による分類を表6.1に示す。乗船実習の際，航行中や出入港時に多種多様な船舶と行き交うので，その姿や設備にどのような違いがあるのか注意してみると興味深い。なお，大学や研究機関に所属する練習船や調査船は，特殊船に分類されるが，水産学部の練習船は漁業も行うことから漁船に分類されている。

表6.1　用途による船の分類

| | | |
|---|---|---|
| 商船 | 旅客船 | 単に客船とも呼ばれ，旅客の輸送に用いられる船。定期航路を航行するものや，船旅を楽しむためのクルーズ船，観光地の遊覧船など。 |
| | 貨客船 | 貨物と旅客の両方を輸送する船。カーフェリーなど。 |
| | 貨物船 | 専ら貨物の輸送に用いられる船。貨物の種類によって下記のような分類に分かれている。 |
| | 　一般貨物船 | 一般貨物を輸送する船。 |
| | 　コンテナ船 | 大きさが規格で定められた貨物コンテナを専門に輸送する船。 |
| | 　タンカー | 液体貨物を輸送する船で，船体に巨大なタンクを備えている。原油タンカーなど。 |
| | 　液化ガス運搬船 | LNG（液化天然ガス）やLPG（液化石油ガス）を輸送する船。ガスを低温で液化させた状態で輸送する。 |
| | 　自動車運搬船 | PCC（Pure Car Career）と呼ばれる自動車専用の輸送船。自動車を積載するための広いデッキが複数層設けられている。 |
| | 　ばら積み船 | 穀物，鉱石，石炭など，粒状の貨物を輸送するための船。特定の貨物の専用船と，複数の貨物に適応した兼用船がある。 |
| | 　その他 | 港湾内や水路で荷物を運ぶバージや，それを押して運ぶプッシャーバージなど。 |
| 漁船 | | 各種の漁業に用いられる船。漁法など，その目的によって船の規模や構造は多岐にわたる。漁獲物の運搬や加工を行う船も含まれる。 |
| 特殊船 | | 洋上作業船や，海洋で科学調査を行う調査船，巡視船など。 |
| 艦艇 | | いわゆる軍艦。 |

## 6.2　船体の要目

### 6.2.1　船の寸法

　船の長さを表す用語としては，全長，垂線間長（すいせんかんちょう），登録長などがある。幅を表す用語には，全幅，型幅（かたはば）など。深さを表す用語として，喫水（きっすい），型喫水（かたきっすい），型深さ（かたふか）などがある。それらは図6.1に示すように定義されている。なお，「型」がつく呼び名はその値に外板の板厚を含まない寸法のことを指す。とくに，喫水線と船首材前面の交点にたてた垂線を船首垂線（F.P.），喫水線と舵軸の交点にたてた

垂線を船尾垂線（A.P.）と呼び，それらの水平距離である垂線間長（$L_{PP}$）は船舶工学の分野で船の長さとしてよく用いられる値である。

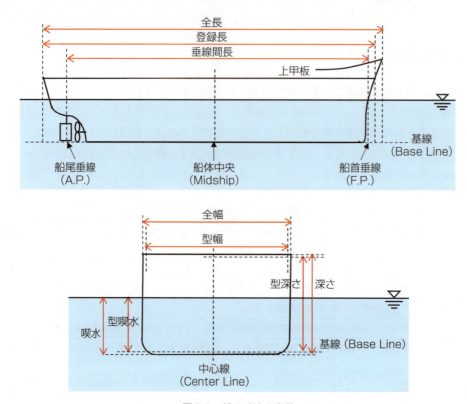

図6.1　船の寸法の定義

## 6.2.2 トン数

　**トン数**は船の大きさや重量を表すもので，船にかかる税金やさまざまな手数料を決める際の基準としても用いられている値である。

　船の容積を表すトン数として，総トン数と純トン数がある。**総トン数**とは喫水線よりも上にある上部構造物を含む船全体の容積のことで，全容積に係数をかけて算出される。**純トン数**は旅客や貨物を積載するスペースの容積を表す。

　重量を表すトン数には，排水量，載貨重量などがある。**排水量**は船が水に浮かんだ際に押しのける水の重さであり，船の重量に等しい。**載貨重量**は満載時の排水量から空船時の排水量を除いたもので，積載可能な貨物の量を表すことから，一般に貨物船の大きさを表す値として使用されている。

## 6.3　船の操縦の原理

### 6.3.1　推進器（スクリュープロペラ）

　船の推進力は，船尾に装備された**スクリュープロペラ**（以下プロペラと記す）によって生み出

される。プロペラには 4〜6 枚の翼が角度（ピッチ角）を付けて取り付けられており，プロペラの回転で翼に水が流入することによって発生する揚力を推進力として利用している。プロペラには，ピッチ角が固定された固定ピッチプロペラ（FPP）と，翼の付け根を回転させることでピッチ角を変化させることが可能な可変ピッチプロペラ（CPP）がある。推力を制御して船速を変える場合，前者ではプロペラ回転数を変える必要があるのに対して，後者ではプロペラ回転数を一定に保ったままピッチ角を変更するだけで，前進から中立，後進へと，推力を自在にコントロールすることができる。

### 6.3.2　舵（ラダー）

舵は船を旋回させて針路を変更することを目的として船尾に装備されており，舵角を変化させることで舵に発生する揚力が変化することを利用して，船尾を必要なだけ横に振り出す役目をしている。舵に発生する揚力は流入する水の速度に応じて増加するため，プロペラによって加速された水流（プロペラ後流）を受けるよう，プロペラの真後ろに装備されている。舵角の増加に伴って発生する揚力も

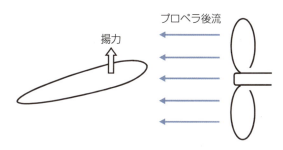

図6.2　操舵による揚力の発生

大きくなるが，水の流入角度が大きくなりすぎると舵の表面に沿う水の流れが剥離し，揚力が大きく減少してしまうため（これを失速現象と呼ぶ），通常の船は舵角の上限を 35 度としている。また，舵によって船尾が横に振り出されると，船体に生じる旋回方向に対して外側への横流れ運動によって船体自身にも揚力が発生し，これが旋回運動をさらに促す働きをする。一方，船速が遅い場合は舵への水の流入速度も遅くなるため十分な揚力が得られず，その性能は大きく低下してしまう。

### 6.3.3　サイドスラスタ

頻繁に離接岸を繰り返す船や洋上で船位をコントロールしながら作業を行う必要がある船では，その必要性に応じてサイドスラスタを装備していることがある。サイドスラスタはその名のとおり横向きに推力を発生させる装置で，船体下部の横方向に設けられた筒状のトンネル（ダクト）のなかでプロペラを回転させて操船を行う。船首に装備されているものをバウスラスタ，船尾に装備されているものをスターンスラスタと呼び，船首尾それぞれに装備している場合や，船首のみに装備している場合がある。これらを作動させることによって船体に横方向の推力を発生させることが可能となり，船首尾で逆方向の推力を発生させて船をその場で回頭させたり，船首尾で同方向に推力を発生させて船を真横に移動させたりすることができる。ただし，船速が増加するとその性能は著しく低下するため，前項で述べたような舵が十分に効かない停船状態もしくは低速で航行しているときにその効果を発揮する。図 6.3 に，バウスラスタ，スターンスラスタの装備位置と，これらを利用して船が真横へ移動する際の作動の様子を示す。

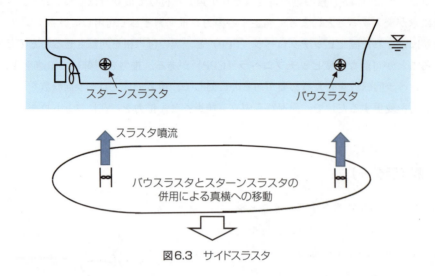

図6.3 サイドスラスタ

## 6.4 船体動揺と復原性

### 6.4.1 船の揺れ

波によって動揺する船は，上下・左右・前後方向を軸にした3つの直線的な往復運動と3つの回転運動が組み合わされた，複雑な6自由度運動を行っている。上下方向の揺れを**上下揺れ**（ヒービング），左右方向の揺れを**左右揺れ**（スウェイング），前後進を繰り返すものを**前後揺れ**（サージン

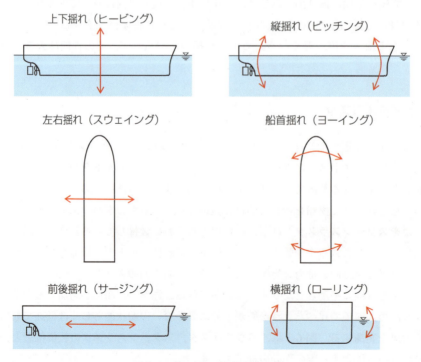

図6.4 船の揺れ（6自由度運動）

グ）と呼び，船首尾が交互に沈む揺れを縦揺れ（ピッチング），左右舷が交互に沈む揺れを横揺れ（ローリング），船首尾が水平方向に交互に振れる揺れを船首揺れ（ヨーイング）と呼ぶ。これら6種類の運動を図6.4に示す。

### 6.4.2　復原性

　船に生じる揺れのなかで最も注意が必要なのは転覆の危険性につながる横揺れ（ローリング）であるが，船は波や風によって船体が傾斜しても元の姿勢に戻ろうとする性質である復原性を持つように設計されている。

　船が安定している状態では，船体に鉛直方向に作用する重力と浮力が互いに釣り合って水面に浮かんでいる。一方，船体が傾斜すると図6.5のように水面下の船体形状が左右非対称となって浮心（浮力の中心）の位置が横方向へ移動し，傾斜した船体を元に戻そうとする「復原力」が作用する。

　復原性は，船の重心Gと浮心Bの関係によって求められるメタセンタ高さ（$\overline{GM}$）の値で良し悪しが評価される。復原性が劣っている（$\overline{GM}$の値が小さい）と船体は大きく傾斜してしまい，荷崩れを起こしたり，乗船者の活動に支障が生じたりする原因となる。一方，復原性が過剰である（$\overline{GM}$の値が大きい）場合には，船体が少し傾斜しただけでもすぐに元に戻ろうとするため，小刻みな揺れが続いて乗り心地は悪化することになる。したがって，安全性と乗り心地が適切なバランスとなるよう，船は設計されている。

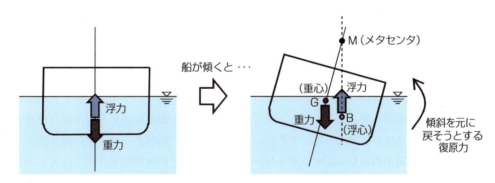

図6.5　傾斜した船体に作用する復原力

### 6.4.3　減揺装置

　たとえ転覆の危険性がなくても，船の動揺は乗船している者にとって不快なものであり，船酔いの原因ともなる。また，水産系の練習船や海洋観測業務を行う調査船は，洋上で停船し，ワイヤケーブルなどによって観測機器や漁具を海中へ投下・揚収する作業を行うことから，船体の横揺れが観測へ影響する可能性があることにも配慮しなければならない。そこで次に示すような動揺を低減させることを目的とした装置が用いられている。いずれの装置も船体の重心位置から離れているほうが大きなモーメントレバーを得られるため，船体の横断面積が大きい船体中央部付近に設置されていることが多い。

(1) ビルジキール

　船体中央部付近のビルジ部（船底両端の湾曲部）に取り付けられた細長い板状の付加物である。船体が横揺れを起こすと，両舷のビルジキールが船体の周囲に大きな渦をつくり出すことで横揺れに対する抗力を発生させ，大きな減揺効果を得ることができる。構造が単純で停船時にも有効であることから，ほとんどすべての船に装備されている。ビルジキールの装備位置を図6.6に示す。

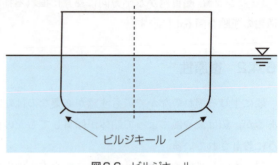

図6.6　ビルジキール

(2) アンチローリングタンク（ART，減揺水槽）

　船体に水を入れたU字型のタンクを設置し，横揺れしている船の傾斜に対して反対側の舷に水を移動させる装置である。船の動揺周期にあわせて反対舷に質量を移動させることで船の動揺を軽減させる仕組みであり，受動型（パッシブタイプ）と能動型（アクティブタイプ）の2種類がある。現在は，両舷のタンク上部を連結したパイプ内の空気の通過量を制御することで水の移動をコントロールする，後者のタイプが一般的である。船体の限られたスペースを割いてタンクを設置する必要があることから，本装置を装備している船は多くはないが，横揺れを半分程度に抑えることができる。

(3) フィンスタビライザ

　船体中央部付近のビルジ部に飛行機の翼のようなフィンを取り付け，フィンに発生する揚力を利用して船体の動揺を低減させる装置である。航行中，つねに船の傾斜を戻す方向に揚力が発生するよう両舷のフィンの角度を制御することでその効果を発揮する。船体からフィンが突き出るかたちとなるために船体抵抗が増加してしまうデメリットがあるが，その減揺効果は非常に大きいことから，横揺れの抑制を重視する船舶で多く採用されている。なお，不要なときは船体内部に格納することができるようになっている。舵と同様，フィンに発生する揚力は船速によって増減するため，停船時や低速で航行している際にはその効果を発揮することができない。

## 6.5　機関

### 6.5.1　主機

　プロペラを回転させて船に推進力を与えるための機関（エンジン）を主機という。最も一般的に利用されているのは重油を燃料とするディーゼル機関であり，主機で生み出された回転運動をプロペラ軸に直接伝えて船尾のプロペラを回転させる仕組みとなっている。この場合，プロペラの回転によって発生した振動や騒音がプロペラ軸・主機を介して船体に伝わってしまうため，その影響を抑えたい場合（たとえば，客船は乗り心地を向上させるため）には，プロペラと主機を直結させず，

発電機による電力でプロペラをモーター駆動させる電気推進システムが採用される場合もある。

主機（および関連する補機）は，船尾部に設けられる機関室（エンジンルーム）に配置される。

### 6.5.2 補機

主機以外の機械をまとめて補機という。補機には，発電機や各種のポンプ，通風装置，冷却装置など，多種多様な種類がある。これらのうち，とくに重要な補機は船内の電力をまかなう発電機であり，陸を離れて洋上に出た船で停電を起こすことは絶対に避けなければならない。

《参考文献》

- 池田良穂監修（2011）史上最強カラー図解 プロが教える船のメカニズム　ナツメ社，東京，239 pp.

# 第7章 操船運航(位置の測定とその計算方法)

## 7.1 地球座標系
大西広二

　地球上の点の位置を表現するためには,一般的に **緯度**(Latitude : Lat.),**経度**(Longitude : Long.)および高さ(または深さ)が用いられる。これらは,理論的地球表面を仮定し,その面上での位置座標(緯度・経度)と,その面からの隔たり(高さ)を表す。洋上の船舶では高さはつねに 0 m と考えてよく,緯度・経度(図 7.1 参照)だけが問題となる。

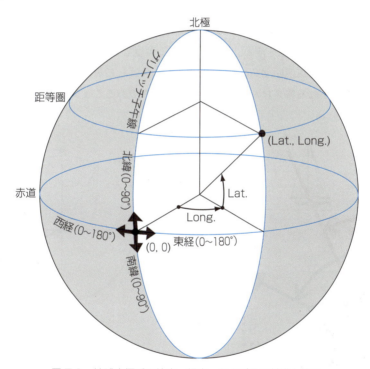

図 7.1　地球座標系の緯度・経度,およびその基準と範囲

以下,用語について説明する(図 7.1 参照)。

- **緯度**:赤道を 0° として南北に極まで 90° を表す。(北緯:N,南緯:S)
- **経度**:グリニッチ子午線を基準に東西に 180° を表す。(東経:E,西経:W)

　緯度・経度は度(°),分('),秒(")で表すが,船の位置などを示す場合は一般的に秒を用いず,分の少数桁で表す場合が多い(例:Lat. 41°48.42′N, Long. 140°43.35′E)。言うまでもなく,1 度 = 60 分,1 分 = 60 秒であり,60 進法であることに注意が必要。ちなみに緯度の 1 度 = 111.12 km,1 分 = 1852 m,1 秒 = 30.87 m に相当する。

- 変緯（difference of latitude：d.lat.）：2点間の緯度の差（緯差）を表す。
- 変経（difference of longitude：D.L.）：2点間の経度の差（経差）を表す。
- 海里（nautical mile：n.m. または nm, nmi）：航海や海上で用いる距離単位で，1 n.m. = 1852 m。1 n.m.（1マイル）は緯度（45°における）1分の地球表面での長さに相当する。1時間あたり1 n.m. 進む速度が1ノット（1 knot = 1.852 km/h = 0.5144 m/s）。陸上で用いるマイル（mile）は 1609.3 m で異なることに注意する。高さ・深さは通常メートル（m）を用いるが，アメリカなどではフィート（feet, 1 ft = 0.348 m），ファゾム（尋, Fathoms, 1 fm = 6 ft = 1.8288 m）を用いる場合もある。
- 東西距（departure：dep.）：2点間の東西の距離 [n.m.] を表す。変経（D.L.）とは異なることに注意する。赤道上でのみ，東西距の 60 n.m. = 60′ = 1°（変経）に相当する。
- 方位（bearing：B'g）：物標と測位点を結ぶ線と子午線とのなす角度 [°] を表す。
- 針路（course：Co.）：子午線と船の進む方向との角度 [°] を表す。針路の表記方法には360度法と象限法がある（図7.3参照）が，一般的には360度法が用いられる。360度法は北を0°として時計回りに角度を測る。数学で用いる角度と基準・回転方向が異なるので注意が必要。また，変緯や東西距から針路を計算する場合は，三角関数の逆関数を用いるが，一般的な計算機で導かれる答えは小さいほうの角度のみであることに注意する。
- 航程（distance：dist.）：2点間の航走距離 [n.m.] を表す。

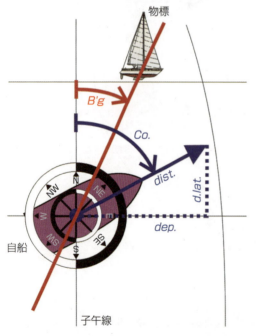

図 7.2　360度法による方位と針路，東西距と航程の関係図

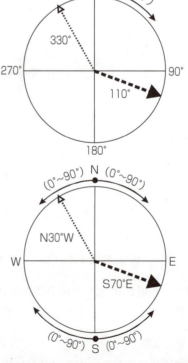

図 7.3　360度法（上）と象限法（下）による針路の表しかた。象限法は北または南を基準に，東西に 90°までの値で表現する。360度法での 110°は象限法では S70°E に相当する。

**練習問題** 1

① 2地点間の変緯・変経を求めよ。

|  | 緯度 | 経度 | 緯度 | 経度 |
|---|---|---|---|---|
| 出立地 | 15°30.5′N | 40°43.3′W | 41°48.4′N | 175°18.3′E |
| 着達地 | 12°41.6′S | 15°21.3′E | 55°32.6′N | 176°17.6′W |
| 変緯/変経 |  |  |  |  |

② 2点間の変緯・変経から着達地の緯度・経度を求めよ。

|  | 緯度 | 経度 | 緯度 | 経度 |
|---|---|---|---|---|
| 出立地 | 15°15.4′S | 4°43.3′W | 11°22.4′S | 176°15.2′W |
| 変緯/変経 | 1°48.4′N | 8°53.8′E | 12°45.8′S | 6°55.3′W |
| 着達地 |  |  |  |  |

※ 解答は章末に掲載（以下同じ）

## 7.2 地図の投影法と海図
大西広二

球体である地球を平面の地図に置き換える場合（図7.4），どのような手法を用いても無理が生じる。たとえば面積を正しく表そうとすれば方向・方位にゆがみを生じ，方向・方位を正しく表そうとすれば面積や地形にゆがみが生じる。したがって平面の地図は，その使用目的に合った手法で描かれたものを用いるべきである。

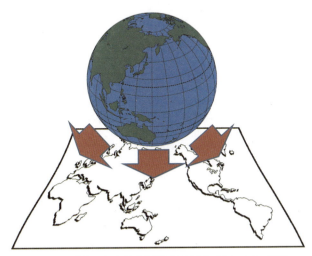

図7.4 球体である地球を平面の地図に表すイメージ図

船の航海では，目的地までの角度が船の針路を決める重要事項なので，方位がつねに一定で直線上に描かれるメルカトル図法（正角・接円筒・心射図法）による漸長図（Mercator's chart）が一般的な海図（chart）として用いられる。この投影図法（Projection）はすべての緯度線と経度線が

平行に描かれ，かつ互いが直交しているので，局地的な空間をデカルト座標（X-Y-Z の直交 3 軸）で考える場合にも理解しやすく，一般的な地図の図法としても広く用いられている。しかし，高緯度では面積の拡大や地形のゆがみが大きくなり，面積や形を重要視する目的には不適格である。本節では図法に関する分類方法とその特徴，さらに海図に関する簡単な説明を行う。

### 7.2.1 投影図法の分類

図法にはその投影図法の性質を表す表現（上記，メルカトル図法では「正角」，図 7.5），球体の地球と投影面である平面地図との位置関係を表す表現（「接円筒」，図 7.6），さらに投影時の光源の位置と角度を表す表現（「心射」，図 7.7）が用いられる。しかし，これら表現法のすべてを併記するのは煩雑なので，「メルカトル図法」のように考案者の名前をとって表現される場合が多い。

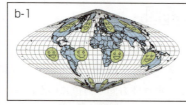
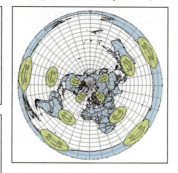

図 7.5 図法の特性による分類。地図上の「スマイルマーク」が真円で正面を向いていれば，地形や方位が正しく表現されている。
(http://maps.unomaha.edu/Peterson/carta/Assign/ProjectionPage/ProjectionPage.htm より)
(a) 正角図法：地図上の 2 点を結ぶ直線と経度線のなす角は，北に対する角度と同じ。高緯度になると南北方向の伸びが大きくなり，面積も拡大される。メルカトル図。
(b) 正積図法：地図上のすべての区画の面積が正しく表現される。しかし高緯度では，方位は局に向かって集中し，形もゆがめられる。b-1 はサンソン（Sanson）図法，または経度線がサインカーブとなることから正弦曲線図法（Sinusoidal Projection）。b-2 はモルワイデ（Mollweide）図法。
(c) 正距図法：地図上の中心点からの放射線上の距離が等しく表現される。すべての点間の距離が等しく表現されるわけではない。図は北極が中心。

(a) 円柱投影法（Cylindrical Projection）

接円筒　　　　　割円筒

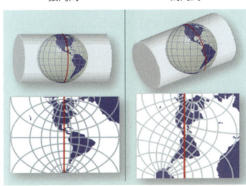

横軸法 / 赤道投影　　斜軸法 / 地平投影

(b) 円錐投影法（Polyconic Projection）

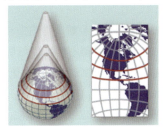

接円錐 / 割円錐

(c) 平面投影法（Planar Projection）

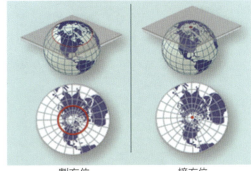

割方位　　　　　接方位

図 7.6　投影面の形状と地球の位置関係による分類。投影面の形状で大別し，(a) 円柱投影法，(b) 円錐投影法，(c) 平面投影法（方位図法に用いられるので「方位図法（Azimuthal Projection）」と同義）に分けられる。地図上の赤い線・点は地球と投影面の接線・点。
(http://geokov.com/education/map-projection.aspx より，©USGS)

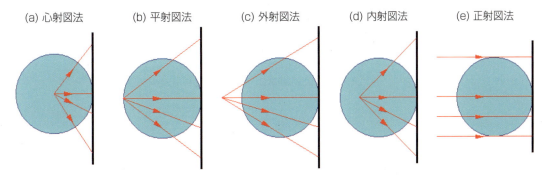

図 7.7　投影の光源位置と光の方向による分類。(a) 心射図法（Gnomonic Projection）：光源が地球の中心にある。(b) 平射図法（Stereographic Projection）：中心線上で投影面の裏側にある。(c) 外射図法（External Perspective Projection）：中心線上で地球外部にある。(d) 内射図法（Internal Perspective Projection）：中心線上で地球内部にある。(e) 正射図法（Orthographic Projection）：無限遠方からの平行線による。
(Atlas Study (http://atlas.cdx.jp/projection/light.htm) より)

## 7.2.2 海図の知識

洋上での自船の位置や航跡を記入して実速力を読み取ったり，観測点などの目標位置を記入して自船からの方位と距離を実測したりするには，海図が用いられる。海図にはその縮尺によって，広域な範囲や外洋の大まかな航路を策定する総図（General Chart：縮尺 1/400 万，以下）・航洋図（Sailing Chart：縮尺 1/100 万，以下），おもに沿岸域の航海に用いられる航海図（General Chart of Coast：縮尺 1/30 万，以下）（図 7.8 a）・海岸図（Coast Chart：縮尺 1/5 万，以上），港湾や海峡への進入時に用いる港泊図（Harbour Plan：縮尺 1/5 万，以上）（図 7.8 b）がある。

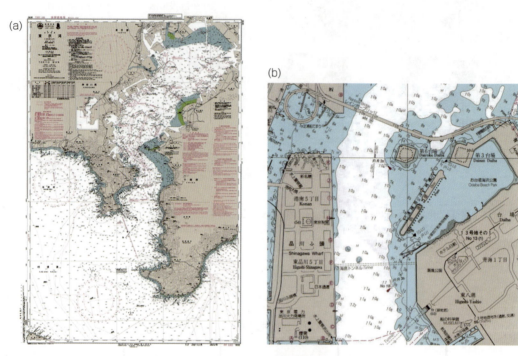

図 7.8　(a) 東京湾の航海図（航海用海図 W90「東京湾」）
　　　　(b) 東京湾お台場付近の港泊図
　　　　（海上保安庁図誌利用第 20190003 号）

## 7.2.3 海図に記載されているもの

海図には表題をはじめ，図名，縮尺，使用単位，刊行年月日などの一般的な情報に加え，さまざまな情報が記載されている。ここではその内容について簡単に紹介する。

(1) 方位の表示

海図には 2～4 個のコンパス図（図 7.9，図 7.8 a 参照）が記載されている。コンパス図の外側の円は真北（True North）を起点とし，東西南北は経度線・緯度線と一致する真方位（True Bearing）。内側の円には磁気コンパスが指す北（磁北：Magnetic North）を起点とした磁針方位（Magnetic Bearing）が記されている。両者の差は磁気偏差（Magnetic Deviation）と呼ばれ，場所によって異

なるため，磁針方位を使用する場合（小型船舶での測定や，磁気を利用した流向計測など）は海図に記された近い位置のコンパス図を用いる。

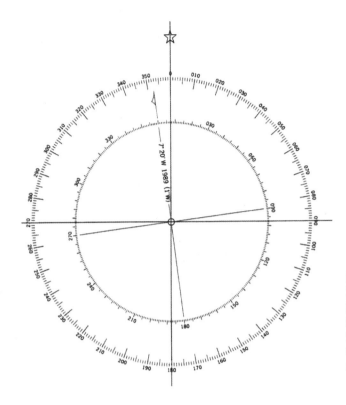

図 7.9
コンパス図（Compass roses）。磁気偏差は 7°20′W1989（1′W）の表記があり，1989 年測定の磁気偏差が 7 度 20 分西向きにずれており，約 1 分／1 年の割合で西向きに磁北が移動していることを示している。
（海上保安庁図誌利用第 20190003 号）

(2) 水深・等深線

海洋の部分にランダムに記されている数字は深度を示し，その基準は，最低水面（略最低低潮面：干潮時に，起潮力の大きい主要 4 分潮の半潮差の合計を，観測により決定した平均水面から減じた潮位。簡単に言うと，これより低くはならないと想定されるおおよその潮位）を基準としている（図 7.8 b，図 7.10 参照）。

(3) 底質

海底の地質や堆積物を示し，決められた略語（S：Sand 砂，M：Mud 泥，Sh：Shells 貝殻，Co：Coral サンゴ，R：Rock 岩，など）で書かれている。海底調査や漁労，船が錨を下ろすときなどに重要な要素となる。

(4) 航路標識など

灯台，灯標，無線基地局などが記載されている。灯台に関しては，灯色，灯質，周期，高さ，光達距離なども併記されている。図 7.10 に記された灯台（中央やや右寄りの位置）では，"Fl.6s78m17M" の文字が見える。これは，Fl：Single Flash light（単閃光），6s：6 秒間隔，78m：平均海面からの高さ 78 m，17M：光達距離 17 n.m. を意味している。

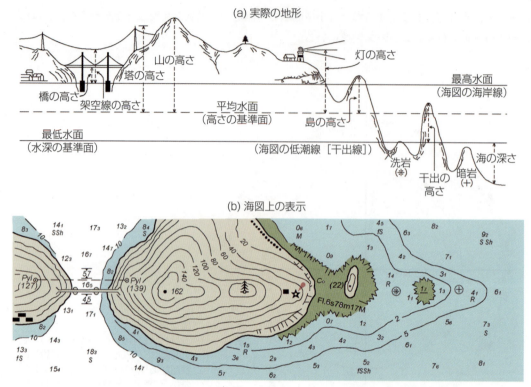

図 7.10 (a) 橋桁の高さ・海岸線の基準である最高水面，陸上物標高さの基準である平均水面，水深の基準である最低水面の違い。(b) 上記横断面の地形を海図に示したもの（架空の地形）。
（海上保安庁図誌利用第20190003号）

**(5) 海底危険物や潮流など**

自然な地形の洗岩・暗岩（図7.10参照），人工物の沈船・漁礁・海底ケーブルなどの水中障害物，航海に影響を及ぼすような速い潮流や渦流など。

**(6) 陸上域**

沿岸付近の目立つ建造物・地形に関しては記載されている。煙突やタワー，先述の灯台などの高さは平均海面からの高度が記載されている。海岸線の位置は最高水面（略最高高潮面：満潮時に，起潮力の大きい主要4分潮の半潮差の合計を，観測により決定した平均水面に加えた潮位。簡単に言うと，これより高くはならないと想定されるおおよその潮位）が岸線として描かれ，船がくぐるような橋桁・高架線などもこの最高水面からの高さが記載されている（図7.10の島の間の橋と高架線，図7.8bのレインボーブリッジの高さ）。

## 7.3　海上における位置決定方法
大西広二

緯経線の引かれていない海上において，自分の位置を知る根本原理は1つしかない。それは絶対位置がすでにわかっている対象物からの相対角度や相対距離を複数得ることによって，対象物から

の相対位置を決め，それを地球上の絶対位置に置き換えるという原理である。これは，地上物標を測る沿岸航法でも，六分儀（Sextant）を使った天体測定による測位でも，GPS（Global Positioning System）を利用した測位システムでも同じことである。測る対象物（陸上物標，天体，人工衛星）の違いと，測るものが方位・高度などのアナログ情報か，電波で送られてくる時間情報のずれから計算する距離のデジタル情報かの違いである。本節では，個々の方法と原理を簡単に紹介する。

### 7.3.1 地上物標の測定による位置決定

地上物標の方位・距離をコンパスやレーダを用いて測定する場合や，物標の高さ・夾角を六分儀や経緯儀（Theodolite：測量などで用いる水平線との仰角が精密に測れる機器）などにより測定する方法がある。また，測深器により測定した海底深度などの情報を組み合わせることにより位置を決定する方法がある。1つの物標を測定することによって得られ，自船がその線上に存在する直線または曲線を「位置の線（Position Line）」と呼び，2本の位置の線の交点が自船の位置となる（図7.11，図7.12）。

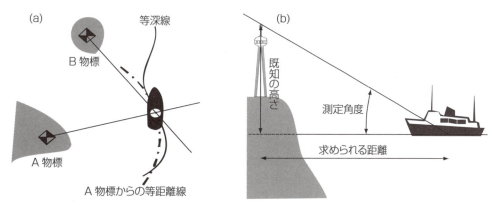

図 7.11 (a) 地上物標による自船位置の特定方法：2 物標による特定（重視線：Transit Line），方位線と水平距離による位置の線，方位線と等深線による位置の線。(b) 仰角距離法：既知の高さの地上物標の仰角を六分儀などで測定した際に求められる等距離の位置の線。

図 7.12
ブリッジサイドのレピータコンパス（ジャイロコンパスからの信号を受けて真方位を表示する）による地上物標の方位測定。写真のようにコンパスの中央に細いピンを立て，物標と重なる方位を読み取る。

## 7.3.2 天体の測定による位置決定

太陽・月・惑星・恒星などの天体の高度（水平線からの天体までの角度）を測定し，観測時刻との組み合わせから測定位置を決定する方法。無限遠から来ると仮定できる天体からの光は，地球上には同じ角度で入射する。したがって，天体の高度を水平線からの角度 $\theta°$ で見る船舶は，天体を天頂（頭上真上）に見る点から $(90-\theta)°$ ずれた位置の線上に居ることがわかる（図7.13）。たとえば，北極星が北極の天頂にあるとすると（実際はわずかに天頂からずれている），北極星の高度を $40°$ に測定する位置の線は $40°\mathrm{N}$ の緯度線と一致する。

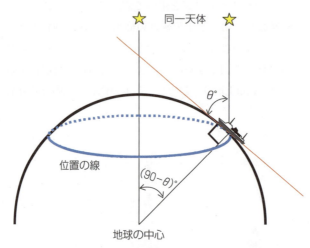

図7.13　天体の測定による位置決定の原理。天体を水平仰角 $\theta°$ に測る船舶は，天体を天頂に見る位置から等距離の位置の線上にあり，他の天体もその高度を測ることによって位置の線の交点が得られて位置を決定できる。

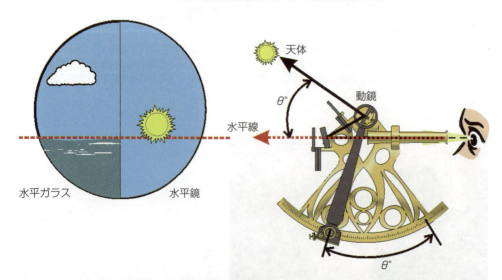

図7.14　六分儀の測定原理。左側は水平線と太陽の下辺を合わせた場合の水平ガラスと水平鏡の見えかた。動鏡に反射した天体が，水平鏡に反射して水平線と同時に見え，その際の動鏡の角度が本体下部の円弧部分に示される。この円弧部が360度の1/6の約60度であることから六分儀と呼ばれ，同様の機器で八分儀，四分儀（象限儀）などもある。

天体の天球上の位置（時角と高度）は，毎年海上保安庁から発行される天測暦に，日毎の太陽・月・惑星（金星・火星・木星・土星）の他に，代表的な 45 の恒星の情報が記載されている。

天体高度は六分儀で測定する。六分儀は，観測用望遠鏡の視点の先に，水平ガラスを通じて水平線を見る半分の視野と，水平鏡と動鏡を通じて天体を見る半分の視野で，天体と水平線を一致させ，そのときの天体高度（$\theta°$）を弧上目盛りに読み取ることができる計測器である（図 7.14）。

### 7.3.3　電波による位置決定

かつては，地上に設置した基地局から発した電波の到達時間差・位相差などから測定位置を決定していた。使用する範囲や周波数帯によってロラン A，ロラン C，デッカ，オメガなどのシステムが存在したが，現在は 100 kHz の長波を利用するロラン（Loran：Long Range Navigation）C のシステムのみが限られた地域で利用されている。これらの地上局を利用したシステムに代わって，現在ではアメリカの軍事利用から発展した GPS の利用が一般的である。GPS は 6 つの軌道上（高度約 2 万 km）に配した 4 つの NAVSTAR 衛星（計 24 個）が，約 12 時間で周回し，障害物のない地域なら常時 5〜6 個以上の衛星からの電波を同時に捉えることができる。衛星から発せられる時間情報を持った電波と受信時の時間差から，衛星と受信位置との距離が求められる。宇宙空間にある衛星位置から一定距離の半径を持つ球面上が受信者の位置となり，2 個の衛星では球と球の交わる位置の円が得られる。3 個の衛星では 2 つの円が交わる 2 点に特定でき，4 つの衛星で 3 次元の情報（緯度，経度，高度）を持つ 1 点が決定できる（図 7.15）。この GPS は上記のロラン C に代わるシステムとして船舶用に開発が開始されたが，受信機の小型化・省電力化が進み，車での利用や携帯端末での利用も普及している。

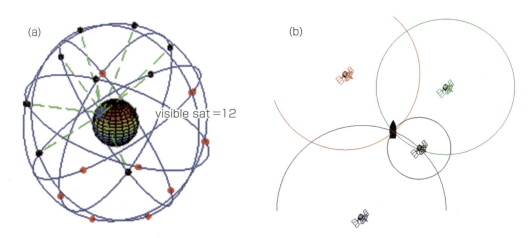

**図 7.15**　(a) GPS に利用される NAVSTAR 衛星の軌道と衛星の位置。北緯 40 度の点（緑の線が集中する点）で 12 個の衛星（黒色）が受信可能であることを示す。赤色の衛星は受信不可のもの（Wikipedia，Constellation GPS.gif）。(b) 1 つの衛星からの等距離点は地球表面上で円となり，3 つの衛星で緯度・経度の位置が，4 つの衛星を同時に捉えて高度までが特定できる。

### 練習問題 2

① 襟裳岬を方位 40°B'g，地球岬を方位 290°B'g に見る地点を地図上（図 1）にプロットして緯度・経度を求めよ。

② 恵山岬を方位 280°B'g，尻屋岬を方位 200°B'g に見る地点を地図上（図 1）にプロットして緯度・経度を求めよ。

注）方位の測りかたは図 2 に示すように，コンパス図上で方位角に三角定規をあて，物標へ平行移動させて位置の線を入れる。

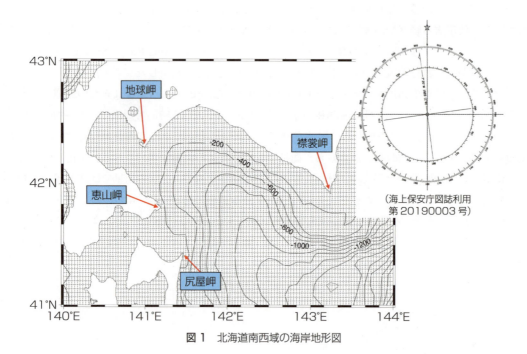

図 1　北海道南西域の海岸地形図
（海上保安庁図誌利用第 20190003 号）

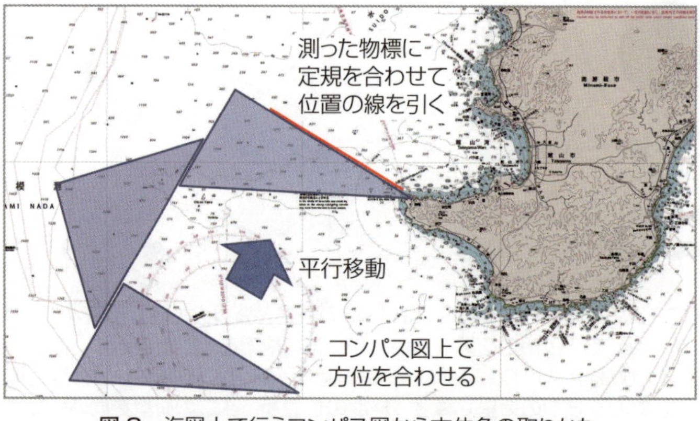

図 2　海図上で行うコンパス図から方位角の取りかた
（海上保安庁図誌利用第 20190003 号）

## 7.4 地球座標上の移動
大西広二

　海上を船で移動する場合，目的地までの針路（コース）や航程（距離）を計算して計画を立てる必要がある。海図に関する記述で説明したように，メルカトル図法による海図上では目的地までのコースを直線で引くことができるが，球面の地球上ではその直線コースが最短距離とはならない（7.4.6 項参照）。また，海図上で等間隔に描かれる経度線間も，実際は高緯度では短く，低緯度では長い距離であり，その間を斜めに横断するコースをとるような場合，その距離差を考慮しなければならない。本節では，地球座標上で移動する船舶の航海計画を立てる際に必要となる計算方法（航海計算，航法）について学ぶ。

### 7.4.1 航法

　航法とは，出立地および着達地の緯度・経度より，船の取るべき針路・航程を求め，あるいは出立地の緯度・経度とその後の針路・航程により，着達地の緯度・経度を求めるための計算方法をいう。航法には航程の線航法（Rhumb line sailing）と大圏航法（Great circle sailing）があるが，大圏航法も航程の線航法の集成とみることができる。航程の線航法とは，比較的短い距離を，針路を一定に保って航走する航法をいい，現在用いられている航法には中分緯度航法と漸長緯度航法がある。航法の分類について図 7.16 にまとめる。

図 7.16　航法の分類

### 7.4.2　平面算法（Plane sailing）

　針路を一定に保ち，A（出立地），B（着達地）の 2 点間を航走するときの航程・変緯・東西距および針路の関係式のことで，中分緯度航法・漸長緯度航法の前提算法として使用される（図 7.17）。平面直角三角形の公式より，容易に求められるが，直接変経を求めることはできない。

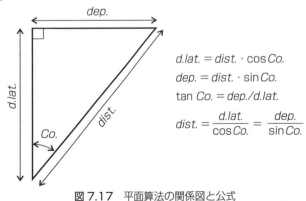

図 7.17　平面算法の関係図と公式

**練習問題 3**

針路 50° で 120 n.m. 航走したときの緯差と東西距を求めよ。

## 7.4.3 距等圏航法 (Parallel sailing)

船が同緯度の距等圏上を真東または真西に航走した場合の航海算法で，航程と東西距は等しい。地球を真球と仮定すると，図 7.18 左の関係から図右に示した式が成り立つ。

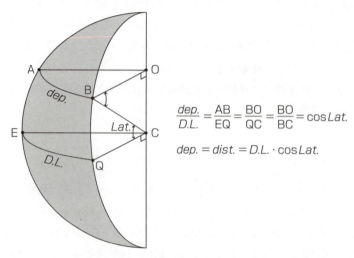

$$\frac{dep.}{D.L.} = \frac{AB}{EQ} = \frac{BO}{QC} = \frac{BO}{BC} = \cos Lat.$$

$$dep. = dist. = D.L. \cdot \cos Lat.$$

図 7.18 距等圏航法の関係図と公式

**練習問題 4**

緯度 35°N を真東（針路 90°）に 80 n.m. 航走したときの経差はいくらか。

## 7.4.4 中分緯度航法 (Middle latitude sailing)

2 地点間の東西距を，両地点の中分緯度 (Mid.Lat.) における子午線間の距等圏の長さに等しいと仮定し，平面算法・距等圏航法の公式を用い，船の針路・航程より変緯・変経を求める，また 2 地点間の変緯・変経より針路・航程を求める方法。中分緯度を決める際に，両緯度の平均をとる場合（平均中分緯度航法）と，両緯度による東西距の平均をとる場合（真中分緯度航法）がある（図 7.19 参照）が，計算が煩雑になるため通常は平均中分緯度航法で計算を行う。この計算方法は，2 点間の平均的な東西距を代表として変経を求めるため，その精度は低い。しかし，風や波，海流や潮汐流など，船速に与える不確定要素の多い海上の移動では，距離にして数メートルから数百メートル，時間にして数秒から数分の精度を計画段階から問題視しても無駄な場合が多い。したがって，直線長距離の航程では誤差が大きいものの，短い航程では十分な精度を示し，一般的な関数電卓や表計算ソフトでも計算が容易な当航法は，しばしば航海計画を立てる段階での大まかな見積もりに利用される。変緯・変経・東西距・航程の値と針路・中分緯度の角度の関係図と関係式を図 7.20 に示す。

第 7 章 操船運航（位置の測定とその計算方法）

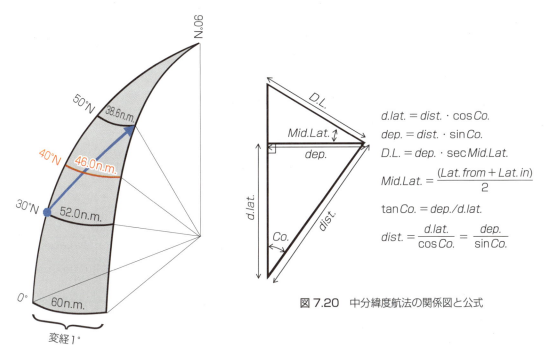

図 7.20 中分緯度航法の関係図と公式

図 7.19 平均中分緯度航法の考えかた。出発点が 30°N で着達点が 50°N なら，平均中分緯度は 40°N。真中分緯度なら，30°の変経 1°は 52.0 n.m.，50°の変経 1°は 38.6 n.m. で，両者の平均は 45.3 n.m. になり，ほぼ緯度 41°の変経 1°に相当する。

**練習問題 5**

① 緯度 41°48.3′N，経度 140°43.3′E の地点から針路 125°，距離 135 n.m. 航走した地点を求めよ。

② 次表にあげる 2 地点間の針路，距離を求めよ。

|  | 緯度 | 経度 |
|---|---|---|
| 出立地 | 48°30.0′N | 178°45.0′E |
| 着達地 | 45°45.0′N | 178°25.0′W |

## 7.4.5 漸長緯度航法 (Mercator sailing)

　海図（メルカトル図法）上に描かれる漸長緯度（Meridional part : m.p.，図 7.21 参照）を基準に，2 地点間の漸長変緯（Difference of meridional part : D.m.p.）を求め，平面算法の公式から変経を求める方法。

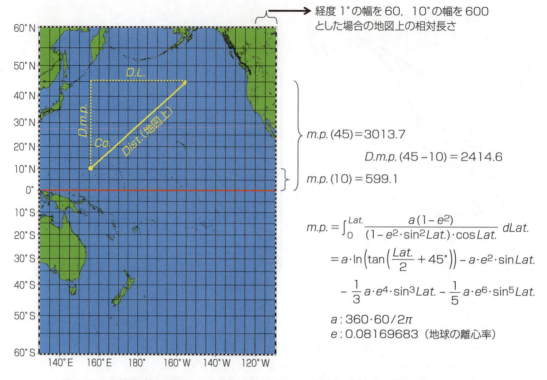

**図 7.21** 漸長緯度の計算公式と漸長変緯の求めかた。緯度 10°の漸長緯度は 599.1，緯度 45°の漸長緯度は 3013.7 となり，両者の差の漸長変緯は 2414.6 となる。

　漸長緯度とは，経度の 1°の幅を 60 とした際の相対的な長さのことで，高緯度ほど緯度の長さが長くなる漸長図では，赤道からその緯度までの相対的長さに一致する。図 7.21 において，緯度 10°までの漸長緯度は 599.1，緯度 45°までの漸長緯度は 3013.7 で，両者の差である漸長変緯は（3013.7 − 599.1 =）2414.6 となる。漸長緯度の計算は，地球の離心率も含んだ複雑なものとなるため，一般的な関数電卓では計算が難しい。しかし，そ

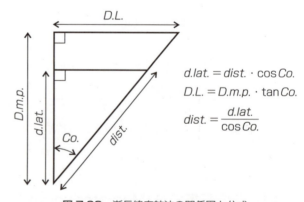

**図 7.22** 漸長緯度航法の関係図と公式

の計算精度は航程の線航法のなかでは最も正確である。変緯・変経・漸長変緯・航程の値と針路の角度の関係図と関係式を図 7.22 に示す。

**練習問題** 6
　中分緯度航法で解いた練習問題 5 を漸長緯度航法を用いて解き，両者の差を確かめよ。

## 7.4.6 大圏航法（Great circle sailing）

　地球上の 2 点間の最短距離は，その 2 点と地球の中心を通る大圏（Great circle）上に存在し，その大圏上を航行する大圏航法が最も効率が良い。大圏とは，地球を輪切りにした際の断面が最も大きくなる切り口で，経度線はすべて大圏である。緯度線は赤道だけが大圏で，他の等緯度線は大圏に対して小圏（Small circle）と呼ばれる（図 7.23）。経度線は南北に延びることから，十二支の 0 時（子，ネズミ）の位置と 6 時（午，ウマ）の位置を結ぶ線として子午線と呼ばれる。同様に，子午線と直交して東西に延びる大圏の円（赤道以外は等緯度線と異なる）を，3 時（卯，ウサギ）の位置と 9 時（酉，トリ）の位置を結ぶ線として卯酉線と呼ぶ。大圏航法は最短距離を結ぶが，陸地や障害物がある場合は当然針路どおり進むことはできず，障害がない場合でも大圏に沿うためにはつねに針路を変更しながら進む必要がある。したがって実際の運用上，太平洋を東西に横断する

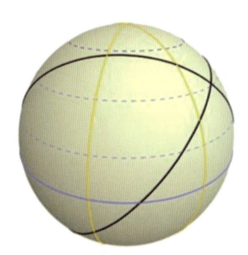

**図 7.23**　地球上に引いた大圏。実線はすべて大圏で，黄色は経度線，紫色は緯度線。経度線はすべて大圏であるが，緯度線は赤道上だけ大圏である。点線は赤道以外の緯度線で，小圏である。（ウィキペディア「大圏コース」より）

ような場合（図 7.24）などは，ある経度幅は一定の針路で進んで大圏航路を細切れの直線で結ぶような集成大圏航法（Composite great circle sailing）が用いられる。その直線の区間は，中分緯度航法・漸長緯度航法などで計算した航程の線の集成と考えることができる。

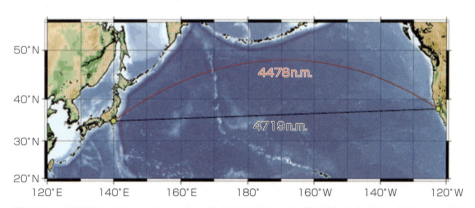

**図 7.24**　東京湾沖からサンフランシスコ沖までの大圏コース（赤線）と方位角での直線コース（黒線）。海図上で直線に描かれる航程の線（4719 n.m.）よりも，膨らんで描かれる大圏コース（4478 n.m.）のほうが実際の距離は短く，船舶や航空機の航路に使われる。

　大圏距離，出発点での針路と着達点での針路（途中の針路はつねに変化）は，図 7.25 に示すように，出発点と着達点それに極を加えた 3 点で，球面三角形の正弦定理・余弦定理から計算することができる。

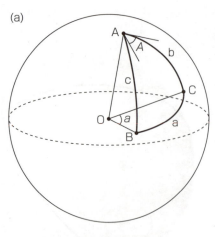
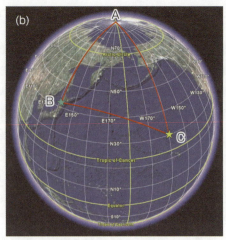

$$\frac{\sin A}{\sin a} = \frac{\sin B}{\sin b} = \frac{\sin C}{\sin c}$$

$$\cos a = \cos b \cdot \cos c + \sin b \cdot \sin c \cdot \cos A$$

$\angle a = \overset{\frown}{BC}$
$\angle b = \overset{\frown}{AC} = 90° - lat.C$
$\angle c = \overset{\frown}{AB} = 90° - lat.B$
$\angle A = long.C - long.B$
$\angle a\,[\text{deg.}] \Rightarrow \angle a\,[\text{min.}] \Rightarrow \angle a\,[\text{n.m.}]$

図 7.25　(a) 球面三角形の正弦公式と余弦公式。(b) BC 間の大圏距離を求めるには，極 A を含めた球面三角形を考え，BC の経度差（角度）を $\angle A$，AC の緯度差（角度）を $\angle b$，AB の緯度差（角度）を $\angle c$ として，余弦公式より $\angle a$ [度] を求めて [分] に変換すれば距離 [n.m.] が得られる。また，出発点の針路は $\angle B$，着達点の針路は $\angle C$ を正弦公式により求めることで得られる。

**練習問題 7**

図 7.21 に示した移動を考えて，緯度 10°00.0′N，経度 155°00.0′E の地点から，緯度 45°00.0′N，経度 155°00.0′W の地点までの大圏距離を求めよ。また，同図に示した漸長緯度から，漸長緯度航法による距離も計算し，差を求めよ。

## 7.5 船橋機器
星直樹

### 7.5.1　Compass（羅針盤）

　道路のない洋上で船が航行する際には，船の針路がどちらを向いているのか知る必要がある。太陽や星が見えないときもあれば，交通が輻輳するような海域では，針路 1〜2° 以内の誤差で針路をとらなければならない航路もある。また，船位を確認するためには灯台や岬の方位を知る必要がある。そのために，船には必ず方位を知るための計器として**コンパス**を備えている。コンパスには主に Magnet compass，Gyro compass，GPS-compass（satellite compass）の 3 種類がある。

**（1）Magnet compass（磁気コンパス）**

　磁石の N 極が北を差す性質を利用したコンパス。極域では指北力が弱く，さらに磁気コンパスにはそもそも，地球の自転の極と地磁極とが一致していないための偏差（variation または magnetic deviation），磁石であるために鉄の塊である船そのものや，地磁気を乱す計器類などのために生じる自差（deviation）を持ち，その上これらの誤差が場所により，日にちの経過とともに変化することにも注意が必要である。ただし，簡単に独立して使用できる，つまり電源が必要ない（船が突発的な事故で blackout（電源消失）しても使用可能）ことから，いまでも多くの船舶に法定として搭載義務がある。

(2) Gyro compass（ジャイロコンパス）
① 機械（回転）式：3軸の自由を持って高速回転（1万2000 rpm）する Gyro scope（コマ）を利用したコンパスで，偏差がなく真北を指示する。また，磁気には関係がないので自差もなく，高緯度でも使用が可能である。このコンパスはコマを高速回転させて，そのコマの回転惰性[*1] および precession（プレセッション）[*2] という特性と，地球の自転による重力の相対的な変化を指北作用に利用している。

② 光学式：光ファイバジャイロ（FOG：Fiber Optic gyro）。コイル状の光ファイバへ互いに反対方向に光を入射すると，サニャック効果による位相差で干渉縞を生じる。これより角速度（地球の自転速度）を検出して利用する。機械式のように安定するまでの時間を要しないこと，可動部がなく小型で，定期的なメンテナンスが不要などの利点がある。

(3) GPS-compass（satellite compass）
　GPS コンパスは複数（2または3個が標準）の GPS アンテナを用いて，GPS 衛星からの電波の搬送波の位相差を計測し，基準アンテナに対する各アンテナの方向（基線ベクトルと言う）を高精度で求めることにより，船首方位を計測する装置である。GPS 信号を受信するための複数の GPS アンテナとモニタ（表示部）の他に，受信した信号を処理して船首方位を計算する演算部が必要である。計測精度は基線ベクトル，つまりそれぞれのアンテナの配置や距離に依存し，アンテナ間が 50〜100 cm で，約 1〜0.5° の精度が得られる。

## 7.5.2 GNSS (Global Navigation Satellite System：全地球衛星測位システム)

　人工衛星を利用して海上（地上）の受信者の現在位置を測位するシステム。米国の GPS（後述）をはじめ，ロシアの GLONAS，中国の BeiDou，欧州の Galileo，インドの NAVIC（IRNSS）と共に，日本でも「みちびき」（準天頂衛星システム）が 2018 年 11 月より 4 機体制で運用を開始している。

(1) NAVSTAR / GPS（NAVigation System with Time And Ranging / Global Positioning System）
- 位置測位の原理
　　位置が正確にわかっている3個の衛星からの距離を測定すれば，それら3個の衛星の位置

---

[*1] 方向保持性：コマが高速回転すると，外力を受けない限り，そのコマは地球の自転に関係なく，絶対空間の一定方向を指し続ける性質のこと。

[*2] 高速回転するジャイロスコープの Gyro 軸に，その Gyro 軸と一致しない外力を加えると，Gyro 軸はジャイロのベクトルと外力のベクトルの合成ベクトルの方向に最短経路で旋回して移動する現象のこと。

を原点とし，それぞれの距離を半径とする 3 つの球面の交点が受信者の位置となる．実際には GPS 衛星から「衛星に搭載された原子時計からの時刻のデータ」「衛星の軌道の情報」を発信し，GPS 受信機で発信–受信の時刻差に電波の伝播速度（光の速度と同じ 30 万 km/秒）を掛けることによって，その衛星からの距離がわかる．しかし，残念ながら GPS 受信機（船側）に搭載されている時計はクオーツなどを利用しているため，あまり正確ではない．そのため，通常は 4 つの GPS 衛星からの電波を受信し，GPS 受信機内部の時計の較正と測位を行う．

- 衛星
 6 軌道上を各 4 個，計 24 個（予備を含め現在は 30 個ほどが配置・運用されている）の衛星が 60° ずつ隔てられ等間隔に配置されている．高度約 2 万 km，周期約 11 時間 56 分．地球上のほぼ全域でつねに 4 個以上からの電波を受信でき，緯度・経度・高度の 3 次元測位が可能である．

- 衛星の 6 要素
 軌道楕円の長半径（$A$）：軌道の大きさ
 軌道楕円の離心率（$\varepsilon$）：軌道の形
 近地点通過時間（$tp$）：軌道上のどこにいるか
 昇降点経度（$\Omega$）：衛星が南半球から赤道面を横切って北半球に移る点の方向と春分点とのなす角
 近地点引数（$\omega$）：昇降点の方向と近地点の方向のなす角
 赤道面に対する傾斜角（$i$）：軌道面と赤道面とのなす角

 GPS の測位原理では未知数として観測者の位置（緯度・経度・高度の 3 つの未知数）と「衛星と受信機の時間基準の差」（衛星と受信者の時計を完全に合せるのが困難なため）の 4 つを設定している．船舶の場合は，このうち，高度をアンテナの高さとして入力することができるので，未知数は合計 3 つとなる．

 さらに，海上保安庁が運用する DGPS 局（全国 27 局）から送信される GPS の補正データを受信することにより，標準測位精度（約 15 m）を 1 m 以下にまで向上させると同時に，GPS 衛星の故障など異常発生を知らせる機能（Integrity：完全）を利用することができる．補正データの送信には周波数 288〜321 kHz の中波を使用している．中波は昼夜の間で有効到達範囲が異なり，夜間のほうが狭いが，それでも 200 km を確保している．

 また，MSAS（Multi-functional Transport Satellite：運輸多目的衛星用衛星航法補強システム，エムサス）が提供され，日本では運輸多目的衛星 MTSAT（エムティーサット）を利用した衛星補強システム，米国では INMARSAT（インマルサット）を利用した広域補強システム WAAS（Wide Area Augmentation System，ワース）を利用して，上記の DGPS では補正データを受信できなかった場所でも，衛星位置誤差・時刻誤差・電離層伝搬誤差により生じていた誤差を，中央制御局から MTSAT（WAAS）を経由した補正データを受信することにより GPS 衛星と MSAS が受信可能な場所で利用可能となり，外洋でも高精度の測位が可能となった．

- 装備時の初期設定
    ① 海面からアンテナまでの高さ
    ② 距離・速度の単位
    ③ 現地時刻（L.M.T.）の設定
    ④ 測地系（WGS-84）

(2) みちびき（準天頂衛星システム）

　GPS を補うために互換性を持ち，一体で利用できる衛星測位サービス。日本を中心としたアジア・オセアニア地域での利用が可能。日本上空に位置するため地球の引力と遠心力の方向が違い，赤道上のように静止衛星とすることはできず，南北に 8 の字の軌道を描く準天頂軌道となる。利用衛星数を増やすことにより，衛星の配置による誤差を低減するとともに，高仰角（日本の上空）であることによりマルチパスによる測位誤差も改善される。また，専用の受信機を用いると高精度（センチメータ級）の測位が可能となる。

## 7.5.3　AIS（Automatic Identification System：船舶自動識別装置）

　洋上を航行する船舶同士が安全に航行できるよう，または船舶交通の激しい（輻輳）海域などで船舶と陸上の航行援助施設（海上交通センターなど）との間で情報の交換を行う装置（システム）である。現在では国際航海に従事するすべての旅客船と 300 総トン以上の船舶，内航でも 500 総トン以上の船舶には搭載することが義務化されている。

　AIS では，最初に設定する呼出符号と船名，船の長さや幅，船の種類などの「静的情報」，他のセンサ入力による船舶の位置，針路，速度，船首方位などの「動的情報」，そして航海ごとやその都度入力しなければならない目的地や ETA（Estimated Time of Arrival：到着予定時刻），貨物の種類や船の喫水などの「航海関連情報」を，VHF 帯電波（156.025〜162.025 MHz）で送受信し，他船のモニタ画面に表示することができる。

　実際の運用では，危険な見合い関係（衝突事故が起きやすい状況）になっている船舶同士で船名がわかるため，無線で呼び出しての交信・情報交換が容易になり，目的地や ETA を判別できるため海上交通センターなどへの通報が不要となるなど，とくに輻輳海域での安全運航に効果的である。ただし，センサ入力をきちんと設定する，「航海関連情報」を正しく入力する，つねに（停泊中も）電源は ON，などを徹底しておく必要がある。

## 7.5.4　ECDIS（Electronic Chart Display and Information System）

　安全で効率的な航海を実現するために開発・設計された電子情報表示装置。画面に各国水路部が発行した公式電子海図である ENC（Electronic Navigational Chart）[*3] を表示し，また，各種航海

---

[*3] ENC（航海用電子海図）とは，紙の航海用海図に記載されている情報を電子化したもの。ENC は平成 6 年度（1994 年度）より海上保安庁海洋情報部によって，国際水路機関（IHO）で規定されたデータ形式で作成されている。なお，ENC は紙海図を基に作成されているので，現時点では ENC の情報および精度は紙海図を上回ることはない。

用センサと接続して海図画面上に自船[*4]，RP ターゲット[*5]，AIS ターゲット[*6] などを表示する。ECDIS を使用することによって航海に必要なさまざまな情報を簡単に得ることができる（取扱説明書より）。

　紙海図では紙の大きさにより見られる範囲が制限されたり，見たい縮尺ごとに海図を変えたりする必要がある。しかし，ECDIS であれば，表示画面をスクロールすることで先の状況もわかり，また，ボタン1つで縮尺も変えられるので，たとえば港湾全体の様子から，岸壁付近の詳細な水深データまでを瞬時に切り替えて知ることができる。

### 7.5.5　RADAR (RAdio Detection And Ranging)

　濃霧や激しい雨や雪によって視界が制限される状況でも，船は目的地に向けて航走しなければならないことが多い。また，夜間に海峡を通過する場面や，岬の沖を変針するような場合には，小島や暗礁の存在も把握しなければならない。このような状況で使用されるのが「電波」を利用した「レーダ」である。

　「レーダ」は国際通信条約では「ある場所から電波を出し，目標の反射または目標から電波を再発射させてもとの場所での目標の位置を求める無線測位方式」と定義されている。実際には，前方のマストなどの船体のなるべく高い位置に，水平回転する指向性アンテナを設置し，そこから間欠的に短いパルスを発射し，目標で反射された電波を同じアンテナで受けて増幅し，画面上に目標の方向と目標の距離だけ離れた所に輝点として位置を表示する，ということを繰り返している。これは，電波の等速性，直進性，反射性を利用している。また，波長は短いほど直進性が良く，小さなアンテナでも鋭い指向性が得られ，ビームの先鋭度はアンテナ開口面積と波長との比によって定まる。

　レーダの画面は，過去には円形で黒色の背景，緑色の掃引線（そういんせん）がアナログ時計の秒針のように回転し，物標は掃引線が通過後も残像として一定時間強く光って判別できる CRT（ブラウン管）画面であったが（この自分が中心にいる円形画面を PPI スコープと呼ぶ），最近では四角い LCD（液晶）ディスプレイ上にさまざまな数値情報とともに表示するものがほとんどである。また，上述の ECDIS の海図情報と重ねて表示できる装置もある（ECDIS レーダ）。しかし，いずれも中心から時計回りに画像が更新されることに変わりはない。表示される映像は，物標の方位と距離が直感的に把握できるように工夫されているが，以下に示すように，PPI 画面に表示された物標の方位や距離情報にさまざまな誤差があることや，物標によっては画面に映らない場合があることを十分に理解しておく必要がある。とくに視界が悪い場合は，操船をレーダのみに頼るのは危険であり，他船の操船信号，霧笛，VHF 通信による他船との直接通話なども活用する必要がある。

---

[*4] GPS 信号の入力により，つねに自船が海図上のどこにいるのかわかるようになり，しかも自船の航跡をモニタ画面上に表示することもできる。

[*5] RP ターゲットとは，レーダ上で捕捉した物標（Radar Plotting target）のことで，具体的には他船や海上の浮標などである。RP ターゲットを速度ベクトルと ID 番号を付けて海図画面上に表示することができる。ARPA はレーダの自動衝突予防援助装置（Automatic Radar Plotting Aids）機能のことで，RP ターゲットを自動的に捕捉し，その方位や距離，速度や針路を計算し，動きがあればモニタ画面上にベクトルで表示するとともに衝突の危険性を表示マークの変更やアラーム音で知らせ，衝突危険性の判断を助ける（詳しくは 7.5.5 項参照）。

[*6] AIS から送信されるターゲットおよび船舶の情報を海図画面上に表示できる。

## (1) 周波数

　船舶レーダに利用される周波数は，9.2〜9.5 GHz（Xバンド）と 2.9〜3.1 GHz（Sバンド）が多い。Xバンドレーダは，Sバンドレーダに比べて比較的小型のアンテナで大きな利得や鋭い指向性が得られるので，一般商船から漁船やプレジャーボートなどの小型船まで，多くの船に装備される。一方，Sバンドレーダは，Xバンドレーダに比べてアンテナが大型になるものの，霧や雨，また，荒天によって海面反射が多い場合にも，物標検出能力が維持されるという特徴がある。そのため大型船ではXバンドとSバンドを1台ずつ装備することが一般的である。なお，4〜8 GHz（Cバンド：Compromise between S and X，SとXの中間の周波数）も利用される場合がある。

## (2) ビーム幅 $\theta$

　電波の強さが主軸方向の半分になる幅のこと（電力半値角＝1/2 水平ビーム幅。おしょろ丸の場合，SA形：水平1.9°，垂直25°；XA形：水平0.8°，垂直20°）。ビーム幅 $\theta$ は，波長 $\lambda$ およびスキャナ反射器の開口面積 $D$ と以下の関係がある。

$$\theta = 70 \cdot \lambda/D$$
　　　　（$D$：スキャナ反射器の開口面積。SA形：12フィート，XA形：9フィート）

## (3) 時間の精度

　電波伝搬の等速性を利用して，発射電波の往復の時間を正確に測り，目標物までの距離を知る。$3 \times 10^8$ m/sec（秒速30万 km）という速い速度の電波を使って測距できるだけの時間精度が要求される。少なくとも5μ秒以下のパルス幅の伝播でなければならない。

## (4) パルス波

　電波の反射を確実に区別しうること，また，出力を高能率に使用するためにパルス波を使用している。パルス方式では送信機の作動している時間は，全時間の極めて短い部分に過ぎないから，送信管の平均許容陽極損失を超えることなく，極めて高いピーク出力を得ることが可能である。

## (5) 最小探知距離

最小探知距離は主に以下の項目に制約される。

① 垂直ビーム幅：アンテナの垂直指向特性。船体動揺を考慮して垂直のビーム幅を持たせている。それでも船舶に近い物標は死角になる。
② パルス幅：アンテナは通常，送受兼用であり，送信が終わってから受信態勢となるから，発射波が完全に終了しない間に至近の物標にパルスの先端が当たって返ってきても映像スコープ上に現れない。たとえばパルス幅 $\tau = 0.2$ μ秒であれば $3 \times 10^8$ m/sec $\times 0.2$ μsec $= 60$ m の距離幅を持っていることになる。したがって，アンテナから距離30 mの範囲は映らない（パルス幅 $\tau$ は距離分解能とも関係する）。
③ 海面や雨雪の状況。
④ LCD（液晶画面）の輝点の大きさ。

## (6) 最大探知距離

送信電力，受信機最小受信感度（内部雑音），アンテナ利得，アンテナ高さ，物標高さ，物標からの反射波強度，波長，パルス幅，雨雪などの電波妨害，大気の屈折率などに制約される。

## (7) サブリフラクション（sub-refraction，上方屈折作用）

電波が標準の伝搬状態より上方向に屈折するもので，レーダ水平線が通常より短くなるために，探知距離が短くなる現象である。大気の高さ方向の温度低下率が通常より急激なとき（上空に寒気があるとき）に起こりやすい。

## (8) スーパーリフラクション（super-refraction，下方屈折作用）

大気の温度低下率が通常より少ないか，温度の逆転層があるようなときに発生し，電波の通路が下方向に湾曲するために通常より電波が遠方に達し，探知距離が大きくなる現象である（上方に暖気があるとき）。上記のサブリフラクションとは逆の現象。

## (9) レーダ干渉

他船のレーダ電波が，自船の電波と波長やパルス繰り返し周波数が同じで，アンテナが互いに向き合ったとき，その電波を受けて干渉を起こし，画面に螺旋曲線状や放射状などに斑点を生ずる現象。また，近距離になるとアンテナがどちらを向いてもサイドローブでも受信するため，全面にわたり斑点が現れる。

## (10) FTC（Fast Time Constant，微分回路）

FTCと表示されているツマミを徐々に上げていくと，雨や霧などの信号を除去して，そのなかの目標を浮き出させて表示することができる。雨や雪のような水の粒子もレーダ電波を反射して映像を生ずる。多くのものによる反射波の結果，広い範囲にわたり，変化の少ない反射波形となる。このため画面上の広い面積全体が輝いてしまう（PPI画面上に一様に白くボーっと映る映像信号）。目標物の存在するところでは反射強度は急峻な変化を示すので，この信号を微分して信号の変化分のみを取り出す。FTCを徐々に強く利かせると映像の質が変わり，物標の輪郭のみが斑点状に現れるようになる（陸地の海岸線を明瞭に浮き出させる目的にも使用できる）。ただし，FTCを利かせすぎると小さな物標は消えてしまうので，注意が必要である。

## (11) STC（Sensitivity Time Control）

近距離での感度を大きく抑制し，距離が大きくなるとともに感度を指数関数的に回復させるものである。したがって海面反射のように，近距離で大きく，遠方になるにしたがって小さくなるような雑音信号は抑圧されることになる。しかし，STCは必要な物標も同時に抑圧し，利かせすぎると必要な物標も消えてしまうので，上記のFTCと同様に調整に注意が必要である。とくに近距離の物標の見落としは，衝突の危険性が高い。

### (12) 距離測定

映像はパルス幅に相当する距離と輝点の大きさにより広がって映る。距離目盛りには，製作上の基準によって，それぞれ許容誤差がある。距離がわかっている物標を利用して誤差を測定できるとよい。海岸線などは緩やかであるとレーダ映像に正確に現れないので，注意が必要である。

### (13) 方位測定

① ジャイロ補正など，レーダの調整を行い，器差を少なくする。
② 映像が明瞭になるように調整する。
③ 物標がスコープ外周近くになるように距離レンジを設定する。
④ 映像の拡大効果（1/2 水平ビーム幅）を十分に考慮し，カーソルを映像の測定点に正確に重ねる（物標が小さい場合は中心に合わせて方位を測定する）。
⑤ 傾斜誤差を考慮し，船体が水平時に測定するか，何回か測定した平均値を使用する。

スキャナと偏向コイルの同期不良：スキャナの走査回転と CRT 偏向コイルの回転とが同期していない（電波発射方向と画面の掃引方向がずれる）と物標に方位誤差を生じる。たとえば船首方向にある物標の映像が 0° にあるかどうか，視方位とレーダ方位の一致を時々確認するべきである。

### (14) 船位測定

精度は「距離 > 方位」であるため，距離を優先すること（たとえば上記の④の映像拡大効果のため，方位精度のほうが低い）。したがって，視認による物標のコンパス方位とレーダの距離を使用するといった工夫が必要である。

### (15) ARPA（Automatic Radar Plotting Aids，アルパ，自動衝突予防援助装置）

コンパスからの方位（針路），ログ（7.5.7 項参照）からの速力およびレーダから得られる映像情報をコンピュータに入力し，自動的に物標の捕捉，追尾，プロッティング，警報を行う。追尾物標の方位，距離，真針路，真速力，DCPA（Distance of Closest Point of Approach，最接近距離），TCPA（Time to Closest Point of Approach，最接近地点までの残り時間）の表示，設定した距離に入るすべての物標に対する警報を行う。ただし，プロッティングの結果は過去の情報に基づくものであり，これをもって安易に将来を予測してはならない（相手船が進路や速力を変更しても，レーダ画像の変化としてすぐには反映されないので，これらの予測情報は遅れ気味になる）。したがって ARPA は「自動的に衝突を防止する」ものではなく，あくまでも「援助装置」でしかない。

① 試行操船（Trial の T がディスプレイ上に表示）：物標の追尾を中断することなく，自船の変針・変速に対しての追尾物標の相対運動がどのように変化するかシミュレートできる機能。
② 危険目標警報（CPA/TCPA）：観測者が選択した最小距離（たとえば 1 n.m. に設定）および最小時間（10 分間に設定）の範囲以下で接近することが予測された追尾物標があるときに発せられる。通常の追尾物標を示す○印が，△印の点滅に変化する。「ピーポーピーポー」といった警報音も鳴る。
③ 消失物標警報（LOST）：捕捉・追尾されている物標が何らかの原因で追尾続行が不可能となった（数回の掃引で探知不可）場合に発せられる。◇印の点滅。「ピー」1 回。

④ 侵入警報（GR）：非追尾目標がガードリング内（たとえば2 n.m. に設定）にあるとき発する。▽の点滅。「ピピピ…」。
⑤ システム機能警報：入力信号の異常，処理回路に故障が発生，システム計算機不良，電源異常，ジャイロやログあるいはGPSの異常，トリガやレーダビデオ信号が検出されない，メモリ保護電池の寿命（5年）など。「ピッピッ，ピッピッ…」。
⑥ ナブライン（NAV Line）警報：設定航路離脱，警戒領域侵入の警報。

(16) 偽像
① 多重反射：ターゲットからの反射が強いとき，相互間に何度も反射された電波が，その度に受信されて映像を現す。多重反射する物標間に相当する距離だけ隔たった等間隔で現れ，その方向は物標の方向となる。最も近い像が真の物標映像。
② サイドローブ：近距離に強い反射強度の物標があれば，弱いサイドローブでも受信して，同距離の左右90°に偽像を生じる。
③ 船体構造物による反射：後部マストなど（自船の真後ろの物標は映りにくい，LOSTしやすい）。
④ 鏡現象：建築物など。
⑤ 自然現象：海面反射，雨，雪，雲（スコールラインなどの判別として利用できる）。
⑥ 2次掃引偽像：スーパーリフラクションなど電波が異常伝搬する状態のとき，非常に遠い距離の物標が探知され，実際よりも非常に近い距離に映像を生じる。2回目の掃引状態のときに1回目の掃引の反射波が受信されるようなときに起こる。

### 7.5.6 音響測深機（魚群探知機）

海を航行する船舶にとって水深の変化は時に座礁の危険を伴い，十分に注意しなければならない。漁船や科学調査を行う船の魚群探知機（第5章参照）とは別に，航行海域の詳細な水深を記した海図と共に，船舶設備規程にて音響測深機は搭載義務がある（小型船などを除く）。原理などは魚群探知機と同様であるが，その場の水深の数値のみを表示する小型機器もある。

### 7.5.7 Electro-magnetic Log（電磁ログ）

電磁ログは電磁誘導の法則（ファラデーの法則）を原理とする測程儀＝距離計であり，「ログ」と呼ぶことが多い。コイルのなかの磁束が変化することによって起電力を誘導する現象は電磁誘導であり，それによって生じる起電力は誘導起電力，電流は誘導電流である。船底に設置した測定桿（そくていかん）から発生する磁界の方向と，船の進行に伴う導体としての海水に生ずる誘導起電力（$E$）の方向が直角で交差するように設けた電極から，船速に比例した誘導起電力を計測し，次式から船速を計算する。

$$E = d \cdot B \cdot V \times 10^8 \text{(volt)}$$

$d$：電極間距離，$B$：磁束密度（G，ガウス），$V$：船速（m/sec）

誘導起電力は海水の電気的性質や温度に影響されないので，精度の高い安定した測定結果が得られる。電磁ログによって得られる速力は，船底に対する海水の流れの速さ（対水速力，対水ログ）であるから，海流の影響を排除した海底に対する速力（絶対速力，対地ログ）ではないことに気を付ける必要がある。

《参考文献》

- 日本水路協会　海図の話　https://www.jha.or.jp/jp/jha/charts/summary/index.html
- 辻稔（2011）航海学（上巻）5訂版，成山堂書店，東京，276p.
- 辻稔（2012）航海学（下巻）5訂版，成山堂書店，東京，267p.
- 内閣府　みちびきウェブサイト　https://qzss.go.jp/overview/services/index.html

## 練習問題の解答

【問題1】

①

|  | 緯度 | 経度 | 緯度 | 経度 |
|---|---|---|---|---|
| 出立地 | 15°30.5′N | 40°43.3′W | 41°48.4′N | 175°18.3′E |
| 着達地 | 12°41.6′S | 15°21.3′E | 55°32.6′N | 176°17.6′W |
| 変緯/変経 | 28°12.1′S | 56°04.6′E | 13°44.2′N | 8°24.1′E |

②

|  | 緯度 | 経度 | 緯度 | 経度 |
|---|---|---|---|---|
| 出立地 | 15°15.4′S | 4°43.3′W | 11°22.4′S | 176°15.2′W |
| 変緯/変経 | 1°48.4′N | 8°53.8′E | 12°45.8′S | 6°55.3′W |
| 着達地 | 13°27.0′S | 4°10.5′E | 24°08.2′S | 176°49.5′E |

【問題2】

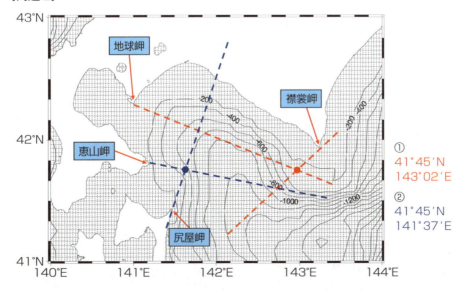

## 【問題3】

$d.lat. = 120 \cdot \cos 50 = 77.13 \Rightarrow \underline{1°17.1'\text{N}}$

$dep. = 120 \cdot \sin 50 = 91.92 \Rightarrow \underline{91.9\,\text{n.m. E}}$

## 【問題4】

$dep. = dist. = 80 = D.L. \cdot \cos 35$

$D.L. = 80 \cdot \sec 35 = 97.66 \Rightarrow 97.7\,\text{E} = \underline{1°37.7'\text{E}}$

## 【問題5】

① $d.lat. = 135 \cdot \cos 125 = -77.43 \Rightarrow 77.43\,\text{S} = 1°17.4'\text{S}$

$dep. = 135 \cdot \sin 125 = 110.58$

$Lat.in = 41°48.3'\text{N} + 1°17.4'\text{S} = \underline{40°30.9'\text{N}}$

$Mid.Lat. = \dfrac{(41°48.3' + 40°30.9')}{2} = 41°09.6'$

$D.L. = 110.58 \cdot \sec 41°09.6' = 146.88 \Rightarrow 146.88\,\text{E} = 2°26.9'\text{E}$

$Long.in = 140°43.3'\text{E} + 2°26.9'\text{E} = \underline{143°10.2'\text{E}}$

② $d.lat. = 45°45.0'\text{N} - 48°30.0'\text{N} = 2°45.0'\text{S} = 165.0\,\text{n.m. S}$

$Mid.Lat. = \dfrac{(48°30.0' + 45°45.0')}{2} = 47.13°$

$D.L. = 178°25.0'\text{W} - 178°45.0'\text{E} = 2°50.0'\text{E} = 170'\text{E}$

$dep. = 170 \cdot \cos 47.13 = 115.66$

$\tan Co. = 115.7/165.0$

$Co. = 35.03 \Rightarrow \text{S}\,35.0\,\text{E} = \underline{145.0°}$

$dist. = \sqrt{(165)^2 + (115.66)^2} = \underline{201.5\,\text{n.m.}}$

## 【問題6】

① $d.lat. = 135 \cdot \cos 125 = -77.43 \Rightarrow 77.43\,\text{S} = 1°17.4'\text{S}$

$Lat.in = 41°48.3'\text{N} + 1°17.4'\text{S} = \underline{40°30.9'\text{N}}$

$m.p.(41\text{–}48.3) = 2750.68$

$m.p.(40\text{–}30.9) = 2648.22$

$D.m.p. = -102.46$

$D.L. = -102.46 \cdot \tan 125 = 146.33 \Rightarrow 146.33\,\text{E} = 2°26.3'\text{E}$

$Long.in = 140°43.3'\text{E} + 2°26.3'\text{E} = \underline{143°09.6'\text{E}}$

② $d.lat. = 45°45.0'\text{N} - 48°30.0'\text{N} = 2°45.0'\text{S} = 165.0\,\text{n.m. S}$

$D.L. = 178°25.0'\text{W} - 178°45.0'\text{E} = 2°50.0'\text{E} = 170'\text{E}$

$m.p.(45\text{–}45.0) = 3077.55$

$m.p.(48\text{–}30.0) = 3319.38$

$D.m.p. = -241.83$

$\tan Co. = D.L./D.m.p. = 170/-241.83$

$Co. = -35.11 \Rightarrow \text{S}\,35.1\,\text{E} = 144.9°$

$dist. = 165.0 \cdot \sec 35.11 = 201.69 ≒ \underline{201.7 \text{ n.m.}}$

【問題 7】
$\angle b = \overleftrightarrow{AC} = 90° - 10° = 80°$
$\angle c = \overleftrightarrow{AB} = 90° - 45° = 45°$
$\angle A = 155\,W - 155\,E = 50°$
$\cos a = \cos 80 \cdot \cos 45 + \sin 80 \cdot \sin 45 \cdot \cos 50$
$a = 55.2217°$
$dist. = 55.2217 \times 60 = \underline{3313.3 \text{ n.m.}}$
$m.p.(45) = 3013.7$
$m.p.(10) = 599.1$
$D.m.p. = 2414.6$
$d.lat. = 45°N - 10°N = 35°N = 2100.0 \text{ n.m. N}$
$D.L. = 155°W - 155°E = 50°E = 3000'E$
$\tan Co. = D.L./D.m.p. = 3000/2414.6$
$Co. = 51.17 = N\,51.17\,E$
$dist. = 2100 \cdot \sec 51.17 = 3349.26 \text{ n.m.}$
$3349.26 - 3313.3 = \underline{35.96 \text{ n.m.}}$

# 第8章 物理海洋関係

## 8.1 CTD採水システム
今井圭理・小熊健治

**はじめに**

　海洋の観測現場においてCTD（C：Conductivity 電気伝導度，T：Temperature 水温，D：Depth 水深）採水システムを利用した海洋環境計測および海水試料の採取が行われている。CTD観測によって水深ごとの水温・塩分（電気伝導度，水温および圧力から計算）のデータが得られ，それらのデータを利用することで水塊構造や海水の流動，あるいは生物の生息環境を知ることができる。また，溶存酸素センサや蛍光センサを増設することで水温・塩分以外のデータも同時に取得することができる。現在では，全地球規模の海洋循環過程や生物地球化学的過程の解明および大気海洋間の相互作用解明など，国際的共同研究計画に基づいて海洋観測データの標準化が進められており，CTD観測による海洋中の温度・塩分値をより高精度に測定することが要求されている。高精度な観測を可能にするためには，世界標準機として認められたセンサを使用するだけではなく，それら機器類の観測前後のメンテナンスおよび観測中の機器操作が正しくされなければならない。また，このような作業と機器類の不具合に対処するには熟練を要する。
　本節ではCTD採水システム構成の概略およびCTD観測方法について紹介する。

### 8.1.1　CTD採水システムの概略

　CTD採水システムの概略を図8.1に示す。「おしょろ丸」に搭載されているCTD採水システムは米国のSea-bird社製である。システムは大きく2つに分かれており，研究室に配置されたデッキユニット（SBE11 plus）（図8.2）およびデータ演算・記録用PCの「船上局」と，海水中に投入されるフレームに装着したCTDセンサおよび採水器の「水中局」で構成される。これら2つをアーマードケーブルがつないでいる。「アーマードケーブル」は絶縁皮膜に覆われた銅線を中心として，針金状の素線（鉄製）を3層に組み合わせた特殊なケーブルである。「おしょろ丸」では，この「アーマードケーブル」を2つの専用ウインチにそれぞれ8000mおよび7000m巻いてあり，搭載するCTDセンサ類の耐圧水深（6000～6500m）までの観測が可能である。
　デッキユニットは船上から水中局のセンサに電力を送信し，反対にセンサからの信号を処理して「データ取得PC」へ渡す。「データ取得PC」では，デッキユニットから送られてきたデータを即座に演算処理し，観測中リアルタイムに水温や塩分などの観測データを表示する。また，「データ取得PC」にはCTD観測用の専用ソフトがあらかじめインストールされており，これを利用して観測開始から終了までの間，CTD観測を操作する。
　水中局のフレームに装着されたCTDセンサ本体（SBE 9 plus）には，深度センサが埋め込まれている。水温センサ（SBE 3）および電気伝導度センサ（SBE 4）は本体からケーブルを用いて外

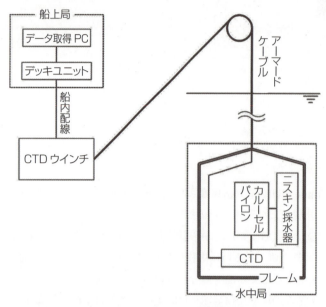

図 8.1　CTD 採水システム概略図

図 8.2　デッキユニット（SBE 11 plus）外観

図 8.3　水中局投入作業風景

付けされる。水温は海中で直接温度計により測定されるが，塩分は海水中の電気伝導度を測定した後，「データ取得 PC」において電気伝導度，水温および圧力から演算される。

　この CTD センサ（SBE 9 plus）の特徴は，取水口からポンプ（SBE 5T）によって一定速度で海水を吸い込んで各センサに海水を通す仕組みとなっていることである。つまり，CTD は各水深で吸い込んだ海水を，各センサの応答速度および吸入海水の速度を補正して，同じ水深の海水を連続して測定することを可能にしている。また，各種センサは本体とケーブル接続する方式であるため，増設が比較的簡単である。「おしょろ丸」では溶存酸素センサ（SBE 43）および蛍光センサ（クロロフィル $a$ センサ，米国 Seapoint 社製）を通常観測の標準装備としている。

　一方，採水器は採水量が 12 リットルの X-ニスキンボトル（米国 GO 社製）を使用している。X-ニスキンボトルの本体は塩ビ製であり，採水器外側にある 2 本のバネによって蓋が閉鎖する機構となっている。X-ニスキンボトルはこれまでのニスキンボトルとは違い，採水器内部に金属製のバネやゴムなどを使用していないため，内部の洗浄を十分に行えば微量元素や溶存有機物などの高精度分析を目的とする海水試料や基礎生産速度を測定するための試水の採取にも適している。また，「おしょろ丸」は 12 本あるいは 24 本の採水器を取り付けることができる 2 種類の CTD フレームを所有しているので，1 回の観測（キャスト）でそれぞれ任意の 12 層あるいは 24 層の海水試料を

第8章　物理海洋関係

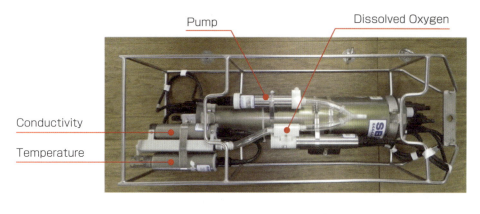

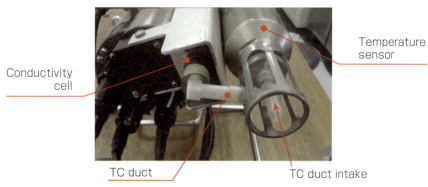

図8.4　水温センサおよび電気伝導度センサの配置と取水口

採取することができる。ニスキンボトルはCTD本体に接続された採水装置（SBE32）にニスキンボトルから伸びるナイロンテグスを引っかけて，蓋を開けたままの状態で海中に投入される。水中局が任意の水深に来たとき，「データ取得PC」から信号を送ることによって採水装置からテグスが離れて，ニスキンボトルの蓋が閉鎖して採水が完了する。

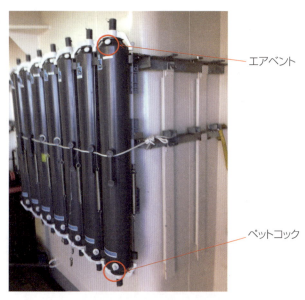

図8.5　X-ニスキンボトル外観

## 8.1.2 CTD観測オペレーション

CTD観測はいくつかの役割を担った部署に分かれて行われる。研究室において「データ取得PC」を操作する者（オペレータ），ウインチルームにおいてCTD専用ウインチを操作するウインチマン，観測現場において水中局の投入・揚収を支援する作業員，および船橋（ブリッジ）において船の操船を行う操船者と4つのパートに分かれている。このとき，研究室にいるオペレータが観測の司令塔となる。以下にオペレータが行う一連の作業手順を示す。

(1) 観測開始前

採水器の蓋を開けて空気穴（エアベント）および取水口（ペットコック）が閉まっていることを確認する投入前準備をし，外観での不具合チェック（配線および配管などに亀裂がないかなど）を行う。航海で最初の観測や長時間観測を行っていなかったときには，必ずデッキユニットの電源を入れて船上局とのコミュニケーションチェック（センサやトリガの作動確認）を行う。

(2) 観測開始

「データ取得PC」でCTD観測ソフトを起動する。**CTD観測野帳**[*1]に必要事項を記入する。テレトーク（マイク＋スピーカ）にて各部署の準備が整ったか確認した後，観測開始を宣言する。海中に水中局が投入され，水中局のポンプ作動確認後，データ取得を開始する。

(3) 観測中

観測中は「データ取得PC」画面でデータ取得が正常に行われていることを監視する。また，CTDあるいはケーブルに何かしらの不具合が発生することに備えて待機し続けなければならない。コミュニケーションエラーが起こった場合には，データ通信が途絶える，あるいはデッキユニットからアラームが鳴るといった症状が出る。

ウインチマンとテレトークによる通話によって，ウインチの動作を指示して水中局を上下させる。目的とする水深まで水中局を降下（Down Cast）させた後，水中局の引き上げ（Up Cast）を開始する。採水は任意の水深でウインチの巻き上げ停止を都度行って，採水信号（Fire Signal）を送信する。採水がすべて終了した後，水中局の船上への揚収を各部署へ指示し，水中局が水面近くに上がってきたことを確認してから，データの取得を停止する。なお，データ取得開始（表層）から密度躍層などの鉛直的に変化の大きい部分を水中局が通過する間は水中局の降下スピードを遅く（ワイヤ繰り出しスピード0.3〜0.5 m/秒程度）して深度毎のデータ数を増やす。また，CTD観測は可能であるが，やや悪天候の場合の観測では，「アーマードケーブル」のトラブルを避けるために繰り出しスピードをウインチマンに委ねなければならないことがある。

---

[*1] CTD観測野帳には，いつ，どこで観測を行ったかを記載し，後に研究，解析，データベースへのデータ保存の際のメタデータとなる。また，CTD採水システムの不具合箇所などを記録して，観測機器の運用管理にも使用する。

T/S Oshoro-maru training and research cruise

**Cruise 229 Leg5　　CTD Observation Log Sheet**

| Station: OS11306 | | Date(GMT): 2011. 7.29 | |
|---|---|---|---|
| Cast Name: | | Operator: Shirai | |
| File Name | OS11306S | CTD S/N | |
| | Time(GMT) | Latitude | Longitude | Depth |
| Down cast Start | 9:17 | N41 45.19 | E155-00.50 | 5550 m |
| Bottom | Pressure < 501.3 db> | Wire out < 503 m> | Altitude < m> | |
| Up cast Start | 9:34 | N41-45.29 | E155-00.73 | m |
| Up cast End | 9:45 | N41-45.34 | E155-00.89 | m |

| Bottle | Depth | Check | Memo |
|---|---|---|---|
| 1 | 500 | ✓ | |
| 2 | 400 | ✓ | |
| 3 | 300 | ✓ | |
| 4 | 200 | ✓ | |
| 5 | 150 | ✓ | |
| 6 | 125 | ✓ | |
| 7 | 100 | ✓ | |
| 8 | 75 | ✓ | |
| 9 | 50 | ✓ | |
| 10 | 25 | ✓ | |
| 11 | 10 | ✓ | |
| 12 | 5 | ✓ | |

| | | Remarks: |
|---|---|---|
| Surface Temperature | 15.9 ℃ | TS-8 Shallow |
| Transparency | – m | |
| Water Color | – | |
| Weather | c | |
| Time Zone | +10 h | |

| Station: OS11307 | | Date(GMT): 2011. 7. ~~30~~ 29 | |
|---|---|---|---|
| Cast Name: | | Operator: Muramatsu Kenta | |
| File Name | OS11307 | CTD S/N | 0769 |
| | Time(GMT) | Latitude | Longitude | Depth |
| Down cast Start | 23:16 | N42-29.94 | E155-00.04 | 5170 m |
| Bottom | Pressure < 1500.86 db> | Wire out < 1486.1 m> | Altitude < m> | |
| Up cast Start | 23:57 | N42-30.11 | E155-00.15 | m |
| Up cast End | 0:27 | N42-30.16 | E155-00.06 | m |

| Bottle | Depth | Check | Memo |
|---|---|---|---|
| 1 | 1500 | ✓ | |
| 2 | 1250 | ✓ | |
| 3 | 1000 | ✓ | |
| 4 | 800 | ✓ | |
| 5 | 600 | ✓ | |
| 6 | 400 | ✓ | |
| 7 | 300 | ✓ | |
| 8 | 200 | ✓ | |
| 9 | 150 | ✓ | |
| 10 | 100 | ✓ | ミスファイヤーの可能性アリ（下フックがとれてた） |
| 11 | 60 | ✓ | |
| 12 | 5 | ✓ | |

| | | Remarks: |
|---|---|---|
| Surface Temperature | 16.5 ℃ | TS-9 |
| Transparency | / m | |
| Water Color | / | |
| Weather | Fog | |
| Time Zone | +10 h | |

HOKKAIDO UNIVERSITY FACULTY OF FISHERIES

図 8.6　CTD 観測野帳（おしょろ丸）の記入例

(4) 観測終了後

オペレータは「データ取得 PC」の CTD 観測ソフトを用いて直ちにデータ処理を行う。データ処理は CTD 観測ソフトにあらかじめ設定してあり，このデータ処理をすることにより解析・研究に使用できる数値・ファイル形式へと変換する。CTD データは水中局が海中を降下するとき（Down Cast）および引き上げるとき（Up Cast）の両方で取得できるが，通常は降下するとき（Down Cast）に取得したデータをその観測点のデータとして保存する。

また，水中局が甲板上の所定の位置に静置されたらすぐに，すべての採水器の蓋が閉鎖されていることを確認する。もし採水器に不具合（水漏れなど）があった場合は CTD 観測野帳にその旨を記載する。採水器からの配水作業が終了したら，水中局全体に清水をかけて海水を洗い流す。

## 8.2　ADCP（超音波ドップラー流速計）

磯田豊・小林直人

空中または水中で聞こえる音は，媒体（空気や水）が瞬時に圧縮された結果として生じる。この圧縮の力は隣り合う媒体を押し，押された媒体はその先の媒体を押す，といった具合に次々と波及していく。すなわち，音は疎密波（縦波）と呼ばれる波（それゆえ，音波）でできており，水面の

波（横波）とは違った性質を持っている。たとえば，音波の速度は押す力には依存せず，大きな音が小さな音よりも速く伝播することはない，といった性質を持つ。また，音波の振動数（1秒間あたりの波の数）の違いは人間の耳には音の違いとして聞こえ，振動数の小さな（大きな）音は低音（高音）として知覚される。

ここで，我々から一定の距離にある音源が一定の振動数の音を放出していると想像しよう。我々が受け取る音の振動数が，放出される振動数と同じであることは明らかである。では，次に音源が我々に向かって運動し始めたと考えよう。音源が次の波の山を放出するときには我々に少し近づいているので，次の山が我々のもとにたどり着くのに要する時間は，音源が静止している場合に比べて短くなる。これは，我々のもとに2つの波の山が届く時間間隔が狭まり，したがって1秒間に受け取る波の数（振動数）が，音源が静止しているときよりも大きくなることを意味する。同じ理由で，音源が遠ざかっているときには，我々の受け取る振動数は小さくなる。このような速さと振動数の関係を**ドップラー効果**と呼ぶ。**ADCP**（Acoustic Doppler Current Profiler：超音波ドップラー流速計）はこの原理を利用して，船底の真下から少し斜め方向に音波パルス（既知の振動数を持った波束）を放出し，水中の浮遊物質から戻ってくる反射音波パルスの振動数を測り，両振動数の差から流速値を求めている。通常は，音波パルスを放出する船自身も移動しているため，船速補正が必要となる。また，海底などに設置して電池駆動で上方に向かって音波パルスを放出し，流向・流速を測定するADCPも存在する。なお，警察がこの測定原理（ただし，電波を使用）を速度違反車の取り締まりに利用していることは，すでにご存知のことかもしれない。

具体的なADCPの運用方法について，うしお丸に装備されている船底取付型のOcean Surveyor（RD社製，周波数75kHz）を例として挙げる。通常，ADCPは調査海域を航行中ずっと運用し続ける。この機種は同時に128層の流向・流速を測定できるため，調査海域の水深をこの層の数で割った値に近い値で（たとえば500mであれば層厚4m）測定することを決めておく。ただし船底取付型のADCPの特性として，海水深のおよそ70%を超える深層と，船底にごく近い層（船底から約4m以内）のデータは品質の高いデータが収録できな

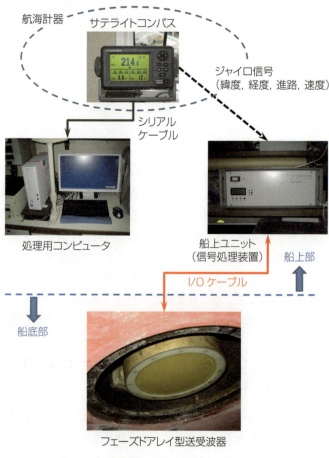

図8.7　練習船うしお丸のADCPシステム構成図

いため，これらを考慮して測定層と層厚を決定する必要がある。収録データの質は"% good"の値で出力され，通常この値が低い場合（たとえば80％以下），そのデータは削除するほうがよい。またスパイク状の異常値が計測される場合も削除しなければならない。

　この機種の船上ユニットにはメインスイッチしかなく，層厚やサンプリング間隔の設定，データ収録と変換，作図は付属のPCで行う。

## 8.3　XBT（投下式水温計）・XCTD（投下式水温塩分計）
磯田豊・星直樹

　航海時間および観測時間が十分にあれば，すべての観測地点において測定精度の高いCTD採水システムを用いて水温・塩分の鉛直プロファイルを得るのが海洋研究者の理想である。しかし，たとえば太平洋の平均水深は5000 m前後であり，CTD採水システムの降下速度（毎秒約1 m）では，1観測地点で往復3時間もの観測時間を必要とする。水深の浅い沿岸・陸棚域（数十m〜数百m）では潮流が卓越しているため，数時間スケールで密度場が大きく変化し，海底地形の起伏が大きな海底近傍まで高価なCTD採水システムを降下させることは，海底との接触の恐れがあり，たいへん危険な作業となる。加えて，悪天候によりCTD採水システムが使用できないことも頻繁に生じる。このような状況では，XBT（eXpendable Bathy Thermograph：投下式水温計）・XCTD（eXpendable Conductivity, Temperature and Depth：投下式水温塩分計）の出番である。

　XBT・XCTDシステムは，センサ（このセンサのついた紡錘形の投げ込み部分全体をプローブと呼ぶ）とその後方についた細いエナメル線，投下器（ランチャ），データ処理装置，PCで構成される。XBT・XCTDプローブの水温センサには高性能ディスク型サーミスタが使用されており，サーミスタの抵抗値の変化が水温変化に変換される。XCTDの塩分は，プローブ内の電磁誘導型セルで計測された電気伝導度データと，同時計測された水温，計算上の水深から計算で求める（塩分測定原理の詳細は8.1節を参照）。

　観測方法は，船上よりランチャを水面に対して斜め方向に構えて，ピストルを撃つ要領でプローブを海中に投下すると，エナメル線が自動的に繰り出されながら水温・電気伝導度を計測しつつ自由落下し，それらの測定データは瞬時にエナメル線とランチャを通じて船上のデータ処理装置へ送られ，パソコン上に保存される。このようにして，水温・塩分の鉛直プロファイルが得られるのであるが，水圧や水深は計測していない。実は，海水抵抗を考慮したプローブの**自由落下式**に基づき，プローブ着水後の経過時間からプローブ到達水深が演算されている。それゆえ，データ処理装置は必ず「船内のアース」に接続しておくことで，プローブが着水したとき，「海水」→「プローブ」→「エナメル線」→「ランチャ」→「データ処理装置」→「海水」が電気的につながり，自動で計測スイッチが入る仕組みになっている。なお，XCTDはXBTとは異なり，電気伝導度を計測するための電池が内蔵されている。よって，XCTDプローブを早めに（十数分も前に）ランチャにセットしてしまうと，観測前に電池が消耗して計測不能になってしまうため，注意が必要である。

　CTDに比べてXBT・XCTDの利点は，荒天でも観測できることだけではない。センサ部を投下して測定した後そのまま海中に捨ててしまうため，1回測定当たりの価格が高く，多少測定精度が低いという欠点はある。しかし，重いCTDを吊り上げて，安全に回収するための油圧ウインチなどの設備が不要であるため，安定した電源さえ確保できれば，漁船などでも測定可能である。また

航行しながら海底まで観測可能なXBT・XCTDを使用すれば，調査時間を大きく節約できる．ちなみに価格は，鶴見精機社製の水深1830m測定用XBTプローブで1本が約1万5000円，水深1850m測定用XCTDプローブで1本が約5万円であり（2015年11月現在），海洋研究者は「時間」と「お金」，データの「精度」，使用する船舶の「設備」を考えながら使い分けている．

## 8.4 アルゴフロート
上野洋路

　アルゴフロートは，アルゴ計画（Argo Program）と呼ばれる2000年にスタートした国際プロジェクトに基づいて，全世界の海洋に約4000台展開されている自動昇降型海洋観測機器のことである（図8.8）．通常は水深1000mを漂流し，10日間程度漂流した後に一度観測最深層（通常2000m）まで降下してから浮上する．浮上の際に水深2000mから海面までの圧力，水温，塩分を計測，海面滞在時に衛星経由でデータを発信する（図8.9）．そのデータは陸上での受信から24時間以内にウェブ上で公開され，誰でも無料で使用することができる（http://www.jamstec.go.jp/ARGO/index.html）．世界の海洋の内部（海面下）の水温・塩分情報がリアルタイムで得られるようになったのは画期的なことであり，海洋構造や変動の理解のみならず，気候変動の理解が飛躍的に進むことが期待されている．アルゴフロートの投入は基本的に船舶によって実施されているが，おしょろ丸はアルゴ計画の初期の頃からフロートの投入に協力しており，アルゴ計画の推進に大きく貢献している．

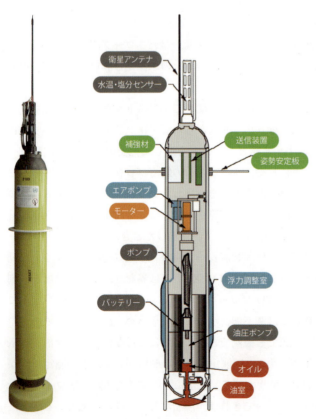

図8.8
アルゴフロートの外観（左）と内部構造（右）．モータとポンプによってオイルをフロートの底にある油室に押し出したり，逆に油室から引き込んだりすることによって，フロート全体の密度を変化させ，海面から水深2000mまでの浮上・沈降を可能にしている．メーカによってつくりは異なるが，基本的機能は同じ．
（提供：海洋研究開発機構）

アルゴフロートは複数のメーカによって製造されており，製品により仕様が若干異なるが

① 浮き袋などを利用し，体積を変化させてフロート密度を変えることにより，浮上と沈降を行う
② 体積変化の動力源としては電池とモータを用いる
③ 外部にCTD（8.1節参照）が取り付けられており，水中の水温・塩分・圧力を計測する
④ 衛星と通信することによって取得データと浮上地点の位置情報をリアルタイムで送信する

という4点は共通となっている（図8.9）。なお，フロート外部にスイッチはついておらず，海中に投入後，フロートが水圧を自動検知して本体のスイッチが入る仕組みになっている。投入後は4年程度観測を行うことができる。また，水温・塩分・圧力のみならず，他の物理・化学・生物パラメータを計測するセンサを取り付けることも可能で，実際に酸素やクロロフィルなどの観測が実施されている。さらに，4000 m 以深の深層まで計測することができる Deep Argo フロートも開発され，深層循環の長期変動を検出する試みが行われている。

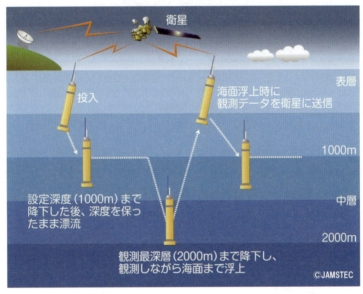

図8.9 アルゴフロートの動作サイクル概念図（提供：海洋研究開発機構）

## 8.5 乱流計
上野洋路

　乱流計（microstructure profiler）は，海洋中の流速構造を細かい解像度で計測することによって，海洋中の乱流拡散強度（turbulent diffusion coefficient）を調べる観測機器である。最新の観測機器では，数ミリメートルの解像度で流速の空間変化を計測することができる。乱流計は，船舶で曳航することにより，乱流拡散強度の水平分布を計測するタイプと，船舶から投下して水中を自由落下し，乱流拡散強度の鉛直分布を計測するタイプがあり，おしょろ丸では後者による観測が実施されている。

図 8.10　ベーリング海における乱流計投入風景。クレーンでつり上げられている写真中央の黒い筒が乱流計。乱流計は，この後に海中に投入され，オレンジのケーブルをウインチで繰り出しながら自由落下に近い状態で乱流拡散強度を計測する。（撮影：阿部拓三氏）

　そもそも乱流拡散強度とは，いったい何であろうか。海洋では，南極海やグリーンランド沖で冷却されて密度が高くなった海水が海洋の深層に沈み込み，世界の海洋をめぐり，湧昇して再び冷却域へ戻っていく，**コンベアベルト**と呼ばれる海洋深層大循環が存在している。このコンベアベルトは，極域の冷たい海水を低緯度域へ輸送し，また，低緯度域の温かい海水を極域へ輸送する。このため，極域は暖まり，低緯度域は冷やされることになり，コンベアベルトは地球上の気温の緯度変化を弱める効果がある。また，コンベアベルトが1回循環するには千年以上の時間が必要であるため，気候の長期変動と深く関係していると言われている。コンベアベルトの沈み込みは，冷却により海水密度が高くなることによって生じる。しかし，深層に沈み込んだ海水が湧昇しなければ，コンベアベルトは止まってしまう。深層水を湧昇させ，日射によって得られた海面の熱を深い層へ輸送し，コンベアベルトを維持しているのが，乱流拡散である。この乱流拡散の主なエネルギ源は潮汐力である。潮汐は月の引力によって引き起こされるため，月がコンベアベルトを駆動しているとも言える。このように海洋の大循環を支配している乱流拡散強度であるが，その時空間分布の理解はまだまだ不十分である。そのため，現在も活発に研究がなされており，おしょろ丸による観測もその解明に大きく貢献している。

　水中を自由落下させる乱流観測にも2つのタイプがある。一つ目は，乱流計を（ケーブルなどを付けずに）完全に海に投下，自由落下中に乱流拡散強度を計測，おもりを切り離すことで浮上，浮上した乱流計を電波を頼りに発見して回収する方法である。この用法では，正確な乱流計測を実施することができる。しかし，紛失のリスクがあり，また，浮上までに多くの時間を要する。もう

一つの方法は，乱流計本体に通信可能なケーブルを取り付け，そのケーブルを十分に繰り出すことにより，乱流計を自由落下に近い状態で降下させる方法である。乱流計測には自由落下が重要な要素になるので，ケーブルを取り付けていることはマイナス要素となるが，繰り返し観測が容易であり，乱流計紛失のリスクがほとんどない。図8.10は，ケーブル付きの乱流観測を実施しているときの写真である。

## 8.6　気象・海象
大西広二

　航海中の船舶は自らの安全航行，各種観測の実施のためにも，つねに気象・海象状況に注意し，記録を残すとともに予測を行う必要もある。航行中に行う海生哺乳類や海鳥の目視調査では，気象・海象状況は調査海域の環境を知る重要なデータであり，停船実施する観測においても観測点間をつなぐ貴重な環境観測データである。

　最新の観測船や練習船（おしょろ丸5世）では，船舶で得られる気象・海象情報はほとんどがデジタル化されており，チャートルームで集約表示されている（図8.11a）。デジタル化されたデータは，各種観測機器の測定間隔（1秒～10分間隔など）で船内データサーバに保管されており，定時での再サンプリング（たとえば1時間間隔）も可能である。これらのデータは船内LANを通じて実験室や居室にいても，グラフィカルな情報表示ソフトを通じてつねに確認することができる（図8.11b）。しかし，航海日誌（Log Book）に記載する天気・うねりの判断など，観測者に委ねられているアナログ部分も多く残されている。また，観測機器の測定原理や手法にはデジタル化されても大きな変化はなく，個々の観測機器が独立して測定していた前世代（おしょろ丸4世）のような観測機器類が継続使用されている船舶も多い。そのため，本節ではおしょろ丸4世に搭載されていた各種の気象・海象観測機器類を例示し，航海日誌に記載する気象・海象，船舶気象報，航海で重要な情報資料となる各種天気図について以下に説明する。

図8.11　(a) おしょろ丸5世の気象・海象表示装置（ブリッジレベルのチャートルーム内）
　　　　(b) 実験室・食堂などでの船内LANを通しての情報表示ディスプレイ

## 8.6.1　おしょろ丸搭載の気象・海象観測機器

### (1) 風向風速計

船首マスト上にある風向風速計（図8.12 a）による測定値が表示機（図8.12 b）に示される。表示される風向風速ベクトルは，測定値そのままの値（相対値：Relative）と，それらの値から自船の針路速度ベクトルを差し引いた絶対値（True）に切り替えて表示できる（表示機中央部のスイッチ）。航海日誌や船舶気象報には絶対値を記入するが，機関日誌には航行中に船体が受ける風の影響を知るために，相対値を記録する。風速は通常 m/秒の単位を用いるが（図8.12 b，風速スケール内側の大きな数字），ノット（knot，海里/時）を用いる場合（スケール外側の小さな数字）もある。10 m/秒の風速は 19.4 ノット（3万6000 m/時÷1852 m）に相当するため，大まかな目安として約2倍の数値となる。

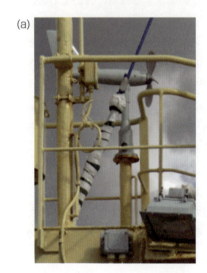

図8.12　風向風速計 (a) とその表示機 (b)

### (2) 気圧計

アネロイド（Aneroid：内部を真空にした金属容器。外部の気圧によって伸縮する）式の気圧計がある。各種の記録には，器差補正の検査を受けているもの（図8.13 a）に器差補正値と高度補正を加味して用いる。図中の外側の大きな目盛りが hPa（ヘクトパスカル）単位，内側の小さい数字は mmHg（水銀柱，760 mmHg = 1013.25 hPa = 1 atm）単位。自記記録式の気圧計は，気圧の変化傾向を見るのに適している（図8.13 b）。

### (3) hPa

1992年12月以前は mbar（ミリバール）単位を使用。世界共通仕様が図られる SI 単位系へ変わっただけで，数値は hPa と同じ（$1\,Pa = 10^{-5}\,bar$, $hPa = 10^2\,Pa = 10^{-3}\,bar = 1\,mbar$）。

第 8 章　物理海洋関係

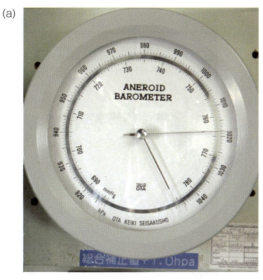

図 8.13　較正済みアネロイド気圧計 (a)，自記記録式アネロイド気圧計 (b)

### （4）波高計

船首部の舳先に，海面に向かって下向きに取り付けたマイクロ波ドップラーレーダ送受波器（図 8.14a）と船首内部に取り付けた加速度センサから，船体の動揺と船速を差し引いた海面波高とその周期が得られ，チャートルーム内で表示されている（図 8.14b）。この波高は**有義波高**（後述）で，周期や波高は航海日誌に記載する風浪階級の目安となる。船体動揺の加速度センサからはデジタル記録データを取り出すこともできる。

### （5）有義波高（Significant Wave Height）：$H_{1/3}$

ある地点で連続する波を観測したとき，波高の高いほうから順に全体の 1/3 の個数の波を選び，

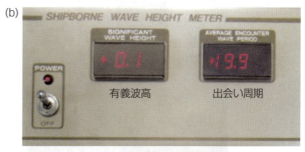

図 8.14　波高計の測定部 (a) と表示部 (b)

これらの波高を平均したものを有義波高と言う。実際の海面では大きな波や小さな波が混在するが，目視で観測される波高は有義波高に近い。このため一般に波高と言った場合は有義波高を指す。また天気予報で示される予想波高も有義波高であり，予想が的中したとしても確率的に 1/6 回は予想波高よりも高い波に出会うことになる（最大波高ではない）。したがって，海洋レジャーなどでは注意が必要である。

(6) 海面水温

船底部から取り込んだ海水温をサーミスタ（後述）で測定し，デジタル値として表示する（図 8.15）。船体による撹拌作用と船底部（水深 4～5 m）から取り込みのため，正確な海表面水温とは言いづらく，一定の誤差を含む値と考えたほうがよい。

図 8.15　表層水温計表示部

(7) サーミスタ（Thermistor）

CTD などの海洋観測機器でも使われる温度測定センサ。各種金属の酸化物と炭酸塩などの塩化物を焼結してつくった半導体で，温度によって抵抗値が変化することを利用して測定する。

(8) 気温 / 乾湿計温度

チャートルーム上のコンパスデッキ（またはアッパーデッキ）に設置された百葉箱（図 8.16 a）内に，アスマン式通風乾湿計（図 8.16 b）が設置されており，乾球（右側）はそのまま温度を読み取

図 8.16　コンパスデッキの百葉箱 (a) とその内部のアスマン式乾湿計 (b)

り気温とする。湿球（左側）は下端の容器内に水があることを確かめて，ゼンマイ式の上部の送風機を回して数分後（通常は 2～3 分後。湿球温度が安定するまで待つのが正しい）に湿球を読み取る。アスマンは，この乾湿計を考案したドイツの気象学者 Richard Assmann（1845～1918 年）に因む。得られた乾球と湿球の温度差から相対湿度・露点温度などが計算できる。湿球が通風により気化熱を奪われるため，乾球温度より湿球温度は低くなる。まったく気化しない状態（相対比湿が 100％）であれば，乾球と湿球の温度は等しくなる（＝露点温度）。

### 8.6.2 航海日誌（Ship's Log Book）に記載する気象・海象情報

航海日誌を英語ではログブックというが，丸太（Log）を船首から海面に流して船速を測り，その結果を記録するためのノートに由来する。現在では船速だけではなく，重要な航海記録として記録・保管が義務づけられている。見開きページ左側の表部分（図 8.17）には，針路や船速，気象・海象情報を 1 時間毎に記録し，右側には 1 ワッチ（航海当直，4 時間）の間の出来事（変針，停船，観測，操業など）を記載し，ワッチの交代時には風・天候・風浪・うねりの状態を，定型文で記載する。本項ではその記載方法の概略を紹介する。

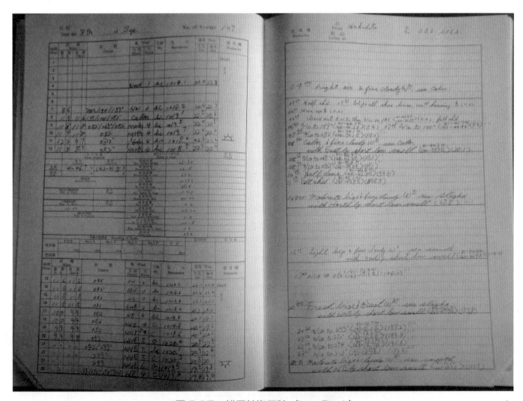

図 8.17　船用航海日誌（Log Book）

## 《1時間毎の記録》

### (1) 風向・風力

風向は風が吹いてくる方角を 16 方位で記録する。北・南・西・東風はそれぞれ North・South・

表 8.1 ビューフォート風力階級表

| コード | 英語表記 | 日本名 | 説明 | Knots | m/s |
|---|---|---|---|---|---|
| 0 | Calm | 平穏 | 鏡のような海面 | 0〜0.9 | 0〜0.2 |
| 1 | Light Air | 至軽風 | うろこのようなさざ波ができるが，波がしらに泡はない。 | 1〜3 | 0.3〜1.5 |
| 2 | Light Breeze | 軽風 | 小波の小さいもので，まだ短いがはっきりしてくる。波がしらはなめらかに見え，砕けていない。 | 4〜6 | 1.6〜3.3 |
| 3 | Gentle Breeze | 軟風 | 小波の大きなもの，波がしらが砕け始める。泡はガラスのように見える。ところどころ白波が現れることがある。 | 7〜10 | 3.4〜5.4 |
| 4 | Moderate Breeze | 和風 | 波の小さいもので，長くなる。白波がかなり多くなる。 | 11〜16 | 5.5〜7.9 |
| 5 | Fresh Breeze | 疾風 | 波の中くらいのもので，いっそうはっきりして長くなる。白波がたくさん現れる。（しぶきを生じることもある。） | 17〜21 | 8.0〜10.7 |
| 6 | Strong Breeze | 雄風 | 波の大きいものができ始める。いたるところで白く泡立った波がしらの範囲がいっそう広くなる。（しぶきを生じることが多い。） | 22〜27 | 10.8〜13.8 |
| 7 | Near Gale | 強風 | 波はますます大きくなり，波がしらが砕けてできた白い泡は，すじを引いて風下に吹き流され始める。 | 28〜33 | 13.9〜17.1 |
| 8 | Gale | 疾強風 | 大波のやや小さいもので，長さが長くなる。波がしらの端は砕けて水煙となり始める。泡は明りょうなすじを引いて風下に吹き流される。 | 34〜40 | 17.2〜20.7 |
| 9 | Strong Gale | 大強風 | 大波。泡は濃いすじを引いて風下に吹き流される。波がしらはのめり，くずれ落ち，逆巻き始める。しぶきのため視程が損なわれることもある。 | 41〜47 | 20.8〜24.4 |
| 10 | Storm | 全強風 | 波がしらが長くのしかかるような非常に高い大波。大きなかたまりとなった泡は濃い白色のすじを引いて風下に吹き流される。海面は全体として白く見える。波のくずれ方は，激しく衝動的になる。視程は損なわれる。 | 48〜55 | 24.5〜28.4 |
| 11 | Violent Storm | 暴風 | 山のように高い大波（中小船舶は，一時，波の陰に見えなくなることもある）。海面は，風下に吹き流された長い白色の泡のかたまりで完全に覆われる。いたるところで波がしらの端が吹き飛ばされて水煙となる。視程は損なわれる。 | 56〜63 | 28.5〜32.6 |
| 12 | Hurricane | 颶風・台風 | 大気は，泡としぶきが充満する。海面は，吹き飛ぶしぶきのために完全に白くなる。視程は著しく損なわれる。 | 64〜71 | 32.7〜 |

West・East とフルスペルで記載し，他は略語で記載する（北北東 NNE，北東 NE，東北東 ENE，東南東 ESE，南東 SE，南南東 SSE，南南西 SSW，南西 SW，西南西 WSW，西北西 WNW，北西 NW，北北西 NNW）。

風力は**ビューフォート風力階級**（Beaufort Scale，0〜12 段階）（表 8.1，図 8.18 参照）で記載する。ビューフォート風力階級は 1805 年に英国海軍士官 Sir Francis Beaufort（1774〜1857 年）が提唱し，世界共通の風力階級として広く用いられている。階級が 0 の場合は無風で風向は定まらないので，風向と風力の数字は書かずに Calm（カーム）とだけ記載する。

図 8.18　ビューフォート風力階級表の目安となる海況例
(http://www.delta-s.org/weer/beaufort.html を基に作成)

## (2) 天候

アルファベット小文字の 1 文字または 2 文字の **WMO**（World Meteorological Organization：**世界気象機関**）（国際連合の専門機関）コード 4501（表 8.2）で記載する。主だったものは快晴（b），晴れ（bc），曇り（c），満天雲（o），雨（r），雪（s），霧（f）などで，「快晴」は雲量が 1/4 未満，「晴れ」は雲量が 1/4 以上〜3/4 未満，「曇り」は 3/4 以上〜4/4 未満，「満天雲（Overcast）」は 4/4 と分かれている。日本の天気図に用いられる快晴（雲量 1/10 以下），晴れ（2/10〜8/10），曇り（9/10 以上）とは区分が異なる。

表 8.2　WMO 4501 に基づく天候の符号

| 符号 | 日本名 | Description | Code |
|---|---|---|---|
| b | 快晴 | Blue sky whether with clear or hazy atmosphere, or sky not more than one-quarter clouded. | 0 |
| bc | 晴れ | Sky between one-quarter and three-quarters clouded. | 1 |
| c | 曇り | Mainly cloudy (not less than three-quarters covered). | 1 |
| d | 細雨 | Drizzle or fine rain. | 5 |
| e | 湿潤 | Wet air without rain falling. | 4 |
| f | 霧（きり） | Fog. | 4 |
| fe | — | Wet fog. | 4 |
| g | 陰鬱（いんうつ） | Gloomy. | 2 |
| h | 雹（ひょう） | Hail. | 9 |
| kq | — | Line squall. | 9 |
| l | 雷光 | Lightning. | 9 |
| m | 靄（もや） | Mist. | 4 |
| o | 満天雲 | Overcast sky (i.e., the whole sky covered with unbroken cloud). | 2 |
| p | 驟雨（しゅうう） | Passing showers. | 8 |
| q | 早手（はやて） | Squalls. | 9 |
| r | 雨 | Rain. | 6 |
| rs | 霙（みぞれ） | Sleet (i.e., rain and snow together). | 7 |
| s | 雪 | Snow. | 7 |
| t | 雷 | Thunder. | 9 |
| tl | 雷雨 | Thunderstorm. | 9 |
| u | 天気険悪 | Ugly, threatening sky. | 2 |
| v | 空気透明 | Unusual visibility. | 0 |
| z | 烟霧（えんむ） | Dust haze; the turbid atmosphere or dry weather. | 4 |

(3) 気圧，大気温度，海水温度

　これらの値は，小数点以下 1 桁まで記載する。

## 《4 時間毎の記録》

　04:00，08:00，Noon，16:00，20:00，M.N.（mid night）の 4 時間毎に，時間，風力階級，天候，風浪の階級，うねりの方向/階級の順に英語（筆記体が一般的）で記載する。一般の英略語とは異なりログブック独自の省略記入の方式がある。数字で表す時刻の「分」は上付下線付きで表記する（例：08$\underline{^{00}}$）。以下に数例を記す。

　　　08$\underline{^{00}}$　　Light br'ze & fine cloudy W$\underline{^{r}}$, sea smooth with west'ly short low swell.
　　　Noon　Near gale & rainy W$\underline{^{r}}$, sea rough with NNE'ly moderate long swell.
　　　M.N.　Calm & O'cast W$\underline{^{r}}$, sea calm (with no swell).
　　　（br'ze: breeze, W$\underline{^{r}}$: weather, west'ly: westerly, O'cast: Overcast）

風浪・うねりの階級はWMO風浪階級コード3700（表8.3），WMOうねり階級コード（表8.4）に従って記載する．風浪はその場所で吹いている風によって起こる波で，風力階級に従って大きくなるので，風力階級の参考波高と対応させるとわかりやすい．うねりは波長の長い波で，別の場所に吹く風で発生したさまざまな波長を持つ波のうち，波長が長い波は波速が速く減衰しにくいため，離れた海域まで伝播してきたもの．またはその場で吹いていた風が止んで，風浪が収まった後も減衰しにくい波長の長い波が残ったもの．うねりが伝播してくる方向はコンパスで確かめ，周期は船体の動揺などでも確かめられる．2方向・3方向からうねりが来る場合もあり，見分けるには練度を要する．航海日誌には最も大きなうねりを記載する．遠くの海上にある台風から伝播したうねりが日本の太平洋岸に押し寄せるのが，夏の土用（立秋前の約18日間）の頃に当たることから，この台風による高いうねりは「土用波」と呼ばれる．

表8.3　WMO 3700に基づく風浪階級コード

| 階級コード | 英語表記 | 説明 | 波の高さ（m） |
|---|---|---|---|
| 0 | Clam (glassy) | 鏡のようになめらかである． | 0 |
| 1 | Clam (tippled) | さざ波がある． | 0を超え0.10まで |
| 2 | Smooth (wavelets) | なめらか，小波がある． | 0.10を超え0.50まで |
| 3 | Slight | やや波がある． | 0.50を超え1.25まで |
| 4 | Moderate | かなり波がある． | 1.25を超え2.50まで |
| 5 | Rough | 波がやや高い． | 2.50を超え4まで |
| 6 | Very rough | 波がかなり高い． | 4を超え6まで |
| 7 | High | 相当荒れている． | 6を超え9まで |
| 8 | Very high | 非常に荒れている． | 9を超え14まで |
| 9 | Phenomenal | 異常な状態． | 14を超える |

表8.4　WMOによるうねりの階級コード

| 階級コード | 英語表記 | 説明 |
|---|---|---|
| 0 | No swell | うねりがない |
| 1 | Low swell, short or average length | 短くまたは中位の弱いうねり（波高2m未満） |
| 2 | Low swell, long | 長く弱いうねり（波高2m未満） |
| 3 | Moderate swell, short | 短くやや高いうねり（波高2m～4m） |
| 4 | Moderate swell, average length | 中位のやや高いうねり（波高2m～4m） |
| 5 | Moderate swell, long | 長くやや高いうねり（波高2m～4m） |
| 6 | Haevy swell, short | 短く高いうねり（波高4m以上） |
| 7 | Heavy swell, average length | 中位の高いうねり（波高4m以上） |
| 8 | Heavy swell, long | 長く高いうねり（波高4m以上） |
| 9 | Confused swell | 2方向からうねりが来て海上が混乱している場合 |

注）下記の言葉は定量的な定義がある
- 短く：波長100m未満，周期8.0秒以下
- 中位の：波長100～200m，周期8.1～11.3秒
- 長く：波長200m以上，周期11.4秒以上

うねりの方向は記録しておく必要がある．混濁したうねりが北東の方角から来る場合，「confused northeast」というように記録されなければならない．

### 8.6.3 船舶気象報（Ship's Weather Report）

　WMO は世界共通の観測方法と通信・処理方法を定め，各国に船上での気象観測の励行を呼びかけている。日本では気象庁が担当機関となって，観測データの収集・取りまとめを行っている。NHK ラジオで行われている定時の気象通報のうち，各地の観測定点の情報を読み上げた後，「船舶の報告」として放送される情報もこれに当たる。おしょろ丸も可能な限り観測を行い，報告している。モールス信号による通信の時代から継続しているため，情報はすべてコード化され（8.6.2 項参照），現在の海事通信衛星（インマルサット）による通信においても，気象報用の世界共通コード「41」を入れることにより無料で情報を送信できる。観測結果をコード化する専用 PC ソフトウェア（OBSJMA for Win，図 8.19）が無料配布されており，おしょろ丸でもこれを用いた入力を行っている。

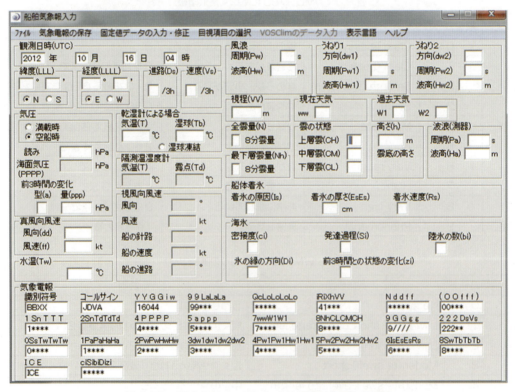

図 8.19　OBSJMA for Win による船舶気象報入力画面

　測定項目は 8.6.2 項で述べた項目以外にも「気圧の変化傾向」「過去天気」「雲の状態」「海氷の状態」など多岐にわたっている。このソフトウェアは，測定ミスや入力ミスによるありえない状況（たとえば，乾球よりも湿球の温度が高い状態，全雲量の合計が 10（全天空 = 10）を超えるような合計雲量を書き込んだ場合など）は，エラー表示される。また，最も見極めが難しい雲の状態は層別（上層，中層，下層）に写真例（図 8.20）が示されるなど，親切な設計となっている。データ収集・通報は協定世界時（UTC：Universal Time Coordinated）の 3 時間毎（0, 3, 6, 9, 12, 15, 18, 21 時）に行う。

図 8.20　雲の状態入力補助画面の一例（上層雲）

## 8.6.4　天気図の種類と見かた

　天気図にはさまざまな種類があり，安全な航海や効率的な観測計画を立てる上で重要な情報をもたらす．本項では船舶向け天気図の種類とその簡単な見かたについて述べる．

　気象庁からは非常に多くの天気図が船舶向けに提供されており，主だったものだけでも図 8.21 に示したような種類がある．天気図を作成過程で大別すると 2 種類あり，観測の終わった事実から現状や数時間前の状況を正確に伝える「実況天気図」と，それらのデータを元にしたシミュレーションの結果から将来の状況を予想した「予想天気図」がある．また，それぞれのなかに地上気圧配置と風向風速などを記した「地上天気図」，上空の等圧面の高度や温度を記した「高層天気図」，波浪，水温，海流，海氷などの海上分布を記した「波浪図」「海況・海氷図」がある．

　天気図を見る上で最も注意が必要なのは，その天気図が何時に発行されたもので，何時の状況を伝えたものか，または予想したものなのかを正確に把握することである．船舶向け天気図は，種類によって発行間隔もさまざまで，予想天気図では予想時間も 24 時間後，48 時間後などの種類がある．

　図 8.22 に示した海上悪天予想図 24 時間（FSAS 24）は，左上と右下の 2 か所に四角で囲って天気図の基本情報が書き込まれており，1 行目に天気図の種類（FSAS 24）と通報局（JMH：気象無線模写通報，気象庁運営の短波放送局），2 行目に発行日時（170000 UTC OCT. 2012：世界協定時 2012 年 10 月 17 日 00 時 00 分），3 行目に天気図の状況が現れる予想時間（FCST FOR 180000 UTC：18 日 00 時 00 分）が書かれている．発行時間が最新のものを選び，UTC の予想時間が船内時（Ship's Time）で何時になるのか，自船が使用している時間帯（TZ：Time Zone）と併せて考える必要がある．

### 天気図・台風予報

| 画像の種類 | 予報時間 | 画種名 | 時刻(UTC) | | | |
|---|---|---|---|---|---|---|
| 地上解析天気図 | — | ASAS | 00 | 06 | 12 | 18 |
| 海上悪天予想図 | 24時間 | FSAS24 | 00 | — | 12 | |
| | 48時間 | FSAS48 | 00 | — | 12 | |
| 地上気圧・降水量予想図 | 48時間<br>72時間 | FSAS04<br>FSAS07 | 00 | — | 12 | |
| | 96時間 | FSAS09 | — | — | 12 | |
| | 120時間 | FSAS12 | — | — | 12 | |
| 台風予報 | 0,12,24,48,72時間 | WTAS07 | 台風発生中の3または18時間毎 | | | |
| 台風5日進路予報 | 0,24,48,72,96,120時間 | WTAS12 | 台風発生中の6時間毎 | | | |

### 高層解析・予想天気図(アジア)

| 画像の種類 | 予報時間 | 画種名 | 時刻(UTC) | | |
|---|---|---|---|---|---|
| 500hPa高度・気温・湿数 解析図 | — | AUAS50 | 00 | — | 12 |
| 700hPa高度・気温・湿数 解析図 | — | AUAS70 | 00 | — | 12 |
| 850hPa高度・気温・湿数 解析図 | — | AUAS85 | 00 | — | 12 |
| 500hPa高度・渦度 予想図 | 48時間 | FXAS504 | 00 | — | 12 |
| | 72時間 | FXAS507 | 00 | — | 12 |
| 850hPa気温・風、700hPa鉛直流 予想図 | 48時間 | FXAS784 | — | — | 12 |
| | 72時間 | FXAS787 | — | — | 12 |

### 波浪 (*1は台風時のみ更新)

| 画像の種類 | 予報時間 | 画種名 | 時刻(UTC) | | |
|---|---|---|---|---|---|
| 沿岸波浪解析図 | — | AWJP | 00 | — | 12 |
| 外洋波浪解析図 | — | AWPN | 00 | — | 12 |
| 沿岸波浪予想図 | 24時間 | FWJP | 00 | — | 12*1 |
| 外洋波浪予想図 | 24時間 | FWPN | 00 | — | |
| | 12・24・48・72時間 | FWPN07 | 00 | — | 12 |

### 海況・海氷

| 画像の種類 | 予報時間 | 画種名 | 発表日 |
|---|---|---|---|
| 北西太平洋海面水温 | — | COPQ1 | 毎週火・金曜 |
| 北西太平洋海面水温偏差 | — | COPQ2 | 毎週火・金曜 |
| 北西太平洋海流・表層水温 | — | SOPQ | 毎週火・金曜 |
| 太平洋旬平均海面水温、同偏差 | — | COPA | 毎月4,14,24日 |
| 全般海氷情報 | — | STPN | 結氷期の毎週火・金曜 |
| 海氷予想図 | 48時間<br>168時間 | FIOH04<br>FIOH16 | 結氷期の毎週水・土曜 |

図 8.21　気象庁発行の船舶向け天気図一覧の一部 (http://www.jma.go.jp/jmh/umiinfo.html より)

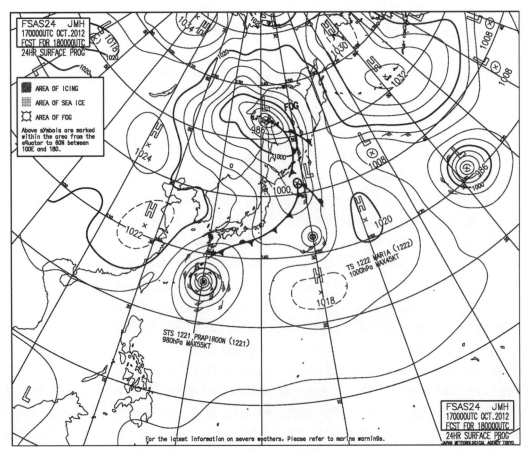

図 8.22　海上悪天予想図 (24時間後) FSAS24

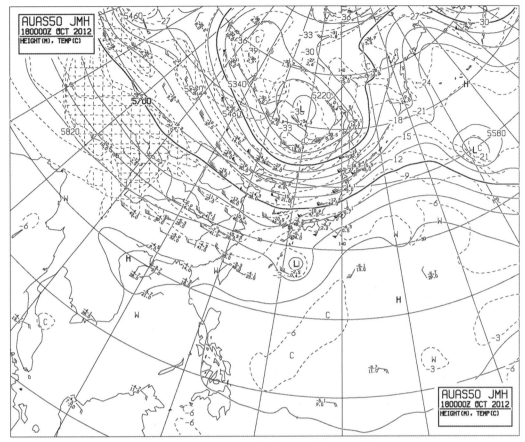

図8.23　500hPa高度気温図（AUAS50）

　地上天気図の内容では，台風などはもちろん，低気圧・高気圧の配置と等圧線の混みかたに注意を払う。等圧線が混んでいると，高圧部から低圧部に向かう圧力傾度力が強いことを意味し，それとバランスするコリオリ力を生む地衡風も強くなる。したがって，海上では強い風が予想され，北半球では高圧部を右手に見てほぼ等圧線と平行に風が吹くと考えられるので，高気圧の周りでは時計回り，低気圧の周りでは反時計回りの風が吹いている。

　高層天気図の例を図8.23に示す。図は500hPa等圧面の高度場と温度場を示している。地上気圧の約半分となる高度が約5300～5700m（南側が高く，北側が低い）に相当していることがわかる。高層天気図ではジェット気流の蛇行（ロスビー波，または長波の蛇行）が確認でき，図では130°E付近に南に向かって凸の等高度線が描かれ，ここが「気圧の谷」に当たっている。気圧の谷の前面（東側）では上空大気の発散が起こり，地上では逆に収束が起こるため，低気圧が発達しやすい。また，気圧の谷に沿って寒気が南下しやすいため，大雪の降る判断材料（5500m高度で−36℃未満が大雪の目安）としても役立つ。また，地上との温度差が大きい場合は鉛直不安定な状態となり，雷雲，竜巻，ダウンバースト（局所的な突風）などの原因となることもある。

　図8.24に台風予報の天気図を示す。2012年10月18日現在，台風21号と22号が日本の南方沖にあり，その予報円（台風の中心が移動すると予測される位置）と強風域の範囲などが示されている。台風の進路はおおよそ小笠原高気圧の縁に沿って時計回りに北東方向へ移動してくる場合が多

い。台風進路の東側は台風の風と進行速度が重なって，西側に比べ風が強い（図 8.25 参照）。またこの例のように，進路の東側に太平洋が広がっていると，同じ方向の風（南風〜南西風）が長く吹き続けていると考えられ，風の吹走距離と吹走時間が長く，大きな波やうねりが発達していると予測できる。それに対して進路の西側は，台風が北側に抜けた直後に風が北東風〜北風に変わり，南側にあったときの波を打ち消すように働く。したがって台風の接近が避けられない場合は**可航半円**（図 8.26）である進路の西側でやり過ごせるように考えて進路を変更する（避航する）のがよい。大型の低気圧や急激に発達する低気圧（**爆弾低気圧**）なども，台風と同様に判断する。また，これらの低気圧はジェット気流の位置に達すると，急に進路を変えて速く移動することがあるので，前述の高層天気図の情報も判断材料とすべきである。

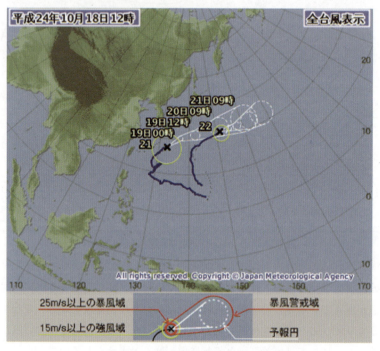

図 8.24　台風予報図（WTAS07）

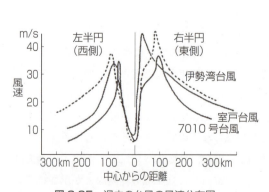

図 8.25　過去の台風の風速分布図
(http://www.jma.go.jp/jma/kishou/know/typhoon/2-1.html より)

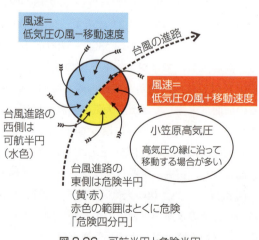

図 8.26　可航半円と危険半円

第 8 章 物理海洋関係

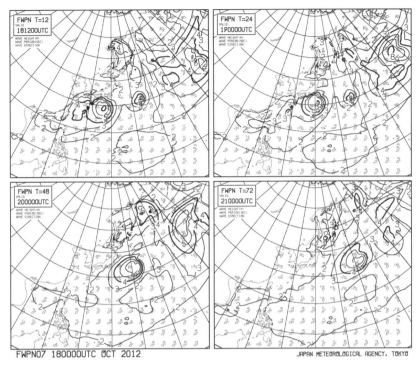

図 8.27 外洋波浪予想図（FWPN07）

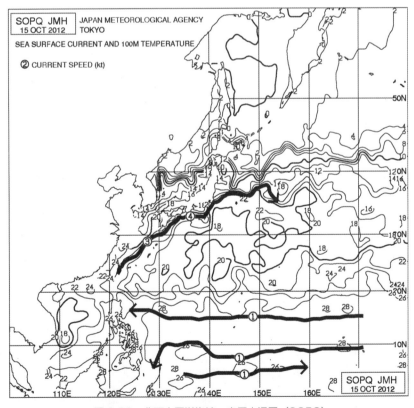

図 8.28 北西太平洋海流・表層水温図（SOPQ）

図 8.27 に外洋波浪予想図，図 8.28 に北西太平洋海流・表層水温図を示す。これらの図は観測や操業が実行可能かどうかの判断や，観測・操業海域の策定に役立つ。

　気象庁の発行する天気図や予想図は，非常に高い精度を有している。しかし予想はあくまでも予想であり，天気図を過信することなく，自船で得られる情報（気圧の変化や，風向き・風力の変化，到達するうねりなど）につねに注意を払っておくことが効率のよい観測・操業計画につながる。

# 第9章 化学海洋関係
大木淳之・工藤勲・平譯亨・今井圭理・小熊健治

## はじめに

本章では，乗船実習で取り扱う化学成分および周辺情報を含めて解説する。観測・測定作業の手順は9.6節に記述した。

## 9.1 水の流れと化学物質の移動

海水に溶けているものは何かと聞けば，"シオ（塩）"という答えが多く返ってくるだろう。海水に溶けている"シオ"の主成分は，強電解質のナトリウムやカリウム，マグネシウム，カルシウムなどの陽イオン成分（$Na^+$, $K^+$, $Mg^{2+}$, $Ca^{2+}$ など）と塩素や臭素，硫酸などの陰イオン成分（$Cl^-$, $Br^-$, $SO_4^{2-}$）である。海水に溶けているイオン成分の総量を塩分（Salinity）という（補足1）。これらイオン成分の濃度や成分比率はほぼ一様であるが，海洋表面付近では淡水の流入や蒸発によりわずかな塩分変化が生じる。たとえば，北大西洋表面では蒸発が淡水流入を上回るため高塩分（34〜37 psu）なのが特徴であるが，北太平洋の亜寒帯表面はその逆で低塩分である（32〜34 psu）。表面水が深層に潜り込むと塩分を変える要因はないので，海水は固有の塩分を保ちながら移動することになる。このように固有の塩分や水温を持つ水のかたまりを水塊と呼ぶ。海水の鉛直混合は主に密度差に支配されるので，海洋学では古くから塩分と水温を測定して水の密度差を調べて水塊の動きを解析してきた。イオン成分の総和が塩分に等しいのだが，現在，海水の電気伝導度（Conductivity）を測定して塩分に換算している。海洋ステーションの各点で鉛直的に観測した塩分と水温を X–Y プロットした図を T–S ダイアグラムと呼び，水塊ごとに特徴的なプロットが見られる。これは水塊を区分するのに便利なので，日本周辺の代表的な水塊の T–S ダイアグラムをまとめておく（補足2）。実際には異なる水塊が混ざり合うので，代表的水塊の中間的なプロットも多く見られる。

《補足1》塩
塩という化学的な意味は水に溶けて正と負のイオン成分になる化合物のことであるが，海洋学でいう塩分の"えん"は少し意味合いが違うのだ。海洋学では海水の密度を計算するときに必要なパラメタとして塩分を用いる。海水の密度は，水に溶けている正と負のイオン成分に加えて，微量ではあるが水中のコロイド粒子や溶存気体の量により決まる。したがって，海水を蒸発させて残った残渣物の量，水と一緒に蒸発した二酸化炭素の量を合わせた重量を"塩分（Salinity）"としている。ある世界標準となる海水を決めて，電気伝導度から塩分に換算する経験式が国際的に定められている。ごくわずかな密度差を検出して水の流れを計算しなくてはならないので，"塩分"を定義するのに苦労してきた歴史があり，現在でも，その定義や経験式の改良が続けられている（河野，2010）。本来の塩分は重量濃度なので千分率

(‰) や百分率（%）で表されるが，現在，海洋学分野では単位を付けない（あえて付ける場合は，psu：practical salinity unit，実用塩分単位を用いる）。また，強電解質とは水に溶かすと完全に電離する物質のことである。炭酸は海水に溶けると「$H_2CO_3 \leftrightarrows HCO_3^- + H^+$」と「$HCO_3^- \leftrightarrows CO_3^{2-} + H^+$」の 2 段階に電離して平衡となり，$H_2CO_3$ は $CO_3^{2-}$ まで完全には電離しないため弱電解質に分類される。この平衡状態は海水の pH に依存して，海洋表層ではおよそ $H_2CO_3$ 10 μmol/kg，$HCO_3^-$ 1800 μmol/kg，$CO_3^{2-}$ 200 μmol/kg の濃度である。

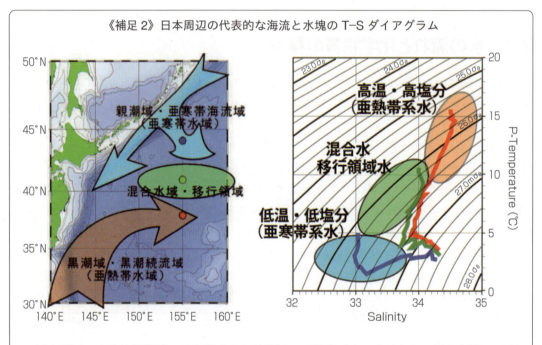

《補足 2》日本周辺の代表的な海流と水塊の T–S ダイアグラム

日本周辺の水塊は親潮域の亜寒帯系水と黒潮域の亜熱帯系水に分けられ，移行領域には混合水が見られる（左図）。各域（左図○印）で CTD 観測した結果を T–S ダイアグラムにした（右図）。混合水は亜熱帯と亜寒帯の中間的なプロットとなり，高密度の深層水（$\sigma_\theta > 27.4$）では似た水塊になってくる。　　　　　　　　　　　　　　　　　　　　　　　（大西・大木）

海洋観測で得られる化学パラメタの分布も，水塊区分によって大別されることを理解してほしい。というのも，ある場所で沈み込んだ水塊は長い時間をかけて海洋の中深層を旅するのだが，そこに含まれる物質も姿形を変えながら一緒に旅を続けているからだ。しかし，このように水塊と一緒に旅を続けられるのは，海水に溶けている物質（＝溶存物質）や海水と同じ密度を持つ物質（＝浮遊粒子もしくは懸濁粒子）だけである。もし，ある物質が海水の密度より大きくなると，重力落下してその水塊からいなくなってしまう。では，海水中で重力落下する物質（＝沈降粒子）とは何だろうか。まず思い浮かぶのは動物の遺骸や糞だろう。これらの粒子は主に海洋表層で生産され，比較的速い速度で沈降する。他にも，空から降ってくる鉱物粒子（北太平洋であれば黄砂粒子）もあり，数 μm から 10 μm と小さいサイズだが十分な沈降速度を持つ。これらさまざまな粒子が集まって凝集体（アグリゲート）となってから，徐々に沈降を始めることもある。浮遊粒子や沈

降粒子中の有機物は微生物の餌として利用され，有機物の分解と無機化が進行する。これらを考えると，生物に由来する物質（炭素，酸素，窒素，リン，鉄など）が海水中ではかなり複雑な挙動を示すことが想像できるだろう。先に述べた，"化学パラメタの分布も水塊区分で大別される"というのは，"ある水塊の境界で化学パラメタの分布が急に変化する"というのに過ぎず，その要因を考察するには，水塊の移動と混合，粒子の浮遊と沈降について3次元的なイメージを持つこと，さらに，溶存物質と粒子状物質の生成と分解について時間的なイメージを持たなくてはならない。海洋観測で得られる化学データは限られるので，観測で得られるすべての情報を総動員して解析に臨まなければならない。

## 9.2 炭酸成分と酸素

前節では強電解質のイオン成分が塩分をだいたい決めると述べたが，実は強電解質の正イオンと負イオンの総電荷量の差を見ると，2.3 mmol/kg ほど正イオンの電荷が過剰に存在する。この「強電解質正イオンの過剰分の電荷量」をアルカリ度という。つまり，アルカリ度は $[Na^+ + K^+ + 2Mg^{2+} + 2Ca^{2+}] - [Cl^- + Br^- + 2SO_4^{2-}]$ で表される。海水自体は電気的に中性なので（正電荷総数と負電荷総数が等しい），弱電解質の負イオンが過剰分を打ち消さなくてはならない。海水に含まれる弱電解質イオンの代表が炭酸水素イオンや炭酸イオンである。したがって，アルカリ度と同じ電荷量の炭酸系イオンが海水に溶けているのである（正確には，アルカリ度は炭酸水素イオン，炭酸イオン，ホウ酸イオン，水酸化物イオン，水素イオンの総電荷量で表される）。そもそも，なぜ強電解質イオンが過剰なのだろうか。おそらく，地球の初期大気には酸性物質が豊富に含まれており，それらが岩石中の陽イオンを溶出させて海水の塩の元になったと考えられている。強酸の HCl や $H_2SO_4$ の他に，弱酸の $H_2CO_3$ も岩石を溶かすのに大きな役割を果たして，これがアルカリ度を生む要因となった。現大気の降水にも $H_2CO_3$ が溶けて弱酸性になって，岩石を溶かしているのである。全海洋が吸収しうる二酸化炭素の量（もしくは全炭酸量：二酸化炭素が海水に溶けると炭酸と炭酸水素イオン，炭酸イオンに解離し，これらをすべて合わせた炭酸系物質量のこと）はアルカリ度によってほぼ決まるのである。学部レベルの実習では通常，全炭酸濃度は測定しないのだが，環境科学で注目のトピックスである二酸化炭素の話をもう少し続けよう。

地球が形成されて間もない頃の大気の主成分は，二酸化炭素であったと考えられている。その後，膨大な量の二酸化炭素を海洋が吸収し，その大部分は石灰岩として地殻に固定された。また，一部の炭素は化石（石炭や石油）として地下に隔離されている。地球表層に残されたごくわずかな炭素が，現在，移動可能な炭素として大気，海洋，陸上植生に分配されている。近年，地球温暖化を引き起こす要因として人為的な二酸化炭素の排出が注目されており，これは"地中に固定されていた炭素が地球表層の移動可能な場所へ供給されること"と説明できる。人為的な二酸化炭素の放出量は，化石燃料の流通量から比較的容易に推定できるが，放出された二酸化炭素が地球表層のどこに分配されるのかを知るのは容易ではない。海洋学の立場としては，海洋に隔離される二酸化炭素の量は如何ほどか？ という問いに答えなくてはならない。

海洋表層 100～200 m くらいまでは大気と接する境界層とみなせるので，海洋に隔離される二酸化炭素とは中深層に潜り込む分をいう。では，表層水に溶けた二酸化炭素がどのように中深層へ隔離されるのだろうか。その主要経路は熱塩循環（野崎，1994）による海水の大きな流れとともに，

二酸化炭素が中深層へ隔離される物理過程だろう。これは物理海洋学の領域なのだが，これだけでは化学屋としては面白くない。実際には，植物プランクトンが表層の二酸化炭素を吸収して有機炭素（もしくは炭酸カルシウム）に変え，沈降粒子として中深層へ運ばれる効果がある。その結果，表層の全炭酸濃度（2 mmol/kg）に比べて中深層のほうが 0.3 mmol/kg ほど高いのだ。この差は海水中全炭酸濃度の 15％ ほどなので，海洋生物による効果は微々たるものに過ぎないと感じるかもしれない。しかし，海洋表層で濃度減少している分の全炭酸量（$0.3\,[\text{mmol/kg}] \times V\,[\text{m}^3]$，$V$：厚さ 200 m としたときの海洋表層の体積 $7.2 \times 10^{17}\,\text{m}^3$）は大気中二酸化炭素量の 5 倍にも匹敵するのだ。海洋が"二酸化炭素の巨大な貯蔵庫"といわれる理由でもあるのだが，こう考えると，地球表層の炭素循環に対して海洋生物の役割は大きい。海洋生物の機能については生物屋に委ねるとして，我々は海洋生物の役割を裏付ける化学データを得ようとしているのである。また，本節では最近の注目トピックスである二酸化炭素を中心に話を進めているが，化学海洋学では二酸化炭素問題に限らず，地球環境全般について海洋生態系との関係を裏付ける化学データを得ようとしている。

次に，二酸化炭素と対になって動く酸素を話に加えよう。海洋に膨大に存在する二酸化炭素と水のうちごく一部を海洋植物が光合成に利用して有機物を合成し，引き換えに酸素を吐き出している。一方，動植物は呼吸により酸素と有機物を消費して，二酸化炭素と水を吐き出している。もちろん，光合成で酸素が発生するのは太陽光が届く表層付近に限られるが，呼吸で酸素が消費されるのは表層から深層まで至るところである。ここで，酸素生産量（光合成）が消費量（呼吸）を上回る層を有光層という。また，海洋表層は大気と接しているので，大気と海洋間で酸素や二酸化炭素が速やかに交換し，表層水中の酸素濃度は大気とほぼ平衡にあるとみなされる。大気と平衡にある表層海水に含まれる酸素の量は多くても 0.3 mmol/kg で，全炭酸ほど膨大にあるわけではない。すると，有光層より深い中深層で呼吸により酸素が消費され続ければ，いずれ酸素が枯渇してしまうのではないかと心配される。実際にはほとんどの外洋の深層で酸素が枯渇するには至らないのだが，有機物の供給が多い閉鎖系水域の底層部では貧酸素状態になり底生生物が死亡するなど，漁業被害がしばしば報告される（コラム参照）。

---

### 《コラム》噴火湾底部の貧酸素状態

北海道噴火湾は湾口部の最大水深が 93 m，湾央部の最大水深 98 m，平均的には 60〜95 m と，比較的平坦な閉鎖系湾である。初春から表層付近で生産された多量の有機物が沈降して底層に蓄積する。底層では有機物の分解が進んで酸素濃度が低下する傾向にあり，夏場になると噴火湾底層では貧酸素状態に陥ることがある。そして，夏から秋になると外洋から新鮮な海水が流入して貧酸素状態は解消される。夏場の貧酸素状態が深刻化すれば底魚の生育に影響を与えること，貧酸素水が沿岸に湧昇すればホタテガイの垂下式養殖に影響を及ぼす恐れがある。貧酸素状態の時期や程度は，①噴火湾表層に供給される栄養塩の量，②有機物生産と沈降量，③新鮮な海水の流入のタイミング，によって決まる。これを明らかにするには，水産漁場学・物理・化学海洋学の調査が必要である。

（髙津・久万・大木・大西）

---

では，呼吸により消費された酸素の量を見積もってみよう。たとえば，ある水塊が表面に存在していたときの酸素濃度を初期濃度 $[\text{O}_\text{初}]$ として，その水塊がある時間（T）を経て深層 500 m まで

移動したとする。そして我々が海洋観測を行い，深層 500 m の水を採取して酸素濃度 $[O_{500m}]$ を測定した。その水塊が時間（T）を経るうちに呼吸によって消費された酸素量は，$[O_初] - [O_{500m}]$ で表される。きわめて簡単な理屈だ。

$[O_初]$ はどのように決めたらよいのだろうか。これには，「表面水中の酸素は大気と平衡に達している」という先ほど述べた仮定を置く必要がある。平衡状態とは表面水と大気が十分長い時間接して見かけ上は酸素の出入りがなくなり，酸素濃度の変化がなくなった状態のことである（表面水には光合成生物もいるし呼吸も活発なので酸素濃度に偏差が生じることもあろうが，大気との交換が十分速いものとしてこの仮定を信じてもらう）。大気と平衡にある海水中の酸素濃度は物理化学の法則により求められる。つまり，溶解度の問題であるが，大まかには冷たい水ほど多くの酸素が溶けると理解しておけばよい。大気と平衡にある海水中酸素濃度を酸素飽和濃度ともいう。実際には塩効果もあるので実験的に求められた，酸素飽和濃度–水温–塩分の関係式を使う。

---

### 海水に対する酸素飽和濃度の計算式（García and Gordon, 1992）

$$[O_2^{飽和} (\text{mmol/m}^3)] = (1000/M_v) \cdot \exp[A_0 + A_1 \cdot Ts + A_2 \cdot Ts^2 + A_3 \cdot Ts^3 + A_4 \cdot Ts^4 + A_5 \cdot Ts^5$$
$$+ S \cdot (B_0 + B_1 \cdot Ts + B_2 \cdot Ts^2 + B_3 \cdot Ts^3) + C_0 \cdot S^2]$$

$Ts = \ln[(298.15 - T)/(273.15 + T)]$, $T$：水温（℃），$S$：塩分（psu），
$M_v$：酸素のモル体積（22.3916 L/mol）

| $A_0$ | $A_1$ | $A_2$ | $A_3$ | $A_4$ | $A_5$ |
|---|---|---|---|---|---|
| 2.00907 | 3.22014 | 4.05010 | 4.94457 | −0.256847 | 3.88767 |

| $B_0$ | $B_1$ | $B_2$ | $B_3$ | $C_0$ | |
|---|---|---|---|---|---|
| −6.24523 ×10⁻³ | −7.37614 ×10⁻³ | −1.03410 ×10⁻² | −8.17083 ×10⁻³ | −4.88682 ×10⁻⁷ | |

かなり長い式だが，各自パソコンの表計算ソフトのシートに計算式を入力しておくと便利である。水温と酸素飽和濃度を示しておく（右図中の太い実線）。表面海水中の酸素濃度を実測すると，上式で計算される酸素飽和濃度よりも高いケース（過飽和の状態）が多く見られる。海水中の酸素が過飽和になる原因として，①水温上昇による溶解度低下，②荒天時の気泡貫入，③光合成による酸素発生が挙げられる。これらの効果を補正するには，不活性気体（フロンや窒素，アルゴン）や二酸化炭素の濃度と比較する必要がある。ただし通常の解析においては，海水中の酸素は大気と平衡（飽和）にあるとみなしてよい。

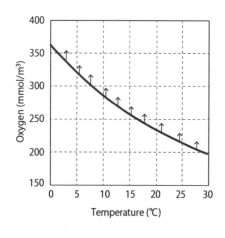

ここで，酸素消費量という言葉の定義についてもう少し厳密に説明しなくてはならない。先に求めた"酸素消費量"とは，ある水塊が大気と接触を断ってからの"見掛けの酸素消費量"のことである。たとえば，表面にあった水が亜表層（表層より少し深い層のこと）まで潜り込んだとする。亜表層にはクロロフィル濃度の極大（Sub-surface Chlorophyll Maximum：SCM）が見られるように，植物プランクトンが高密度に存在していることが多々ある（SCM が形成される理由については，各自考察すること）。つまり，大気と接触を断った亜表層にも微弱な光が届いており，光合成により酸素が生産されているのである。したがって，先に求めた"酸素消費量"つまり【見掛けの酸素消費量】とは，【呼吸により消費された酸素量】から【光合成により生産された酸素量】を差し引いた量となる。ここで，見掛けの酸素消費量のことを Apparent Oxygen Utilization（AOU）と呼ぶ。

太陽光がまったく届かない中深層では光合成は起こりえないので，海水中の酸素は消費される一方である。時間の経過とともに AOU が大きくなることを利用して，物理海洋学では AOU を水塊移動の指標にすることがある。この場合，ごくわずかな AOU の違いを検出しなければならないので，厳密に溶存酸素濃度を測定する必要がある。

## 9.3 栄養塩

前節では有機物の酸化（呼吸による酸素消費）と AOU について触れたが，有機物の酸化とは"有機物の無機化＝無機物の再生"を伴う。有機物の主成分には炭素（C），酸素（O），水素（H），第二成分として硫黄（S），カルシウム（Ca），マグネシウム（Mg），窒素（N），リン（P），ケイ素（Si），微量成分として鉄（Fe），マンガン（Mn），亜鉛（Zn）などが加わる。海洋生物はこれらの物質を使って生命活動を維持しているのだが，いずれ死亡・排泄されるなどして無機化への道をたどる。上に挙げた第二成分のうち S や Mg，Ca は海水中に豊富に含まれるので，これらの成分の量が生命活動の維持（生態系全体で見れば基礎生産）に対して不足することはない。化学海洋学での興味は海洋生物が必要としているのに海水中で不足しがちな成分 N，P，Si，Fe などで，これらを栄養塩と呼ぶ（ちなみに，イオン成分として存在する $NO_3^-$，$PO_4^{3-}$，$SiO_3^-$ は栄養塩，鉄はさまざまな化学形態をとるので"栄養素"というのが正しい）。なお，Si は珪藻類など限られたプランクトン種が殻を形成するのに必要な成分なので，必ずしもすべてのプランクトンの生長に対して制限因子になるわけではない。

さて，海洋では栄養塩類の供給が基礎生産量を左右していることはご存じだろうか。海洋表面のクロロフィル-a 濃度の衛星画像を見てほしい（図 9.1）。

外洋では亜寒帯でクロロフィル濃度が高く，亜熱帯では低い。また，沿岸域では濃度が極めて高いというのが大まかな傾向である。これは，海洋表層への栄養塩供給量の多い少ないを反映しているのである。外界から表層へ供給される栄養塩についていえば，大気から降ってくる粒子には鉄が豊富に含まれているし，窒素固定生物が多く生息する海域であれば窒素分子からアンモニアが生み出され，深層から水が湧き上がってくる場所であれば硝酸塩やリン酸塩が過剰になるだろう。そうすると，N が先に枯渇して基礎生産が制限される海域や，P が先に枯渇する海域，Fe が枯渇する海域が現れるのである。また，沿岸域であれば，河川からの栄養塩供給が基礎生産に重要な役割を果たすこともある。

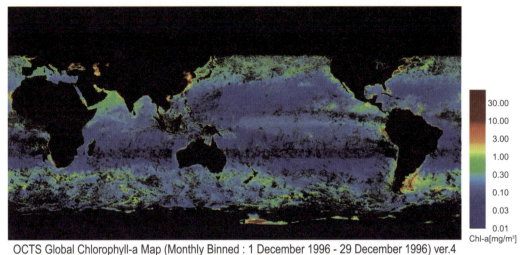

OCTS Global Chlorophyll-a Map (Monthly Binned : 1 December 1996 - 29 December 1996) ver.4

図9.1　衛星画像によるクロロフィル-a濃度のグローバル分布
(http://suzaku.eorc.jaxa.jp/GLI2/adeos/Earth_View/jap/adeos09j.pdf Provided by NASDA)

　栄養塩類について供給と消費のバランスを詳しく調べる必要があるので，次に化学量論的な話をしよう．表層海水をろ過してフィルタ上に残った粒子中の元素組成比（モル比）を調べると，C : N : P = 106 : 16 : 1 になるという．表層海水中の粒子のほとんどが生物体とすれば，生物を構成する元素比率が平均的に C : N : P = 106 : 16 : 1 であることを意味する．つまり，植物プランクトンが繁殖するにつれ，海水中の炭素と栄養塩がその比率で有機物に取り込まれるのである．この法則を見つけた人物の名前にちなんで，これを<u>レッドフィールド比</u>（Redfield ratio）と呼ぶ．二酸化炭素が有機物に固定される反応が平均的にレッドフィールド比に従うとすれば，以下の反応式が成り立つ（西村ほか，1983）．

$$(CH_2O)_{106}(NH_3)_{16}H_3PO_4 + 138O_2 = 106CO_2 + 16HNO_3 + H_3PO_4 + 122H_2O$$

ここで，$(CH_2O)_{106}(NH_3)_{16}H_3PO_4$ は生体を構成する平均的有機物組成を表し，窒素はアンモニア，リンはリン酸として存在する．この有機物中にある 106C，16N，1P をすべて無機化して海水中に再生するのに必要な酸素は 276O であり，これが呼吸による酸素消費量に相当する．海洋ではバクテリア（従属栄養の原核生物）が有機物の無機化の多くの部分を担っている．実際には，細胞壁中に含まれる炭素は分解速度が遅いし，タンパク質の酵素に含まれる窒素やリンは分解速度が速いように，成分ごとに分解速度が異なってくる．その結果，栄養塩各成分の鉛直分布に若干の違いが見られることもあり，興味深い点である．しかし，有機物の分解について厳密な議論が難しい場合は，"有機物中の栄養塩がレッドフィールド比に従って無機化する"と仮定して議論を進めるのもよいだろう．

　最近の化学海洋学の研究でも，AOU とリン酸塩，硝酸塩，鉄などの濃度をプロットして，ある水塊における各栄養塩類の再生速度を見積もるのに役立てられている．実際の観測で得られるリン酸塩と AOU のデータについても，両者をプロットして，その意味を考察してみよう．

## 9.4 栄養塩利用と植物プランクトン群集

　植物プランクトンによる栄養塩の取り込み比率がレッドフィールド比に従うと述べたが，これは光・温度の条件が良く，栄養塩類が比較的豊富に供給されている場合に限られる。栄養塩類が豊富にある海域というのは珪酸も十分にあって，珪酸の殻を持つ珪藻類が繁茂できる状況にある。一般的に，生物生産性の高い混合域から亜寒帯では珪藻類が優占しやすい状況にある。そして，珪藻類が珪酸を使い尽くすと，珪酸を必要としないプランクトン種（円石藻など）が増え始める。しかし，珪酸が尽きる前に硝酸やリン酸が尽きてしまうことが多いので，春季ブルームの後は通常，基礎生産量自体が急に低下する。硝酸やリン酸が枯渇した状況になると，その成分をあまり必要としない種が優占したり，その成分の取り込みが得意な種が優占したりすることが知られている。たとえば，有機物を利用できる渦鞭毛藻や，小さなサイズの植物プランクトン（体積に対して表面積が大きくなるので，低濃度の栄養塩を取り込むのに有利）が挙げられる。春季ブルーム後から夏場にかけては海洋表面が暖められて成層化するので，亜表層からの栄養塩供給が少なくなりやすい。その結果，春季ブルームの後，夏場はいったん生物生産性が落ち，秋になると再び鉛直混合が活発になり秋季ブルームが発生するといった季節変化が見られる。

　このように，ある海域の光・温度・栄養塩の環境が変わると，そこに生息する植物プランクトン群集（ある領域の生物の種組成と細胞密度をひとくくりに考えたものを生物群集と呼ぶ）も変わる。たとえば，群集A（珪藻類優占，密度大）→群集B（円石藻優占，密度小）→群集C（渦鞭毛藻優占，密度小）のように群集が変化する。これは季節変化を伴うし，気候変動の影響を受けて経年変化も伴っているかもしれない。植物プランクトン群集は海洋生態系の基盤を成しており，その分布を知ることは環境科学や水産科学の理解に欠かせない。そこで，植物プランクトン群集と環境因子の関係を定量的に把握する必要が出てくる。ある海域の植物プランクトン群集の現存量を定量的に表現するには，植物が持つ光合成色素の量を調べるのが便利である。測定対象が色素なので，植物プランクトンを含む海水もしくは抽出液に光を照射したときの透過光や蛍光を調べればよい（補足3）。光学測定は比較的やりやすいので，植物プランクトンの抽出液中の色素測定の他，CTD装置に蛍光センサを付属しての鉛直測定や表面海水の連続測定も行われる。また，宇宙からも海の色が調べられるので，応用範囲が広いのが特徴だ。まず，植物プランクトンの全量を表すことができる色素のクロロフィル-$a$[*1]について説明しよう。クロロフィル-$a$は波長400〜700 nmの太陽光を吸収し，光を化学エネルギーに変換して有機物を合成するのに利用している（光合成）。ほとんどすべての植物プランクトンがクロロフィル-$a$を持っているため，しばしば，クロロフィル-$a$量が植物現存量の代わりに用いられる。クロロフィル-$a$色素が吸収する光の波長帯（400〜700 nm）を光合成有効放射（Photosynthesis Active Radiation：PAR）と呼ぶ。CTDにPARセンサを取り付けてある場合，（昼間の観測時のデータを使って）PARの透過率（減衰率）とクロロフィル-$a$濃度の鉛直分布を比べてみよう。

---

[*1] 植物プランクトンのクロロフィル含量は，種により，また同一種であってもその生育環境により，あるいはそれ自身の生理的状態により，かなり変動するものであるから，クロロフィル量にある一定の係数を掛ければ植物プランクトンの重量とか有機炭素量が求められるというような単純なものではない。また，基礎生産量と同じ意味ではないので，注意が必要である。

## 《補足3》海水の光学測定

　太陽から放出されるエネルギーの多くの部分は可視光（波長帯はおよそ 400～700 nm）の電磁波で、文字どおり"人間の視覚で感じることができる光"である。可視域より短い波長と長い波長は水中に透過しにくいため、水中に透過する放射のほとんどは可視光である。生物はもともと海から誕生したため、そこに存在するエネルギーである可視光を利用できるように進化したと考えられている。太陽光をプリズムで波長分解すると虹色が見えるように、太陽光には紫から赤の各色が混ざっているのだが、それらの光がまとめて目に入ると我々は白色と認識する。ここで、琥珀色(こはくいろ)のウイスキーをロックアイスに注いだ状態を想像してほしい。琥珀色の正体は木樽から溶出するリグニン（高等植物を構成する高分子フェノール類）に由来するそうだ。ウイスキーが琥珀色に見えるのは、リグニンが青・緑の波長を吸収して、琥珀色（黄・赤色）波長の光だけを透過するからである。一方、木樽が琥珀色に見えるのは、木樽表面のリグニンが（青・緑の波長を吸収して）黄・赤色波長だけを反射するためである。やがて氷が溶けるとウイスキーが希釈されて琥珀色も薄くなる。ウイスキーの濃度が半分になれば、光吸収の度合いも半分になる（より白色に近づく）ことを経験的に知っているので、我々は色の濃淡でウイスキーロックの濃度を想像するのである。この原理を化学分析に応用したのが吸光光度法である。後述する栄養塩分析には吸光光度法を用いるので、測定原理を先に説明しておく。リン酸塩溶液にモリブデン酸イオンを加えたのち、還元剤（アスコルビン酸など）を加えると、赤色波長（830 nm 付近）を吸収するモリブドリン錯体 $(PMo_{12}O_{43})^{3-}$ が出来る（この溶液は赤色波長を吸収して（830 nm 付近に吸収極大）、青色波長（500 nm）だけを透過するので、モリブデンブルーと呼ばれる）。この試水を透明セルに入れて波長 885 nm の光を照射して透過した光量（つまり光吸収量）を調べれば、リン酸塩の濃度が定量できる。

　では、物体に吸収された光はどうなるのか。吸収した光エネルギーが物体の分子振動に使われれば、その物体は熱を持つことになる。一方、吸収した光エネルギーが物体を構成する元素や化合物の電子軌道を励起させるのに使われることもある。電子が励起すると固有波長の光（蛍光）を発する。植物が持つ光合成色素は可視光を吸収して電子を励起させ、その電子は自由に動き回り他の物質をも励起させる。励起状態になった物質が化学反応を起こして有機物が合成される。光合成色素に可視光線を照射すれば、必然的に蛍光を発するのである。光合成色素の量が多ければ発する蛍光の量も多くなることを利用したのが、蛍光分析法である。ちなみに、クロロフィル-$a$ は主に可視光の青と赤の波長を吸収して、緑波長を反射（もしくは散乱）するため緑に見えるのだ。クロロフィル-$a$ の蛍光分析では、照射する可視光を単波長 460 nm（青色）として、波長 680 nm（赤色）の蛍光を測定することが多い。一方、人工衛星によりクロロフィル分布を調べるには、海洋内部（透明度深くらい）に入射した太陽光の反射光のうち、クロロフィルにより吸収される青色波長と吸収されにくい緑色波長の反射光強度を測定し、それらの比を計算することにより定量している。

　ところで、陸上ではリグニン由来の有機物が高分子化・難分解化して土壌の一部を成している。海洋には河川を通してリグニン由来の難分解性の高分子溶存有機物が供給されている。ウイスキーの例で述べたように、リグニンは青・緑の光、とくに青色の光を強く吸収する特性

を持つため，海洋では**有色溶存有機物（Colored DOM：C-DOM）**とも呼ばれている。人工衛星から海表面のクロロフィル分布を調べる際には青色の反射光を測定しているので，青色を吸収してしまうC-DOMが邪魔なのだ。とくに河川由来物質が豊富な沿岸域では，植物プランクトンが少なくても青色の反射光を大きく変化させるため，クロロフィル濃度を過大評価してしまうのが問題になっている。

（平譯・大木）

## 9.5　海洋パラメタの鉛直分布を決める要因

海洋観測では，CTD観測装置を海面から降下させ，塩分や水温，クロロフィル蛍光，溶存酸素濃度をセンサ計測する。同時に，任意の水深で海水を採取することができる。さまざまなパラメタの鉛直分布（プロファイル）を比べて，パラメタ同士の関連を読み解くのが，海洋化学の楽しさである。まず，海洋で光合成が起こりうる表層付近の鉛直構造を決める要因をおおまかに説明する。

### 9.5.1　表層混合層

海では，低密度の軽い水が表面に浮き，高密度の重い水が底に沈んでいる。日射により海表面が暖められれば，暖かく軽い水が表面を覆う。さらに降水や河川水の真水が表面に入り込めば，さらに軽くなる。深いほうには，低水温で高塩分の高密度な水がある。表面から底層まで，密度順に重なっているのが原則である。実際には，洋上で風が吹いているので，表面付近の水は強制的にかき混ぜられ，鉛直混合が起こっている。たとえば，洋上風により表面から水深20 mまで混ぜられた状況を想定したプロファイルを図9.2左に描いた（塩分プロファイルは省略）。表面では日射により水が暖められ，混合層内（0〜20 m）で19℃と高温になっている。もちろん，混合層内では水温（19℃）や密度（24.11σ）は一様である。繰り返しになるが，密度が鉛直的に一様であれば，その層内では海水が鉛直的に移動して混合しうる。深さとともに海水密度が大きくなれば，その層内では，海水の鉛直的な移動が制限される（**成層化**している）。

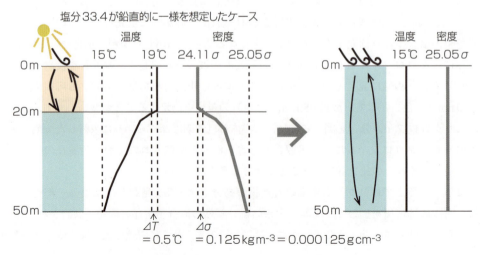

図9.2　表層の混合にともなう水温と密度の鉛直的な変化

### 混合層深度の定義

海洋学では，水深 5 m の密度に比べて，プラス 0.125σ（0.000125 g cm$^{-3}$）だけ密度が大きくなる深度を混合層深度と定義することがある※。前述のケースだと，水深 5 m の海水密度が 24.11σ（1.02411 g cm$^{-3}$）で，水深 20 m まで，その密度で一様である（塩分が鉛直一様であることを想定している）。水深 20 m から，急に水温が低下して，密度が上昇している。水深 5 m の密度（24.11σ）に比べて，プラス 0.125σ だけ密度が上昇した層（つまり，海水密度が 24.136σ）の深度が 20 m である。したがって，混合層深度は 20 m とされる。繰り返しになるが，20 m 以浅では密度差はほとんどないので，水は十分混合しうる。混合層より深いところでは，水温が急に下がるとともに，密度が急に上昇する。密度が急に上昇する層では，混合は著しく制限されている。つまり，成層化している。

※研究の目的により，混合層の定義が異なる。より厳しい条件（プラス 0.05σ など）を課すこともある。

次に混合層の発達について考える。混合層が発達するのは，海面で水が冷却され，低温の高密度水が出来るときである。また，海上風によって海面が強制的にかき混ぜられるときである。図 9.2 右のように，表層混合層の水（もともと 19 ℃）が急に冷やされて 15 ℃まで水温が低下すれば，海水密度は 25.05σ になり水深 50 m まで沈み込む。その分，表面まで浮く水があり，鉛直混合が起こる。これが連続的に起これば，混合層内で水が一様になる。とくに冬場は，海面冷却が著しいのと，強い風が吹くことで，鉛直混合が活発になる。

混合層の深度は季節的に変化する。中・高緯度は冬場の海面冷却が著しく，冬季鉛直混合が活発になり，分厚い混合層（厚さ 100〜400 m）をなす。一方，低緯度域は冬場の海面冷却はそれほどでもなく，薄い混合層（厚さ 50〜100 m）をなす。極域は，鉛直混合が活発すぎるので，表層混合層が深層まで到達することもある。図 9.3 に，亜寒帯域の南限あたり（北緯 40 度）での表層混合層の季節変化を模した図を示す。

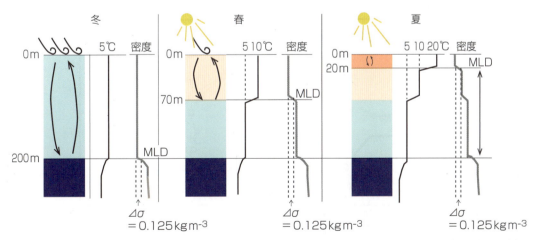

図9.3　北緯40度付近での表層混合層の季節変化（Δσ：密度差，MLD（Mixed Layer Depth）：混合層深度）

図9.3の説明と植物プランクトン増殖の関係は以下のとおりである．

- 冬場に混合層深度（200 m）が深くなり，亜表層（〜200 m）にあった栄養塩豊富な水が表層混合層にもたらされる．植物プランクトンが光合成できるのは光が届く深さに限られる．有光層深度は数十〜100 m くらいだから，冬場の混合層の水のなかは暗闇が多くを占める．冬場は，日射が弱いのと，混合により暗闇まで水が移動するので，混合層内の水は平均的に光環境が悪い状態にある．したがって，冬場は植物プランクトン密度が低く，光合成色素のクロロフィル-$a$ の濃度は鉛直一様に低い．
- 春になると，日射が強くなるのと，混合が弱まるので，光環境が良くなる．日中であれば，表層混合層内の水は光合成に必要な光に曝される．表層混合層には栄養塩が十分にあるため，植物プランクトンの大増殖（春季ブルーム）が起こる．ブルームの間，表層混合層の栄養塩は消費されていく．

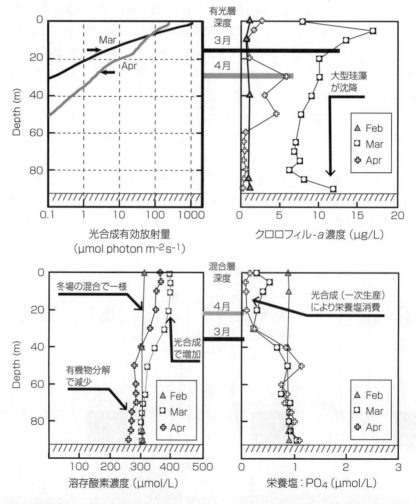

図9.4 北海道噴火湾における光合成有効放射量（PAR），クロロフィル-$a$ 濃度，溶存酸素濃度，栄養塩（$PO_4$）濃度の季節変化（2016年2〜4月）．有光層深度は表面PAR比0.5％の深度，混合層深度は水深5 mの密度プラス0.125 g m$^{-3}$の深度と定めた（密度分布は非表示）．
（Ooki et al., JO, in review のデータを引用して再描画した）

- 初夏になると，表層混合層はさらに浅くなり，表層の栄養塩が枯渇して，植物プランクトンの増殖が抑制される。混合層直下には太陽光がかろうじて透過しており，栄養塩が残される。混合層直下では光合成が起こっていて，植物プランクトンが高密度に生息することがある。この現象は，植物プランクトンの光合成色素のクロロフィルが"亜表層"（表層混合層より深いところ）で極大を示すことから確認でき，これを"亜表層クロロフィル極大"という。
- 秋になると，気象擾乱などにより鉛直混合が活発になり，表層に栄養塩がもたらされ，秋季ブルームが見られることがある。

図9.3で鉛直分布を記したのは，水温と密度だけである。「栄養塩」や「クロロフィル」の変化も加えて，図9.4に北海道噴火湾（2〜4月）で観測された海洋パラメタの季節変化を描いた。

噴火湾の季節変化を以下のように解釈した。北海道噴火湾では3月に珪藻の大増殖（ブルーム）が起こり，表層混合層内でクロロフィル-a濃度が高くなる。大型珪藻は深いほうに沈降するので，光が届かない混合層以深でもクロロフィル-a濃度が高くなる。3月から4月になると，表層混合層内の栄養塩濃度は低くなり，光合成は制限される。4月では，混合層直下の水深15 mでは栄養塩が残っており，かろうじて光も届いているため，植物プランクトンは光合成により増殖が可能でクロロフィル-a濃度の極大が現れた。（酸素濃度の解釈は省略した）

単発の実習航海では，海洋パラメタの季節変化を捉えることはできないが，観測時に海洋環境がどのような状況にあったのか推定してみよう。本章の最後に，観測結果を図に表示して，解析するポイントをまとめた。

## 9.6 海洋基礎生産と物質循環，地球環境

後回しになってしまったが，ここで海洋における基礎生産の説明をする。基礎生産とは植物（プランクトン，藻類）が光合成により二酸化炭素，栄養塩を有機物に変えることを意味し，基礎生産量といえば単位面積・単位時間当たりに固定される炭素量として表される。一般的に光と水温などの環境条件が整っていれば，栄養塩が供給されるほど基礎生産量は増え続ける。ここで，有光層外（海洋の下層や河川，大気，窒素固定生物）から供給された栄養塩を利用した基礎生産を新生産，有光層内で有機物が分解して再生された栄養塩を利用した生産を再生生産という。有光層外からの栄養塩供給が多いところであれば新生産の割合が高く，その分，有光層外への有機物輸送が多いことを示唆する。また，食物連鎖により魚類などの高次栄養段階に基礎生産が転送され，豊富な魚類生産を支えることが可能である。これは冬期間に鉛直混合が活発な混合域や亜寒帯で，珪藻類が繁茂しているような場所が想像される。逆に，外界からの栄養塩供給が少ないところでは再生生産の割合が高く，有光層内で栄養塩などが循環を繰り返している状況で，外界への有機物輸送は少ないことが示唆される。これは強い日差しが降り注ぐが生物がまばらにしか存在しない亜熱帯の海が想像される。ある領域で物質が転送される様子を"物質循環"と呼ぶ。表層から中深層までの大規模な物質循環の時間スケールは，百年から数千年になることもあるし，ある水塊の表層だけを対象にすれば数日から数か月になるだろう。

前節まで述べてきたように，栄養塩の供給が基礎生産の質や量を特徴づけ，基礎生産が栄養塩の循環を駆動している。このように海洋植物により生産された有機物が海洋物質循環の中心的役割を

担っているのだが，これは炭素が4個もの共有結合を持ちさまざまな元素と結合する"キャリヤ"としての役割に他ならない。海水中での物質移動にとどまらず，大気への物質移動のキャリヤとしても大事である。たとえば，ハロゲン（塩素，臭素，ヨウ素）と結合した有機ハロゲンは海洋から対流圏・成層圏にハロゲン原子を運ぶ重要なキャリヤだし，硫黄と結合した有機硫黄（ジメチルサルファイドや硫化カルボニル）も大気へ硫黄を運ぶ重要なキャリヤである。ハロゲンや硫黄は反応性が高いため大気の質を変える元素でもあり，海洋が地球環境を左右する要因の一つと考えられている。

海洋生物は海水に含まれる C, H, O, N, S, Ca, Mg, Si, P, Cl, Br, I, Fe, Mn, Zn などを取り込んで有機体を合成し，それらはいずれ分解再生して無機物に戻るという循環を繰り返している。これらの生物活動に関連した元素（生元素という）は，海洋基礎生産を制限したり，富栄養化を起こして貧酸素状態を引き起こしたり，地球放射を吸収して温室効果を高めたり，成層圏まで到達してオゾンを破壊し，大気中で粒子化して雲をつくっている。これらの現象を駆動しているのが海洋生物であり，海洋生態系が地球環境システムに重要な役割を果たしているのだ。我々化学屋は海洋で化学物質の動きを捉え，その関係を明らかにしようとしている。本章がその一歩となることを願う。

## 9.7 実習例

### 9.7.1 概要

海洋観測点において，ニスキン採水器を取り付けた CTD-CMS[*2] 観測装置を海面から目的の水深まで降下させる。電気伝導度，水温，水深，クロロフィル蛍光を水中測定して連続的な鉛直分布を得る。観測装置を上昇させるとき，任意の水深で一時停止してニスキン採水器の上下蓋を閉める。上昇と一時停止を繰り返しながら鉛直的に海水を採取する。ニスキン採水器からサンプルボトルに採取した海水中の溶存酸素，リン酸塩，クロロフィル-a の各濃度を測定する。

海洋観測の装備：ヘルメット，ライフジャケット，長靴，カッパ（ゴム手袋は不要）
分析作業の装備：室内着，データ整理のノート，筆記用具

### 9.7.2 甲板上での採水作業

① CTD 装置のセット
　　ニスキン採水器の蓋を開けて，フックをかける（やりかたは現場で説明）。
　　採水器上部の空気ネジの締めチェック，下部の採水コック閉をチェック（図 9.5 参照）。
② CTD 装置の海への降下
　　ウインチで CTD 装置を吊り，海面に降下させる。
③ CTD 装置の降下中

---

[*2] CTD-CMS：Conductivity（電気伝導度），Temperature（水温），Depth（圧力水深），Carrousel（カローセル型）Multi Sampler（多層採水器）の略で，CTD の各センサにニスキン採水器を多数取り付けた観測装置のことをいう。クロロフィル蛍光や溶存酸素などを水中測定するセンサを取り付けることもあり，単に"CTD"と略すことが多い。CTD 装置の原理，操作手順については第 8 章を参照すること。

オペレータは画面を監視しながらデータに異常がないかチェックする。CTD 装置が目的水深まで降下したらウインチ作業員に降下停止を指示する。ニスキン採水器を閉じる操作をしたのち，CTD 装置の上昇を指示する。

④ 表面海水の採取

甲板通路から採水用バケツを投下して表面海水を採取する[*3]。水温を測定[*4]，分析用海水の採水を行う[*5]。

⑤ CTD 装置の回収

ウインチで CTD 装置を吊り上げ，甲板上に置く。装置をロープで固定する。

### 9.7.3 サンプルボトルへの採水作業

実習生はある深度（あるニスキン採水器）の採水を担当して，化学分析まで一連の作業をすべて行う。採水は，一般的に気体成分，一般項目（ルーチン：栄養塩やクロロフィル，塩分），その他の項目（採水量の少ない順）の順番に行う。

(1) サンプルボトルの種類と採水容量

- 溶存酸素（Dissolved Oxygen）：ガラスボトル（通称 DO 瓶）は容量を検定してあるので，各自ボトル番号と容量をメモして，ボトルと蓋をセットにしておく。満水で採水。
- リン酸塩（Phosphate）：白色のポリエチレンボトルに 7 分目まで採水。
- クロロフィル-$a$（Chlorophyll-$a$）：遮光性のポリエチレンボトル（色素なので光分解する）に満水で採水。

(2) 採水チューブ

ニスキン採水器の採水コックにシリコンチューブ（採水チューブ）を取り付けて海水を各ボトルに採取する。溶存酸素用の海水採取には，気泡の混入を防ぐため必ず使う。クロロフィルやリン酸塩用の試料採取には，採水チューブを使っても，使わなくてもよい。

(3) 溶存酸素試料の採水

<u>ボトルのなかに気泡が残らない</u> ことが原則である。

手順図（図 9.5）を参照すること。

採水が終了したら，各深度の DO 瓶を並べて沈殿の色を見比べること。

DO 瓶に気泡が混入しやすいのが，最後，分注器で固定液を注入するときである。分注器に液が十分あること，分注チューブ内に気泡がないこと，ゆっくりプッシュ，ゆっくり離すことが大事である。

---

[*3] バケツを投下するときはロープの端を柱などに固定しておく。バケツは海水で 2 回共洗い（ともあらい）をする。
[*4] 専用の温度計を用いて小数点第 1 ケタまで読み取り，表面水温を CTD オペレータに報告する。
[*5] 採水には長チューブを用いてサイフォンの原理で水を汲み出す。

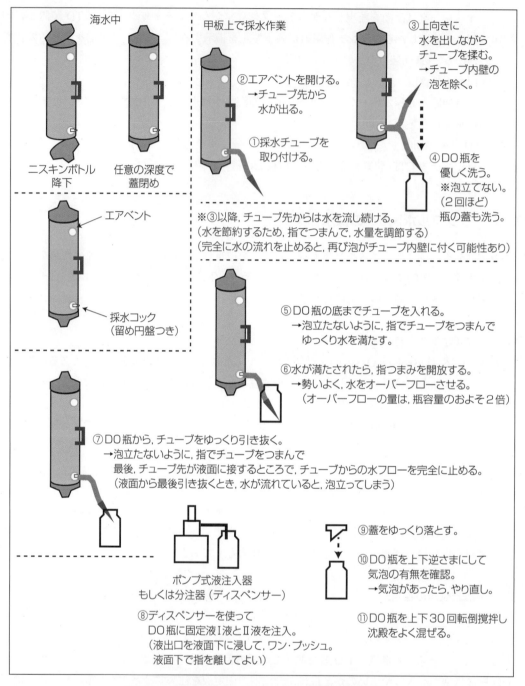

図9.5 DO採水の手順 —マスターしよう海洋観測の基礎—

(4) リン酸塩とクロロフィル-a 試料の採水
- 白色ポリ瓶を2回共洗いしたのち海水を肩口[*6] まで入れ，蓋をする。

---

[*6] 栄養塩サンプルは，冷凍で持ち帰り分析することが多い。冷凍時に膨張・破損を防ぐため肩口までとする。

- 遮光ポリ瓶を2回共洗い[*7]したのち海水を満たし（すり切り）[*8]，蓋をする。

## 9.7.4 分析操作

(1) 溶存酸素の測定（固定後4時間以後，24時間以内）

図9.6に溶存酸素測定の手順を示す。

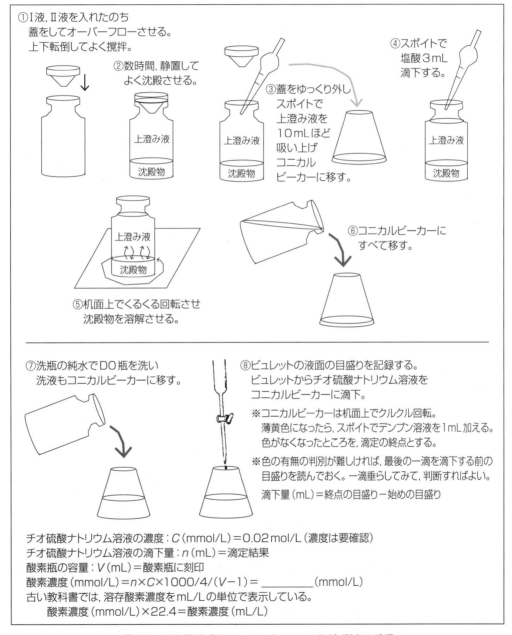

**図9.6** 溶存酸素（Dissolved Oxygen：DO）測定の手順

---

[*7] プランクトンが破壊されないよう，やさしく共洗いする。
[*8] 定容量のポリ瓶に入った海水の全量をろ過する場合，すり切り満水とする。

**ウインクラー法による溶存酸素量の測定原理**：ウインクラー法の原理で大事なのが，アルカリ下で試料水中の酸素を水酸化マンガン沈殿物にすべて結合させ，のちに酸性にして沈殿物を還元しヨウ素を遊離させる点である。

　まず，DO 瓶に採取した海水に塩化マンガン水溶液と水酸化ナトリウム水溶液を加えて，アルカリ下において水酸化マンガンの沈殿をつくる。

$$Mn^{2+} + 2OH^- \rightarrow Mn(OH)_2 \downarrow \quad コロイド状白色沈殿 \tag{9.1}$$

このとき，水中に溶けている酸素により水酸化マンガンの一部が酸化される。

$$Mn(OH)_2 + \frac{1}{2}O_2 \rightarrow Mn(OH)_3 \downarrow \quad 褐色沈殿 \tag{9.2}$$

　DO 瓶に固定液を入れて転倒撹拌すると白色と褐色のマンガン酸化物の沈殿が混在する。溶存酸素が少なければ白色，多くなるほど褐色を呈するので，深度順に DO 瓶サンプルを並べて色の違いを見てみよう。2 時間以上経てば水酸化マンガン（白色，褐色とも）はすべて瓶底に沈殿する（図9.7 参照）。

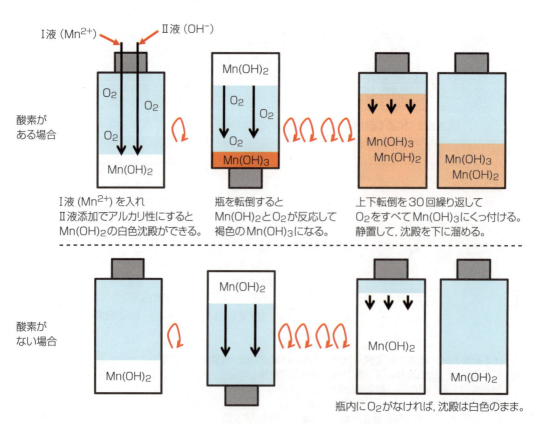

図9.7　ウインクラー法で海水中の酸素を固定する原理

　この沈殿物にヨウ化カリウムと塩酸を加えると，$Mn(OH)_3$ のマンガン（IV）は酸性下において還元されてマンガンイオン（$Mn^{2+}$）になる。還元剤として働く $I^-$ は酸化されて $I_2$ となる。一方，$Mn(OH)_2$ のマンガン（II）は酸性において溶解して $Mn^{2+}$ になるが，酸化還元反応には関与せず

（電子移動はなく），ヨウ素が遊離することはない（図9.8を参照）。

$$Mn(OH)_3 + 2I^- + 4H^+ + 2K^+ + 4Cl^- \rightarrow Mn^{2+} + I_2 + 3H_2O + 2K^+ + 4Cl^- \quad (9.3)$$
$$Mn(OH)_2 + 2H^+ + 2Cl^- \rightarrow Mn^{2+} + 2H_2O + 2Cl^- \quad (9.4)$$

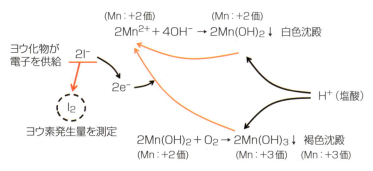

**図9.8** ウインクラー法でヨウ素を遊離する原理

もともと試水にあった酸素原子1個（$\frac{1}{2}O_2$）が遊離したヨウ素原子2個（$I_2$）に相当する。この遊離ヨウ素の量をチオ硫酸ナトリウムの水溶液で滴定して間接的に酸素量を求める。

$$I_2 + 2S_2O_3^{2-} \rightarrow 2I^- + S_4O_6^{2-} \quad (9.5)$$

DO瓶に注入する1番目の固定液（I）は，弱酸性にして安定化した塩化マンガン溶液である。次いでヨウ化カリウムと水酸化ナトリウムを混合した固定液（II）を加える（式9.3にあるように，のちほど還元剤として使うヨウ素イオンがあらかじめ固定液（II）に添加してある）。固定液（II）に含まれる多量の強アルカリ物質が，試水中で水酸化マンガンの沈殿をつくる。

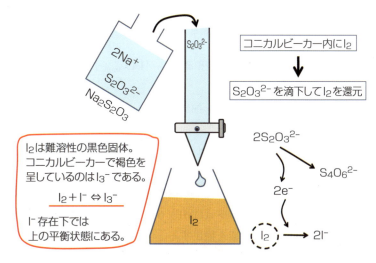

**図9.9** コニカルビーカー内に発生したヨウ素をチオ硫酸ナトリウム溶液で滴定する原理

**酸素濃度の計算**：DO 瓶の容量を $V$ (mL)，滴定に要したチオ硫酸ナトリウム水溶液の量を $n$ (mL)，その規定度を $N$ とすると，試水 1 L 中の酸素の当量（ミリ当量/L）は

$$\frac{n \times N \times 1000}{V - 1}$$

$V$ から 1 を減じてあるのは，試水 $V$ mL に注加した固定液（I）と（II）の合計量に相当する 1 mL だけ溢れ出るからである（このテキストでは $N = 0.02$ を用いるが，実際の観測でも同様の規定度であるか，確認すること）。

酸素分子（$O_2$）1 個は 4 当量に相当するので

$$DO_{sample} \text{ [mmol/L]} = \frac{n \times N \times 1000/4}{V - 1}$$

標準状態で 1 mol の $O_2$ 分子は 22.3916 L なので

$$DO_{sample} \text{ [mL/L]} = \frac{n \times N \times 1000 \times 22.3916/4}{V - 1}$$

海水中酸素濃度を mL/L の単位で表すこともあるが，実際に海水 1 L 中に酸素分子が占める体積（mL）を意味する単位ではなく，mol/L の単位のほうが誤解を生まないので，最近は後者がよく使われている。酸素飽和度を以下の式で表し，飽和度がプラスであれば海水中酸素が大気に比べて過飽和（大気と接していれば，海洋から大気へ酸素が放出される），マイナスであれば未飽和（大気から海洋へ酸素が吸収される）を意味する。もちろん，飽和度の絶対値が大きいほど吸収・放出の度合いは大きくなる。

$$\text{【酸素飽和度（\%）】} = \frac{DO_{sample} \text{ (mmol/L)}}{DO^{飽和} \text{ (mmol/L)}} \times 100$$

酸素飽和濃度は 9.2 節に記載の式で与えられる。溶存酸素濃度の単位表記が統一されていないので注意してほしい（$mmol/m^3$，mmol/L，mol/L，mL/L など）。

見掛けの酸素消費量（AOU）は以下の式で表される。

$$AOU = \text{【酸素飽和濃度】} - \text{【}DO_{sample}\text{】}$$

**(2) 植物プランクトンからクロロフィル色素を抽出**
① 濾過ホルダにガラス繊維濾紙をセット[*9]。
② 濾過圧力（250 mmHg 以下）[*10] を保ちながらポリ瓶内の試水をすべて濾過し，最後に濾過海水で濾過ホルダと濾紙を洗い流す[*11]。
③ 濾紙を 2 つ折りにして（粒子が付着した面が内側）プラスチック（ザルスタット）チューブに入れたのち，ジメチルホルムアミド（DMF）6 mL を加えてふたをする[*12]。冷暗所もしくは冷凍で保管してクロロフィル色素を抽出する。

---

[*9] ワットマン社製のガラス繊維濾紙（Glass Fiber / Fine filter：GF / F filter）がクロロフィル分析用として普及している。
[*10] あまり強力に吸引するとプランクトンの細胞が破壊されて色素が流れ出てしまう。
[*11] 真水で洗うとプランクトンの細胞膜が破壊されて色素が流れ出てしまう。
[*12] DMF は抽出効率が良いが，危険な有機溶媒なので，安全のため 90％ アセトンを使用する場合もある。

クロロフィル-a の測定：植物プランクトンからクロロフィル色素を抽出するために，ジメチルホルムアミド（DMF）を使用する．毒性のある薬品なので慎重な操作が求められる．必ず，指導者（海洋調査担当の教職員，ティーチングアシスタントなど）の立ち合いのもと測定作業にあたる．保護メガネ着用．

① ザルスタットチューブ中の抽出液を分析用試験管に流し移す．
　フィルタがザルスタットチューブ内壁に付着しているから，付着面を上向きにしてチューブと試験管の口を接触させながらゆっくり DMF 液を流す．最後の一滴は流さなくてよい．船体動揺に備えて，腕を机に押し当て安定させたうえで DMF の操作をする．
② 分析用試験管の周囲をキムワイプで拭く．
③ 蛍光光度計に試験管をセットする．
　試験管の上部を指でしっかりつかんで，ゆっくり，垂直にターナー蛍光光度計にセットする．確実に，底に着くまで指を離さない（落とすと，割れて DMF 液が飛び散る危険がある）．
④ ターナー蛍光光度計の蛍光値を読み取る．
⑤ 試験管の上部を指でしっかりつかんで，ゆっくり垂直に引き抜く．

蛍光値からクロロフィル-a 濃度への換算式（半年に 1 回較正）は，海洋調査担当の教職員から通知される．

(3) リン酸塩濃度の測定
① 試料容器からメスシリンダを用いて 25 mL を計り取り，試験管に入れる．
② 発色試薬 2.5 mL をマイクロピペッタで添加する（A）．
③ 5 cm セルに（A）を入れる．
④ 波長 885 nm における吸光度を測定する．

$$\text{リン酸塩濃度 (mol/L)} = \frac{Es - Eb}{0.1}$$

ここで，Es，Eb は，サンプルおよび試薬ブランクの吸光度．
　正確には，航海毎にリン酸溶液のスタンダードを調整して，検量線を作成して，濃度を決める．

## 9.7.5　観測結果の整理と考察課題

① 217 ページの表をステーション毎にまとめる（足りない分はコピーして補う）．
② 水温・塩分，DO・AOU，リン酸・クロロフィルの各鉛直分布（図 A～C）を描く（軸目盛りが設定されていないところは，自分で適切な目盛りを設定する）．
③ リン酸・AOU プロット（図 D），T–S ダイアグラム（図 E）を描く．
④ 北西太平洋の親潮–黒潮混合域での乗船実習であれば，図 9.10 の水塊区分が参考になる．図 E の T–S ダイアグラムに水塊区分（TW，OW，KW，CL）の枠を書き込み，観測ステーションの各プロットがどの水塊に対応するか調べる．そのうえで，どの水深がどの水塊に区分されるか，各鉛直分布図（図 A～C）にラインを引いて示す．

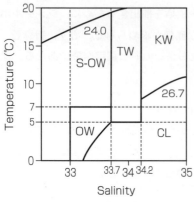

津軽暖流水（TW）：塩分33.7～34.2，水温5℃以上，24σ以上
親潮水（OW）：塩分33.0～33.7，水温7℃以下，26.7σ以下
夏季親潮表層水（S-OW）：塩分33.0～33.7，水温7℃以上
黒潮水（KW）：塩分34.2～35.0，24.0～26.7σ
中深層水（CL）：26.7σ以上，TWの範囲外

図9.10　親潮-黒潮移行領域の水塊区分（Hanawa and Mitsudera（1987）を一部改変）。OWは低温・低塩分の水で特徴づけられるが，OWが夏場に海洋表面にあると日射で暖められる。塩分はそのままなので，OWと区分される枠よりも上側にプロットされる場合もある。

⑤ 表層混合層深度（Mixed Layer Depth：MLD）を鉛直分布（図A～C）に記入する。ただしここでは，水深5 mの密度に対して，プラス0.125σ上昇した水深をMLDと定義する。

⑥ クロロフィル，DO，リン酸の鉛直分布の特徴を述べ，水塊区分や表層混合層深度との関係について考察すること。

⑦ リン酸・AOUプロットで回帰直線が得られたら，その傾きと切片が何を意味するのか考察すること。回帰直線が得られなければ，その理由を考察すること。

《参考文献》

- García, HE and LI Gordon (1992) Oxygen solubility in seawater: Better fitting equations. *Limnology and Oceanography* **37**: 1307-1312.
- Hanawa, K and H Mitsudera (1987) Variation of water system distribution in the Sanriku coastal area. *Journal of the Oceanographical Society of Japan* **42**: 435-446.
- 堀部純男・坪田博行・松尾禎士・北野康・土屋瑞樹・三宅泰雄・杉浦吉雄（1970）「海洋科学基礎講座10　海水の化学」東海大学出版会，東京．
- 石本真・不破敬一郎・土器屋由紀子・小山忠四郎・藤田善彦・服部明彦・和田英四郎・西条八束・長野敬（1973）「海洋科学基礎講座11　海洋生化学」東海大学出版会，東京．
- 河野健（2010）新しい海水の状態方程式と新しい塩分（Reference Composition Salinity）の定義について．海の研究，**19**: 127-137．
- 増沢譲太郎・蓮沼啓一・田畑忠司・渡辺貫太郎（1970）「海洋科学基礎講座4　海洋物理IV」東海大学出版会，東京．
- 西村雅吉・角皆静男・乗木新一郎（1983）「海洋化学―化学で海を解く」産業図書，東京．
- 野崎義行（1994）「地球温暖化と海―炭素の循環から探る」東京大学出版会，東京．
- Sarmiento, JL and N Gruber (2006) Ocean Biogeochemical Dynamics. Princeton Univ. Press, Princeton.

# 第 9 章　化学海洋関係

| Cruise / Station | | | / | | Lat. | | Long. | | Date / Time | | | | (JST or UT) |
|---|---|---|---|---|---|---|---|---|---|---|---|---|---|
| バケツ or ニスキン番号 | Depth | リーク | Temp | Salinity | Density | sat-DO | DO | AOU | $PO_4$ | chl-a | 担当者 | コメント |
| | (m) | 無→○ | (℃) | psu | $\sigma t$ | μmol/L | μmol/L | μmol/L | μmol/ | μg/L | | |
| バケツ | 0 | − | | | | | | | | | | |
| | | | | | | | | | | | | |
| | | | | | | | | | | | | |
| | | | | | | | | | | | | |
| | | | | | | | | | | | | |
| | | | | | | | | | | | | |
| | | | | | | | | | | | | |
| | | | | | | | | | | | | |
| | | | | | | | | | | | | |
| | | | | | | | | | | | | |
| | | | | | | | | | | | | |
| | | | | | | | | | | | | |

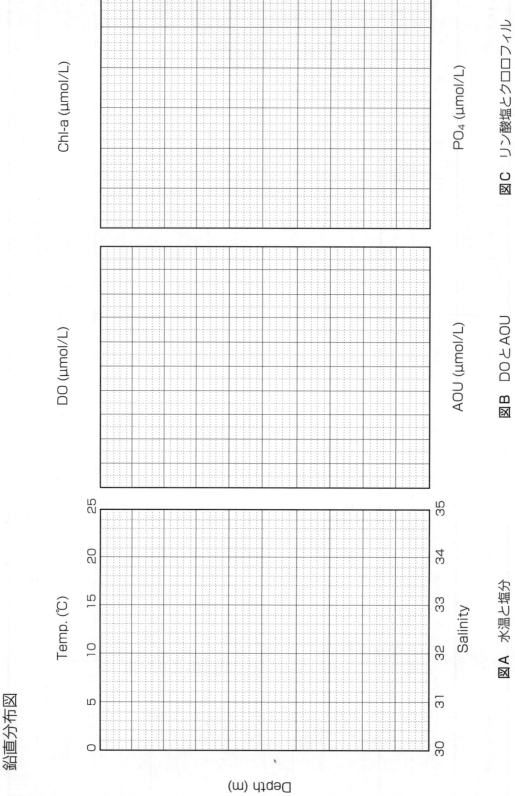

# 第 9 章 化学海洋関係

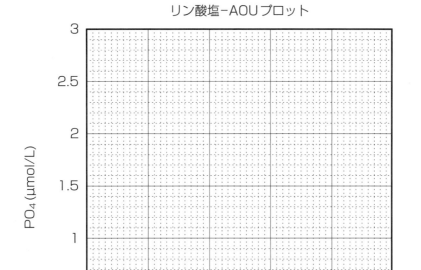

図D

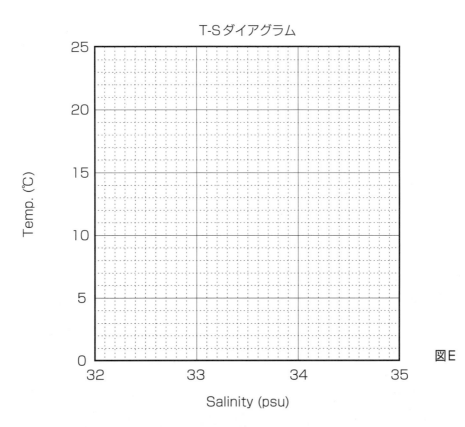

図E

# 第10章 船内生活，衛生管理
星直樹・大和田真紀・福田美亮

はじめに

　船内生活は陸上と異なり，限られたスペースを共同で利用する共同生活である。とくに本書の読者である学生諸氏は乗船経験も多くはないだろう。各大学の練習船，水産庁や水産研究所の調査船，また調査目的で乗船する一般商船やフェリー，漁船などでもそれぞれ異なる船内生活ルールがあり，乗船前にこれを知っておくことは重要である。本章では一例として，北海道大学水産学部附属練習船おしょろ丸の船内ルールを紹介する。

## 10.1　乗船上の注意

### 10.1.1　全般的な注意事項

(1) 貸与品

　寝具（シーツ，毛布および包布，枕カバー），カッパ，ヘルメット，救命胴衣は船の物を使用できる。

(2) 携行品（注意すべきもの）

　短靴（スニーカーなど。踵の留まらないサンダルは安全のため学生室のみ許可するが室外では使用禁止。乗船時，資材の搬入・搬出時も危険なので靴を履くこと），長靴，洗面用具（タオル，石鹸，シャンプー，ドライヤーなどと必要最低限の衛生化粧品）（アメニティーグッズはない），薬（酔い止め薬など）（傷薬などの常備薬は船内に用意あり）。
参考事項：夜間当直，夜間の操業・観測がある場合は夜食あり（事前に通信長へ要依頼）。自動販売機などはなし。

(3) 船内設備
- 医療設備：非常用医薬品・医療具あり。船医は乗船していない。あらかじめ必要な医薬品は各自で準備すること。通院中または健康に不安のある者は，医師にその旨伝え処方を受けること。
- 生活設備：電気ポット，冷蔵庫，製氷機。
- 衛生設備：風呂は清水または海水で入浴できる。シャワーは常時清水で毎日利用可。
- 冷・暖房設備：居室・食堂は自動空調。

(4) 乗船前の注意
- 健康に注意し，体調を整えて乗船すること。ケガなどのための常備薬は船内に備えてある。酔い止めを含む服用薬は各自持参すること。医師は乗船しない。過去に長期入院や，現在通院しているなど，不安のある者は，必ず医師に乗船を説明し，しかるべき処方を受け，その結果を乗船教員に報告すること。また，食物にアレルギーがあれば，乗船前に必ず書面で届けること。
- 「学生教育研究災害傷害保険（学研災）」への加入を確実にすること（未加入者はこれを機会に加入すること）。各大学が窓口になっているので，加入の際には所属大学の学生係などへ確認する。
- はしか（麻疹）にかかったことがない者，はしかの予防接種を受けたことのない者は必ず予防接種を行っておくこと。
- 船内の水道水は飲料可能であるが，体調が不安な者はミネラル水を持参する。
- 菓子・ソフトドリンクは持ち込み可であるが，適度にすること。冷蔵庫の容量は限られている。
- 携帯電話は洋上では通信できない。
- 実習に不要な物品は持ち込まないこと。とくに大型の運動用具，楽器，麻雀，TV ゲームなどは持ち込み禁止。

(5) 乗船時の注意
- 乗船指定時刻に絶対に遅れないこと。事故，病気などで遅れる場合は必ず連絡すること。
- 乗船する際の服装は学生にふさわしいものとする。外階段を使用するため，安全上，サンダル・下駄履きなどは禁止する。スカートも避けたほうがよい。
- 船尾に掲揚されている国旗に一礼（帽子を被っている場合は敬礼）し乗船する。
- タラップ以外の場所から乗下船（手荷物の搬入・搬出）をしないこと。
- タラップには同時に3人以上は乗らないこと。下船者優先。

(6) 乗船中の注意事項（船内生活）
「実習生」として規律を守り，協調性を発揮すること。自ら積極的に学ぶ姿勢を示すこと。

- 時間厳守。いつでも5分前集合。
- 船長以下乗組員の指示に従うこと。
- 夜間航行中は絶対に甲板に出ないこと。
- 入出港時および甲板に出るときは必ずヘルメット，ライフジャケットを着用すること。
- 海中転落の恐れがあるので，船縁に上がったり，腰を掛けたりしない。
- ドアは完全に閉めるか，開放するときはフックで止めること。
- 乗船実習では，襟付きのシャツ（ポロシャツ可。トレーナー，スウェット，パーカー，ツナギ不可）にジャージ以外の長ズボン，帽子，短靴の着用を基本とする。各実習に際しては，適宜，指示に従って適切な服装とすること（服装・装備の詳細については232～233ページの対応表を参照のこと）。

- 船内エチケットを守ること。
    - 船内ドアの敷居（ステップ）を踏まない。
    - 乗船中は口笛禁止。
    - ハンドポケットの禁止。突然の横揺れに対応できない。
    - 挨拶の励行！ とくに朝の挨拶。学生同士も乗組員にも。
- 喫煙室以外は全面禁煙。未成年者は喫煙禁止。航海中の飲酒禁止。
- トイレでは備え付けのトイレットペーパー以外の使用禁止。
- 通路・階段は静かに歩く（24時間体制，いつも誰かが寝ていることを意識する）。足下，頭上に注意。
- つねに室内を清潔に保ち，他人に迷惑をかけない。シーツ類を必ず使用すること。
- ごみは分別回収。船外には捨てない（海洋汚染防止法）。
- 節水。風呂の利用は船側の指示次第（シャワーなど使用量が多いと，2日目以降使用禁止となる。最低限の水量で済ますこと。シャワーで暖をとらない）。風呂退出時，蛇口閉を確認。
- 船酔いで摂食不可時でも，食事を放置せず自分で処理すること（いつまでたっても食事当番が片付けられない）。
- 体調に不安がある者は，事前に医師に相談しておくこと。乗船中に体調が悪くなった場合は，担当教員や乗組員に申し出ること。
- 火災に注意。とくに煙火災に十分気をつけること。火災報知器の位置を確認しておく。
- 実習航海中は携帯電話・スマートフォンの通信，ゲームを禁止。フライトモードでの使用は許可する。

(7) 寄港中の注意
- 下船はタラップが確実に装着され，上陸の許可が下りて，点呼を取った後に行うこと。帰船時間は当直士官の指示に従う。
- 寄港地において停泊中，実習生以外は乗船しないように。知人などに見学させる場合は，必ず士官あるいは乗組員の許可を得ること。

(8) 下船準備
- 借りたカッパを返却する。イカ墨，ウロコをしっかり落とすこと。
- 使用していたヘルメット，ライフジャケットを雑巾で磨く。イカ墨，ウロコをしっかり落とすこと。また，テープなどで名前を貼っていた場合は剥がすこと。
- 雑誌，ゴミ類を間際にまとめて出さないように，余裕のある時期から出しておくこと。
- 引き出しのなかを空にして個人の荷物をまとめること。
- 破損箇所などがあれば，学生係士官に報告すること。
- 冷蔵庫の整理の目途を付けておくこと。残飯は残さない。下船時は汁や汚れを拭き取り，きれいにすること。中身は空にして電源（コンセント）を切ること。
- シーツ，包布（毛布カバー），枕カバーを外して，学生教室にあるクリーニング用のオレンジ色の大袋に入れる。マットを立てて，ベッド回りに掃除機をかける。次の使用者のために，埃，髪の毛を残さないこと。

- 毛布（大・小），枕を，立てたマットの横に畳んできれいに置くこと。
- ベッド回りの忘れ物を再度確認すること（USB メモリ，携帯電話などとその付属品）。軍手，ゴム手，タオルなどを置いていかないこと。

## 10.1.2　学生の職務

(1) 航海当直

　船橋に上がったら無駄な私語は慎む。つねに静粛にし，ワッチ（後述）に専念する。

(2) 掃除当番

　学生食堂，通路，衛生区画（風呂，便所，洗面所）の掃除。朝食後などの指定時刻に行う。

(3) 食事当番（食当）

　a. 食事の前
　　① 清潔な服装・短靴で食事開始の 30～40 分前に食堂に集合。
　　② 石けんまたは消毒液を付けて，手を洗う。
　　③ テーブルの上を布巾で拭き掃除。配膳トレイの準備。
　　④ 各テーブルの食事人数（セットの数）を確認。←ホワイトボードに記載
　　⑤ 下記の項目を手分けして準備。
　　　- 湯呑（乾燥機内から）を各テーブルに人数分配置（カレーなどの場合はグラス）。
　　　- 箸入れ（箸を乾燥機から補充），醤油など（必要に応じて），ヤカン（飲料水入り）をテーブルに配置（各テーブル 2 セット程度）。
　　　- 流し（茶碗，カレー皿などの洗浄用）のお湯張り。
　　　- 残飯入れの用意。使用済み食器をまとめるカゴの準備（食器数に応じて準備）。
　　　- 牛乳などの紙パック（大量のゴミ）がある場合は，ゴミ袋を用意。
　　　- 茶碗・味噌汁椀を，全人数分ホワイトボード側テーブルにまとめて準備。
　　⑥ 盛り付けの終わった，おかずの鉢・皿を配膳。アレルギー対策用など，特別メニューがある場合は，わかりやすい位置に配膳すること。
　　⑦ ごはん・味噌汁の準備ができたら，盛り付けて各テーブルに配膳。ごはんの盛り付けは少量でよい。おかわりが必要な人は各自で行う。
　　⑧ 人数分のテーブルセットが揃っているかを確認。課業延長などで食事をとれない場合，一つのテーブルにまとめてラップを掛けて保存。

　b. 食事の後
　　① 食事の終わった人から，流しの食器洗いを始める。洗い物は交代で行う。
　　② 洗い終わった食器は，同じ種類を一つのカゴに入れ，所定の乾燥機棚に入れる。食器は水が溜まらないように伏せて，または立ててカゴに入れること。→乾燥機稼働
　　③ ご飯の残りは，保温ジャーを一つにまとめて調理室に返却し，電源（保温）を入れる（朝食・昼食）。夕食時のごはんの残りは，必要に応じて夜食用にラップ保存（不要時は

残飯処理)。
　④ 味噌汁などの食缶・空いた保温ジャーは洗って調理室へ返却。
　⑤ テーブルの拭き掃除。箸入れ，調味料，ヤカンなどを片付ける。
　⑥ 残飯入れの清掃。捨てる前に，プラスチック，竹串などがないことを確認。
　⑦ 流しの清掃，パントリーの整理整頓。
　⑧ 教室（食堂）が課業，授業などが行える状態に戻ったことを確認する。

(4) 日直：毎日交代

　日直は課業などに関する教員からの指示を学生に伝えるとともに，学生の取りまとめを行う。学生集合に際しては，時間を厳守するよう他の学生を監督すること。

　なお，毎朝，教員・TA とともにミーティングに参加し，その日の課業，作業スケジュールを把握し，日直ノートに記入。その後，学生全体に伝達する。

　※ ミーティングの時間はその都度教員から連絡する。

(5) 班長

　船内での諸事にわたり，班長は班員の行動について監督すること。とくに，航海当直，作業・課業の開始などにおける集合では，班員が時間厳守するように心がける。

　※ 直（班）は船内での団体生活における最小の責任単位であり，個人の行動は個人の責任だけにとどまらず，その直（班）全体の連帯責任とする。自覚すること。

## 10.1.3　航海当直

(1) 航海当直の実施体制（ワッチ：交代制）
- 正直：1名
    - 士官の補佐（常時操舵室内にあり，他直員の連絡・指示などに当たる）
    - 船位測定・海図記入
    - 1時間ごとの平均速力（実測・推測）を当直士官に報告
    - 整列時（当直前後）の点呼・報告
- 副直：1名…航海日誌の記入，気象通報
- 操舵手：1名（見張り員と30分で交代）
- 見張り員：他全員…見張り，目視観測，次直呼び出し，点鐘，操舵

(2) 航海当直時の注意
- 帽子着用，襟付きのシャツ，短靴で船橋に上がること。
- 当直中は航海士に無断で船橋を離れない。航海士の許可を得た後，離れること。船橋に戻ったときは報告する。〔例〕「点鐘に行ってきます。」「点鐘から戻りました。」
- 大声で私語を交わさない。口笛・鼻歌など禁止。

- 夜間はできる限り，照明を暗くする。夜間の見張りに差し支えるため。
- トイレは船橋へ上がる前に済ませる。
- 操舵室内禁煙。
- 船橋に参考書以外の本を持ち込まない。携帯電話，食べ物・飲み物の持ち込み禁止。

(3) 交代要領

① 次直呼び出し：30分前および15分前。
次直者は身支度を済ませ，海図室へ上がる。
② 次直は5分前までに海図室に整列し，次直士官の点呼を受ける。
点呼セリフ：〔正直〕
「○直整列しました。点呼願います。」
「敬礼，○直，総員○名，現在員○名，事故なし（事故○名，事故○名は○○です），番号（1, 2, …），異常ありません。」
③ 点呼後ただちに正直・操舵員・見張り員は船橋へ行き，前直と交代する。
入橋時セリフ：〔次直〕「ありがとうございました。」〔当直者〕「ご苦労さまです。」
前直操舵員セリフ：「操舵員交代します，コース○○○度。」
次直操舵員セリフ：「操舵員交代しました，コース○○○度。」
前直見張り員セリフ：「左（右）舷見張り員交代します。」
次直見張り員セリフ：「左（右）舷見張り員交代しました。」
④ 前直の操舵員・見張り員は引き継ぎが終わり次第，海図室へ下がる。
⑤ 前直士官の職務完了を待って点呼を受ける。
点呼セリフ：次直点呼のとき（②）と同じ。
降橋時セリフ：〔前直〕「お願いします。」〔当直者〕「ご苦労さまでした。」

## 10.1.4　操船

船は操舵（Steering）によって進行方向がコントロールされる。洋上では通常，設定された針路（Course）に船首を向けて定針（Set Course）させるが，風波などで船首が左右に振れると，これを抑えるために当て舵（反対の舵角）をとるなどして保針する。一方，屈曲航路や船舶交通量の多い場合，操舵手は航海士からの操舵号令に従い変針（Altering Course），定針を繰り返す。

(1) 船の右・左

　　a. 右

　　　船の部位を示す用語には，独特なものが多く使われている。Starboard（スタボード）とは船を縦にした中心線から右側（右舷）のことをいい，英語ではStarboardまたはStarboard sideと言う。これはSteer Boardが訛ったものである。昔の舵は今日のように船尾ではなく船側に付いていた。その船側舵は右舷に付けられることが多く，とくにバイキング船の舵は必ず右舷だった。右舷で操舵（steer）するため右舷のことをSteer Boardといい，それが変化してStarboardと言うようになった。船長の居室も伝統的に右舷に設けられており，伝統

を重んじる海軍では艦長がボートで乗下艦するときは右舷側の舷梯（はしご）を使用する。
b. 左

これに対し，船の中心線から左側のことを左舷といい，英語では，Port（ポート）またはPort side と言う。これは昔，右舷に舵を付けていたため，着岸は左舷側を利用せざるをえず，左舷が岸壁側すなわち Portside（港側）となっていたためである。今日，航空機では左側の出入り口を用いて乗り降りするが，これは航空機が船の伝統を引き継いでいるためである。

## （2）操舵号令

a. 従来の慣用操舵号令
- 右回頭
「Starboard!」（面舵）：右へ舵角 15° とれ！
「Starboard Easy!」（面舵少し）：右へ舵角 7° とれ！
「Hard Starboard!」（面舵一杯）：右一杯（35°）に舵をきれ！
- 左回頭
「Port!」（取り舵）：左へ舵角 15° とれ！
「Port Easy!」（取り舵少し）：左へ舵角 7° とれ！
「Hard Port!」（取り舵一杯）：左一杯（35°）に舵をきれ！
- 定針動作
「Midships!（ミジップ）」（舵中央）：舵角を 0° に戻せ！
「Steady!（ステディ）」（宜候）：発令時の船首方位に向けよ！

b. IMO（International Maritime Organization：国際海事機関）勧告の操舵号令
- 右回頭
「Starboard」の後に必要な舵角を付けて号令する。
「Starboard five（ten, fifteen, twenty, twenty-five, …）!」：舵角を右に 5°（10°，15°，20°，25°，…）とれ！
- 左回頭
「Port」の後に必要な舵角を付けて号令する。
「Port five（ten, fifteen, twenty, twenty-five, …）!」：舵角を左に 5°（10°，15°，20°，25°，…）とれ！
- 定針動作
「Midships!」（舵中央）：舵角を 0° に戻せ！
「Steady!」：回頭惰力を抑えて定針の準備をせよ！
「Steady as she goes!」：発令時の船首方位に向けよ！

c. 航海士と操舵員間の操舵号令のやりとり

操舵員は指令された号令を必ず復唱（Answer back）して，両者間の伝達が正しいかどうかを確認しなければならない。

〔例〕
航海士："Starboard easy（or ten, twenty, etc.）!"
操舵員："Starboard easy（or ten, twenty, etc.）!" と復唱してから舵角をきる。

（舵輪をきってから舵板が指令舵角に達するまでに数秒から10数秒かかる）

操舵員：舵が指令舵角になったら，"Starboard easy（or ten, twenty, etc.），Sir（サー）！"

航海士：「はい」（「了解」"Thank you" etc.）

航海士：希望の針路に近づいてきたら，"Midships!"

操舵員："Midships"と復唱してから舵を中央に戻す。

（この間も舵輪を回してから舵板が中央に戻るまでに数秒から10数秒かかる）

操舵員：舵が中央になったら，"Midship，Sir!"

航海士：「はい」（「了解」"Thank you" etc.）

航海士：目的の針路に定針させるために"Steady（as she goes）！"または"Course＜〇〇〇°＞！"

操舵員："Steady＜〇〇〇°＞！"または"Course＜〇〇〇°＞！"と復唱してから素早く指令の針路に定針させる。

操舵員：指示された針路に定針したら，"Steady on＜〇〇〇°＞，Sir!"または"Course＜〇〇〇°＞，Sir!"

航海士：「はい」（「了解」"Thank you" etc.）

## 10.1.5　船用航海日誌記入（気象観測）

Log-Bookとは，船が航海中，停泊中に何をどのように行ったかを記録する日誌で，船舶運航上の重要書類となる。

- ページ左側：1時間毎の風向，風力，天候，気圧，気温，水温。
- ページ右側：出入港，針路の変更（変針），海洋観測・操業の開始・終了などの記載および4時間毎（04:00, 08:00, Noon, 16:00, 20:00, M.N.）に風力，天候，風浪，うねりがあればその方向と大きさを記載。記入方法の詳細は8.6.2項を参照すること。

## 10.1.6　点鐘

### (1) 点鐘とは

点鐘は視界制限時や火災時における警報として長さ20m以上の船舶に備え付けなければならない「号鐘」を用いて，船上の日課を規則正しく遂行するために，4時間ワッチを基本単位として30分毎に乗組員に時刻を知らせる「タイムベル」である。

### (2) ワッチの基本構成

点鐘の鳴らしかたの基本構成となるワッチは表10.1のとおり。

第 10 章　船内生活，衛生管理

表10.1　各ワッチの時間帯と呼びかた

| イブニング・ワッチ（ファースト・ワッチ） | 20:00 ～ M.N. (Mid Night, 00:00) |
| --- | --- |
| ミドル（ミッド）・ワッチ | M.N. ～ 04:00 |
| モーニング・ワッチ | 04:00 ～ 08:00 |
| フォアヌーン・ワッチ | 08:00 ～ Noon (12:00) |
| アフタヌーン・ワッチ | Noon ～ 16:00 |
| ファースト・ドッグ・ワッチ | 16:00 ～ 18:00 |
| セカンド・ドッグ・ワッチ | 18:00 ～ 20:00 |

(3) 点鐘の鳴らしかた

　原則として，午前・午後の4時半，8時半，12時半の1点鐘から，8点鐘に至るまで30分毎に1つずつ数を増やしていく。3点鐘以上の鐘を鳴らすときは2打ずつを連打し，偶数打に続く奇数打を鳴らすときに一呼吸間をあける。〔例〕6点鐘：「カンカン＿カンカン＿カンカン」。ただし，18時30分だけは本来5点鐘であるべきものが1点鐘となる。これは海の迷信から由来しており，むかし当直者が18時30分になったので鐘を鳴らしに行ったところ，海坊主が出てきたので一つだけ鳴らして逃げ帰って助かった，という話である。またもう一つの話は，海坊主は18時半になると食事をとりに海上に出現して船を襲うので，その時刻を欺くために1点鐘に戻すと言い伝えられている。

表10.2　各時刻に鳴らす点鐘の数

|  | イブニング | ミドル | モーニング | フォアヌーン | アフタヌーン | 1stドッグ | 2ndドッグ |
| --- | --- | --- | --- | --- | --- | --- | --- |
| 1点鐘 ・ | 20:30 | 00:30 | 04:30 | 08:30 | 12:30 | 16:30 | 18:30 |
| 2点鐘 ‥ | 21:00 | 01:00 | 05:00 | 09:00 | 13:00 | 17:00 | 19:00 |
| 3点鐘 ‥・ | 21:30 | 01:30 | 05:30 | 09:30 | 13:30 | 17:30 | 19:30 |
| 4点鐘 ‥‥ | 22:00 | 02:00 | 06:00 | 10:00 | 14:00 | 18:00 | ／ |
| 5点鐘 ‥‥・ | 22:30 | 02:30 | 06:30 | 10:30 | 14:30 | ／ | ／ |
| 6点鐘 ‥‥‥ | 23:00 | 03:00 | 07:00 | 11:00 | 15:00 | ／ | ／ |
| 7点鐘 ‥‥‥・ | 23:30 | 03:30 | 07:30 | 11:30 | 15:30 | ／ | ／ |
| 8点鐘 ‥‥‥‥ | M.N. | 04:00 | 08:00 | Noon | 16:00 | ／ | 20:00 |

## 10.2 救命設備・安全のしおり

　船舶安全法第2条第1項の規定に基づく「船舶救命設備規則」や「海上における人命の安全のための国際条約（The International Convention for the Safety of Life at Sea：SOLAS条約）」などにより，万一の火災や遭難の際にすべての実習生・研究者・教員・乗組員が安全に避難できるように，船には救命設備の備え付けが義務付けられている。また，どの船でも船内には必ず「非常配置表」が掲示されているので，乗船後すぐに確認をする。おしょろ丸には，これとは別に各居室の扉に「非常部署」と書かれた白色のカードが貼ってあるので，自分の退船時の配置（持ち物，乗艇する筏の番号）を確認する。おしょろ丸には，両舷にそれぞれ25人乗りの救命筏が6台備えられている。各居室のロッカーにはオレンジ色の退船用の固型式救命胴衣（作業用とは別）と赤色の袋に入ったイマーションスーツがある。乗船後の安全担当者による説明，「安全のしおり」および操練時に正しい着用方法も含めて必ず確認すること。

　また，おしょろ丸には救命用の筏とは別に，海上転落者などを救助するための救助艇（兼交通艇）が1艇備えてある。

　　救命筏（格納時）　　　投下後，着水すると自動で膨らむ　　　完全に膨らんだ状態

図10.1　調査船に装備されている救命筏の一例

図10.2　おしょろ丸の救助艇

## 安全のしおり -SAFETY INSTRUCTION CARD-
### 緊急時について -EMERGENCY-

緊急事態が発生した場合は，アラームまたは汽笛でお知らせします。In the event of an emergency, passengers will be notified by the sounding of an alarm over the public address system and/or ship's whistle.

| 火災時のアラーム音 Fire Alarm | 『———————』 | 長音が5回繰り返し鳴ります。 Five long blasts repeated. |
|---|---|---|
| 防水時のアラーム音 Collision Alarm | 『—— ——』 | 長音が2回鳴ります。 Two long blasts repeated. |
| 救助時のアラーム音 Man-overboard Alarm | 『—— —— ——』 | 長音が3回繰り返し鳴ります。 Three long blasts repeated. |
| 退船用意アラーム音 Abandon ship Alarm | 『- - - - - - - ——』 | 短音が7回続いた後，長音が1回鳴ります。 Seven short blasts and one long blast. |

アラームまたは汽笛に続いて，緊急放送が流れますので，注意してお聞きください。
The alarm will be followed by an announcement, listen carefully to the announcement.

アラームが聞こえると同時に，下記に従い速やかに行動してください。On hearing the emergency alarm:
- 各自の居室に戻って下さい。Return to your room.
- 上着を着るなど，暖かい服装に整えて下さい。Put on warm clothing.
- 救命胴衣，ヘルメット，軍手，タオルを着用してください。Don your life jacket, helmet, gloves, and towel.
- 指示があるまで待機して下さい。Please stand by until there are directions.
- 船長より指示がありましたら，誘導係に従って召集場所に移動して下さい。
  If there are directions from captain, move to the assembly station according to the guidance crew.

> なお，教官室の方には学生室の点呼・救命胴衣等の着用確認を手伝って頂く事があります。
> The person of scientist room needs to help the roll call of a cadet room, and the wear check of a life vest etc.
> その場合は乗船時に説明と共に担当居室割り，及び名簿を航海士からお渡しします。
> On boarding, the officer will explain those details and hands the list of assignment room and passengers.

### 退船について -EVACUATION-

緊急事態で退船が必要な場合は，アラームまたは汽笛でお知らせします。If necessary to evacuate, passengers will be notified by the sounding of an alarm over the public address system and/or ship's whistle.

| 総員退船信号 Evacuation Alarm | 『————』 | 長音1回が繰り返し鳴ります。 One long blast repeated. |
|---|---|---|

アラームまたは汽笛に続いて，緊急放送が流れますので，注意してお聞きください。
The alarm will be followed by an announcement, Listen carefully to the announcement.

- 船長より指示がありましたら，誘導係に従って乗筏場所に移動して下さい。
  If there are directions from captain, move to the lifeboat/raft station according to the guidance crew.

 退船時は，手荷物を持たないでください。Baggage must not be carried during an evacuation.

### 救命胴衣着用法 -LIFE JACKET DONNING INSTRUCTIONS-

SOLAS 1974 LSA Code, 適合　固型式救命胴衣
Comply with SOLAS 1974 LSA Code, (Rigid type)

## 実習・課業―身支度・必要装備 対応表

凡例:
- ○：必須
- (○)：持参
- △：場合によって
- ●：退船用（赤）ロッカー上のボックス内

| 項目 | ヘルメット | 救命胴衣 | カッパ | 長靴 | 短靴 | キャップ | サングラス | 防寒着 | 長袖シャツ | 襟付シャツ | 長ズボン | 軍手 | ゴム手袋 | 筆記用具 | 注意事項 |
|---|---|---|---|---|---|---|---|---|---|---|---|---|---|---|---|
| 乗船時・下船時 | | | | | ○ | | | | | | | | | | |
| 対面式・船内旅行 | | | | | ○ | ○ | | | | ○ | ○ | | | | |
| 出入港見学 | ○ | ○ | △ | | ○ | | | △ | | | ○ | | | | |
| 退船訓練 | ○ | ● | | | ○ | | | | | | | | | | |
| 諸注意/講義/英語実習 | | | | | | | | | | | | | | ○ | 失礼のない服装 |
| プレゼン大会 | | | | | | | | | | | | | | ○ | 失礼のない服装 |
| ブリッジワーク（操船実習） | | | | | ○ | ○ | △ | | | ○ | ○ | | | | |
| 機関室見学 | ○ | | | | ○ | | | | | ○ | ○ | | | | 汚れてもよい服装 |
| イカ釣り | ○ | ○ | ○ | ○ | | | | △ | | | | | ○ | | |
| イカ解剖 | | | | | | | | | | | | | | ○ | 汚れてもよい服装 |
| 集魚灯生物観察/釣り | ○ | ○ | ○ | ○ | | | | △ | | | | | ○ | | |
| CTD（現場観測） | (○) | (○) | △ | | ○ | | | | | | | | | ○ | |
| CTD（バーチャル） | | | | | ○ | | | | | | | | | ○ | |
| プランクトン採集 | ○ | ○ | △ | | ○ | | | | | | | | | | |
| プランクトン観察 | | | | | ○ | | | | | | | | | ○ | |
| 採泥・泥処理（ソリネット） | ○ | ○ | △ | | ○ | | | | | | | | | ○ | 汚れてもよい服装 |
| ROV（小型潜水艇）調査 | | | | | ○ | | | | | | | | | ○ | |
| 星座観察 | ○ | ○ | △ | | ○ | | | △ | | | ○ | | | | |
| 救命艇訓練/小島上陸 | ○ | ○ | | | ○ | | △ | | ○ | | ○ | ○ | | | |
| 漂流ビン調査 | (○) | (○) | | | ○ | | | | | | | | | ○ | |
| 目視調査 | | | △ | | ○ | ○ | △ | △ | | | | | | | |
| ロープワーク | ○ | ○ | | | ○ | | | | | | ○ | | | | |
| 食当 | | | | | ○ | | | | | | | | | | 手洗・清潔な服装 |
| 船内掃除 | | | △ | | | | | | | | | | △ | | 汚れてもよい服装 |
| ウォッシュデッキ | ○ | ○ | ○ | ○ | | | | | | | | | ○ | | |
| ソーセージ作り | | | | | ○ | | | | | | | | | | 汚れてもよい服装 |
| 微生物分離実験 | | | | | ○ | | | | | | | | | ○ | 海洋センター実施 |

## Activites－Necessary Items/Wear Table

Legend:
- ○ : necessary
- (○) : hold in hand
- △ : if you need
- ● : emergency type (red), upper box of locker

| Activity | Helmet | Life Jacket | Rain Coat | Long Rubber Boots | Sneakers | Baseball-type Cap | Sunglasses | Warm Clothing | Long-sleeved shirt | Shirt with collar | Long Pants | Work Gloves | Rubber Gloves | Writing equipment | note |
|---|---|---|---|---|---|---|---|---|---|---|---|---|---|---|---|
| Embark/Disembark | | | | | ○ | | | | | | | | | | |
| Ceremonies | | | | | ○ | ○ | | | | ○ | ○ | | | | |
| Watching port departure | ○ | ○ | △ | | ○ | | | △ | | | ○ | | | | |
| Training for emergencies | ○ | ● | | | ○ | | | | | | | | | | |
| Lectures | | | | | | | | | | | | | | ○ | Listen politely, no talking |
| Presentations | | | | | | | | | | | | | | ○ | Listen politely, no talking |
| Bridgework | | | | | ○ | ○ | △ | | | ○ | ○ | | | | |
| Engine Room Tour | ○ | | | | ○ | | | | | | | ○ | ○ | | Clothes you can get dirty |
| Squid jigging | ○ | ○ | ○ | ○ | | | | △ | | | | | ○ | | |
| Squid Dissection and Anatomy | | | | | | | | | | | | | | ○ | Clothes you can get dirty |
| Fishing under lights | ○ | ○ | ○ | ○ | | | | △ | | | | | ○ | | |
| CTD (real time) | (○) | (○) | △ | ○ | | | | | | | | | | ○ | |
| CTD (virtual) | | | | | ○ | | | | | | | | | ○ | |
| Plankton-net sampling | ○ | ○ | △ | ○ | | | | | | | | | ○ | | |
| Plankton sorting | | | | | ○ | | | | | | | | ○ | | |
| Sediment sampling/sorting | ○ | ○ | △ | ○ | | | | | | | | | | ○ | Clothes you can get dirty |
| Remotely Operated Vehicle | | | | | ○ | | | | | | | | | ○ | |
| Night sky watching | ○ | ○ | △ | | ○ | | | △ | | | ○ | | | | |
| Life Boat launch/Landing | ○ | ○ | | | ○ | | △ | | ○ | | ○ | ○ | | | |
| Drift Bottles | (○) | (○) | | | ○ | | | | | | | | | ○ | |
| Ocean watching | | | △ | | ○ | ○ | △ | △ | | | | | | | |
| Rope-work training | ○ | ○ | | | ○ | | | | | | ○ | | | | |
| Table setting/dish washing | | | | | ○ | | | | | | | | | | Wash hands, Wear clean clothes |
| Room/bath/toilet cleanup | | | | △ | | | | | | | | | △ | | Clothes you can get dirty |
| Deck washing | ○ | ○ | ○ | ○ | | | | | | | | | ○ | | |
| Sausage making | | | | | ○ | | | | | | | | | | Clothes you can get dirty |
| Microorganism experiments | | | | | ○ | | | | | | | | | ○ | At the Marine Center |

## 10.3　衛生管理

- 乗船前は暴飲暴食を避け，十分な睡眠・休養をとり，健康管理をしっかり行っておく。また，虫歯は治療しておく。アレルギーや持病がある場合，事前に学生係士官に伝えておく。
- 船内の生活は，陸上での生活と比べて精神的にも身体的にもストレスを受けやすく，実習内容により不規則な生活リズムとなりやすいため，体調を崩しやすい。睡眠時間を十分に確保するよう心がけ，自律した生活を送る。
- 船内にはある程度の薬品は用意してあるが，医者はいないこと，必要な物がすぐに手に入らないことをふまえて，日頃服用しているものは持参する。また，再発の可能性のある持病がある場合の対処法を確認し，薬を処方してもらっておく。緊急時には，緊急入港やヘリコプターを要請して病院へかかることとなる。また，船酔いのために食事摂取が困難となる場合もあるため，ゼリー飲料などの用意も考慮する。
- 負傷・発病の際，また体調が優れないときには，まずは船橋の航海士へ連絡する。病状が悪化する前に早めに連絡すること。とくに船内は狭いため，インフルエンザ・風邪など感染性の症状は瞬時に広がってしまうことを十分に考慮すること。
- 船内では生活における温度調節などは個人的な対応は行えない。各自で暑さ・寒さに対応できる服装を用意する。また，洋上での作業・実習では非常に寒くなる可能性があるため，防寒具を用意する。逆に炎天下の作業となる可能性もあるため，熱中症・日焼けなどに注意する。

## 10.4　TA（実習指導補助員）の学生指導に際しての注意事項

- TA（ティーチング・アシスタント；実習指導補助員）も，船長以下乗組員の指示に従うこと。
- 実習生指導士官とつねに連絡を取り，その指示に従うこと。
- 時間厳守。つねに実習などの開始時間を把握し，15分前にスタンバイして実習の準備，実習生の集合補助をすること。
- 食事当番の指導に際しては，その作業内容に精通し，とくに作業の進捗状況や司厨部の作業状況などを把握することに努め，学生の指導に注意を払うこと。また，衛生面についても十分に注意すること。
- ゴミ箱の状態を確認し，食事当番を指導して的確に処理すること。
- 昼間，船側の許可があり実習生が甲板に出るときは，時間がある限り同行して安全を確保すること。
- 学生の実習での服装を適宜指導すること。
- トイレ・洗面所・風呂の使用方法，掃除の仕方を十分に指導すること。とくに髪の毛・ゴミは排水溝に流さず，手で取ってゴミ箱に捨てる。
- 実習生に禁酒の指示が出ている場合は，遵守できるように協力すること。見て見ぬふりをしないこと。居室でこっそり飲酒することがあってはならない。TAも同様である。
- 船酔いで実習に参加できない学生の状態を把握し，対処に困った場合や，体調の悪い学生が申し出たときは，ただちに航海士に知らせること。

- 実習計画案を十分に理解し，変更などがあった場合を含めホワイトボードに書き出し，実習生に徹底させること．
- 実習生の船内生活に留意し，安全かつ順調に行えるよう努めること．
- 携帯電話は時計・目覚まし，カメラとして，フライトモードでの使用のみを許可する．電波を探して歩き回ると危険である．

# 索 引

【アルファベット】
A スコープ　127
ADCP　174
AIS　159
AOU　200
Apparent Oxygen Utilization　200
ARPA　163

C-DOM　204
Colored DOM　204
CPUE　97
CTD 観測　172
CTD 観測野帳　172
CTD 採水システム　169

dB　109
Del Grosso and Mader　107
DGPS　158

ECDIS　159

FM チャープ　120

GNSS　157
GPS　147, 149, 157
GPS ブイ　95, 101

Hz　106

IKMT　45

Mackenzie　107
MOCNESS　45, 47
MOHT　45, 46
MPN 法　83

NAVSTAR　157
NORPAC ネット　80

Port　227

RADAR　160
ROV　75

S バンド　161
Salinity　195
SONAR　122
Starboard　226

Target Strength　112
T–S ダイアグラム　195
TVG　115

UNESCO の式　107

WMO　185

X-ニスキンボトル　170
X バンド　161
XBT　175
XCTD　175

【あ】
赤潮　79
アカドンコ　10
秋生まれ群　40
揚縄　97
揚縄機　100
アゴヒゲアザラシ　70
浅縄　98
アーマードケーブル　169
網目選択性　94
アルカリ度　197
アルゴ計画　176
泡切れ　127
安全のしおり　231
アンチローリングタンク　136

【い】
イカ　39
イシイルカ　70
位置の線　147

1枚網　94
一回繁殖型　14
1本釣具類　97
緯度　139
イトヒキダラ　7
胃内容物重量指数　27
イバラヒゲ　6
イラコアナゴ　2
イワシクジラ　65

【う】
ウインクラー法　212
ウインチ　76
浮玉　98
浮玉間距離　101
浮樽　98
浮縄　98
浮延縄　98
鰾　117
渦鞭毛藻類　84
ウラナイカジカ科　9

【え】
栄養塩　200
エコー　105
エコーグラム　105
枝糸　97
枝縄　97
枝縄間隔　98
枝間　98
遠隔無人探査機　75
沿岸親潮　49
塩分　195

【お】
オオサガ　8
オキアミ類　44
オッターボード　89
音響測深機　105
音速　106

【か】
カイアシ類　85
海図　141, 144
海底の2重エコー　129

外套背長　41
海洋前線　49
海里　140
殻高　35
拡散減衰　109
殻長　35
殻幅　35
可航半円　192
舵　133
型喫水　131
型幅　131
型深さ　131
カテナリー　102
カナダダラ　6
可変ピッチプロペラ　133
カマイルカ　69
カラスダラ　7
カラフトソコダラ　5
カラフトマス　19
眼窩甲長　33
眼窩-尾叉長　28
ガンコ　10
干渉　127
肝臓重量指数　27
カンテンゲンゲ　11

【き】
気圧の谷　191
鰭脚類　70
キタオットセイ　73
キチジ　9
キチジ科　8
喫水　131
嗅覚刷込説　14
吸収係数　109
吸収減衰　109
救助艇　230
救命筏　230
救命胴衣　231
球面三角形　155
狭帯域計量魚群探知機　119
魚群探知機　105
距離分解能　120

索 引

【く】
クラカケアザラシ　71
クロロフィル-a　202

【け】
傾角測定器　81
珪藻類　84
経度　139
計量魚群探知機　115, 116
鯨類　65
ゲンゲ科　11
懸垂線　102
懸濁粒子　196
減揺装置　135

【こ】
航海当直　225
航海日誌　179, 228
光学測定　203
較正　119
交接　42
高層天気図　189
広帯域計量魚群探知機　119
甲長　32
航程　140, 151
航程の線航法　151
後方散乱断面積　117
小型水深水温計　101
個体群　24
個体数推定法　58
固定ピッチプロペラ　133
コビレゴンドウ　68
コブシカジカ　9
ゴマフアザラシ　71
コンゴウアナゴ　3
コントローラ　75
コンパス　156
コンパス図　144
コンベアベルト　178

【さ】
最確数表　83
最確数法　83
載貨重量　132
採水作業　209

サイドスラスタ　133
竿釣具　97
刺網　93
サーチライトソナー　123
雑音　127
遡河回遊魚　14
ザトウクジラ　66
サドルパッチ　68
左右揺れ　134
ざる　99
酸素飽和濃度　199
3枚網　94
散乱　112
散乱断面積　117

【し】
ジェット気流　191
資源量　24
指向性関数　111, 113
指向特性　111
子午線　155
耳石　25
耳石温度標識　19
実況天気図　189
シャチ　68
周波数　106
周波数特性　119, 120
自由落下式　175
主機　136
春季ブルーム　206
純トン数　132
上下揺れ　134
小圏　155
植物プランクトン　77, 78, 83
シロゲンゲ　11
シロザケ　18
針路　140, 151

【す】
水色　79
水色計　79
垂線間長　131
水中テレビロボット　75
スキャニングソナー　123
スキャンマー　90

スクリュープロペラ　132
スタボード　226
スターンスラスタ　133
捨縄　99
スプリットビーム方式　115
スルメイカ　39

【せ】
成熟度　29
生殖腺重量指数　27
成層化　204
世界気象機関　185
セッキーディスク　79
瀬縄　99
ゼニガタアザラシ　72
前後揺れ　134
船首揺れ　135
全長　131
漸長緯度航法　151, 153
船舶自動識別装置　159
全幅　131

【そ】
送受波器　105
操船　226
総トン数　132
遡河回遊魚　14
底刺網　93
ソコダラ科　5
底延縄　98
底曳網　24
ソナー　122
ソナー方程式　113

【た】
大圏　155
大圏航法　151, 155
体積後方散乱強度　118
体積後方散乱係数　114
退船　231
太平洋サケ　13
ターゲットストレングス　112, 116
縦揺れ　135
炭酸　197
短縮率　101

【ち】
チゴダラ科　6
地上天気図　189
地表距離　102
着底トロール　24, 89
中層トロール　89
中層延縄　98
中分緯度航法　151, 152
超音波　106
調査強度　125
調査航路　58
調査線　125
潮汐流　49
直接法　58
沈降粒子　196

【つ】
津軽暖流水　49
ツチクジラ　67
釣餌　98
釣針　97
釣針水深　101

【て】
テザーケーブル　76
デシベル　109, 110
天気図　189
電気推進システム　137
点鐘　228
電磁ログ　164
天測暦　149
伝搬減衰　109

【と】
等価ビーム幅　114
同期装置　127
頭胸甲長　32
東西距　140
頭足類　39
投縄　97
投縄機　99
投縄台　99
動物プランクトン　77, 80, 85
透明帯　31
透明度　79

透明度板　79
登録長　131
通し回遊魚　14
ドップラー効果　174
トド　72
トランスデューサ　105
トン数　132

【な】
流し網　24, 93
ナガスクジラ　65
投縄　97
投縄機　99
投縄台　99
縄サヤメ作業　100
縄待ち　97

【に】
肉体長　28
二次性徴　20
2枚網　94
ニュウドウカジカ　10

【ね】
ネズミイルカ　69
ネーパ　111

【の】
ノット　140
ノルパックネット　44

【は】
排水量　132
バウスラスタ　133
延縄釣具類　97
爆弾低気圧　192
ハダカイワシ科　4
鉢　97
波長　106
発見関数　59
発見横距離　59
放ち　97
針掛け　99
パルス圧縮　120
パルスエコー法　105

パルス間隔　105
パルス幅　105
反射　112

【ひ】
被殻　84
ビークル　76
非常配置表　230
非常部署　230
微生物　77, 83
微生物ループ　77
ピッチ角　133
肥満度　26, 96
ビームトロール　90
ビューフォート風力階級　185
表層混合層　204
被鱗体長　28
ビルジキール　136
貧酸素　198

【ふ】
フィンスタビライザ　136
深縄　98
復原性　135
復原力　135
不透明帯　31
浮標　99
冬生まれ群　40
浮遊粒子　196
プランクトン　77
フレームトロール　45, 90

【へ】
平板培養法　83
ヘルツ　106
変緯　140
変経　140
ベントス　24

【ほ】
方位　140
棒錨　99
卯酉線　155
補機　137
補償深度　80

母川回帰　*14*
北海道大学総合博物館　*12*
ポート　*227*
ホラアナゴ科　*2*
梵天　*99*

【ま】
マイル　*140*
マッコウクジラ　*67*
マメハダカ　*4*

【み】
見掛けの酸素消費量　*200*
ミカドハダカ　*4*
幹縄　*97*
みちびき　*157, 159*
ミンククジラ　*66*

【む】
ムネダラ　*5*
無鰾魚　*118*

【め】
メタセンタ高さ　*135*
滅菌　*78*
メバル科　*8*
メルカトル図法　*141*
面積後方散乱係数　*119*

【も】
目視調査による個体数推定法　*58*

【や】
ヤムシ類　*86*

【ゆ】
有義波高　*181*
有機ハロゲン　*208*
有効探索幅　*59*
湧昇　*49*
有色溶存有機物　*204*
有鰾魚　*118*
ユキホラアナゴ　*3*

【よ】
溶存酸素量　*212*
溶存物質　*196*
横揺れ　*135*
予想天気図　*189*
鎧板　*85*

【ら】
ラインセンサス法　*49*
ライントランセクト法　*58*
ライン・ホーラー　*100*
羅針盤　*156*
ラッコ　*74*
ランチャ　*76*
乱流拡散強度　*177*

【り】
陸棚　*49*
陸棚斜面　*49*

【れ】
レーダ　*160*
レッドフィールド比　*201*

【ろ】
ログブック　*183*
六分儀　*147*
濾水計　*47, 80*
濾水計の検定　*82*
濾水量　*82*
露点温度　*183*

【わ】
ワッチ　*225, 228*
ワモンアザラシ　*72*

memo

memo

memo

ISBN978-4-303-11500-5
水産科学・海洋環境科学実習

2019年8月5日 初版発行　　　　　　　　　Ⓒ 2019

編　者　北海道大学水産学部練習船教科書編纂委員会　検印省略
発行者　岡田雄希
発行所　海文堂出版株式会社
　　　　本社　東京都文京区水道 2-5-4（〒112-0005）
　　　　　　　電話 03(3815)3291（代）　FAX 03(3815)3953
　　　　　　　http://www.kaibundo.jp/
　　　　支社　神戸市中央区元町通 3-5-10（〒650-0022）
日本書籍出版協会会員・工学書協会会員・自然科学書協会会員
PRINTED IN JAPAN　　　　　印刷　ディグ／製本　誠製本

JCOPY ＜(社)出版者著作権管理機構 委託出版物＞
本書の無断複写は著作権法上での例外を除き禁じられています。複写される場合は、そのつど事前に、(社)出版者著作権管理機構（電話 03-3513-6969, FAX 03-3513-6979, e-mail: info@jcopy.or.jp）の許諾を得てください。